홈스쿨링 40회 스케줄표

다음의 표는 우등생 수학을 공...
본책을 40회로 나누어 공부하... 습하는 데 8주가 걸립니다.)

시험 대비 기간에는 평가 자료...

1. 덧셈과 뺄셈

1회 1단계	**2**회 2단계	**3**회 1단계+2단계	**4**회 3단계	**5**회 4단계	
6〜11쪽 ▶	12〜13쪽	14〜19쪽 ▶	20〜23쪽 ▶	24〜25쪽 ▶	
월 일	월 일	월 일	월 일	월 일	

2. 평면도형 / 3. 나눗...

11회 4단계	**12**회 단원평가	**13**회 1단계	**14**회 2단계	**15**회 1단계+2단계	
48〜49쪽 ▶	50〜53쪽	54〜59쪽 ▶	60〜61쪽	62〜67쪽 ▶	
월 일	월 일	월 일	월 일	월 일	

4. 곱셈

21회 1단계+2단계	**22**회 1단계+2단계	**23**회 3단계	**24**회 4단계	**25**회 단원평가	
86〜89쪽 ▶	90〜93쪽 ▶	94〜97쪽 ▶	98〜99쪽 ▶	100〜103쪽	
월 일	월 일	월 일	월 일	월 일	

5. 길이와 시간

31회 3단계	**32**회 4단계	**33**회 단원평가	**34**회 1단계	**35**회 2단계	
124〜127쪽 ▶	128〜129쪽 ▶	130〜133쪽	134〜139쪽 ▶	140〜141쪽	
월 일	월 일	월 일	월 일	월 일	

2. 평면도형

회 단원평가	7회 1단계	8회 2단계	9회 1단계+2단계	10회 3단계
6~29쪽	30~35쪽 ▶	36~37쪽	38~43쪽 ▶	44~47쪽 ▶
월 일	월 일	월 일	월 일	월 일

4. 곱셈

회 3단계	17회 4단계	18회 단원평가	19회 1단계	20회 2단계
8~71쪽 ▶	72~73쪽 ▶	74~77쪽	78~83쪽 ▶	84~85쪽
월 일	월 일	월 일	월 일	월 일

5. 길이와 시간

회 1단계	27회 1단계+2단계	28회 1단계+2단계	29회 1단계	30회 2단계
04~109쪽 ▶	110~113쪽 ▶	114~117쪽 ▶	118~121쪽 ▶	122~123쪽
월 일	월 일	월 일	월 일	월 일

6. 분수와 소수

회 1단계+2단계	37회 1단계+2단계	38회 3단계	39회 4단계	40회 단원평가
42~147쪽 ▶	148~153쪽 ▶	154~157쪽 ▶	158~159쪽 ▶	160~163쪽
월 일	월 일	월 일	월 일	월 일

#홈스쿨링
#10종교과서_완벽반영

우등생
수학

교과서를 잘 만든다는 건?

새 교육과정을 아주 잘 안다는 것!

2015 개정 교육과정에서는 **과정중심 평가와 6대 핵심역량**을 강조합니다.
정답을 맞히는 것 보다 찾아가는 과정을 중시하고,
문제 상황을 창의적 설계로 해결하는 데 중점을 둔 것입니다.
이는 우리 아이들이 4차 산업혁명 시대에 알맞은
창의융합형 인재로 성장하는 데에 꼭 필요한 역량입니다.

박만구 〈서울교육대학교 수학교육과 교수 / 초등 수학 국정교과서 집필위원〉

2015 개정 교육과정과 핵심역량을
더 자세히 알고 싶다면?

확 달라진 2015 개정 교육과정.

우등생 해법수학

**이렇게
반영했습니다.**

**초등 수학 교과서
집필진이 기획하고,
집필하며, 검토합니다.**

가장 빠르고 정확하게
개정 교육과정을
반영했습니다.

**과정중심 평가
대비에 대한 고민이
해결됩니다.**

다양해진 평가 기준과 풀이를
습득할 수 있도록 하여
과정 중심 평가에 완벽히 대비합니다.

**수학 교과
핵심역량을 키우는 데
집중합니다.**

창의융합형 인재로
성장하는 데 기반이 되는
수학 문제 해결력을 키워줍니다.

---

*Chunjae
Makes
Chunjae*

▼

[우등생] 초등 수학 3-1

기획총괄	김안나
편집/개발	김정희, 김혜민, 최수정, 김현주
디자인총괄	김희정
표지디자인	윤순미, 강태원
내지디자인	박희춘
내지이미지	ma_nud_sen/shutterstock.com
제작	황성진, 조규영

발행일	2023년 9월 1일 3판 2023년 9월 1일 1쇄
발행인	(주)천재교육
주소	서울시 금천구 가산로9길 54
신고번호	제2001-000018호
고객센터	1577-0902

우등생 홈스쿨링

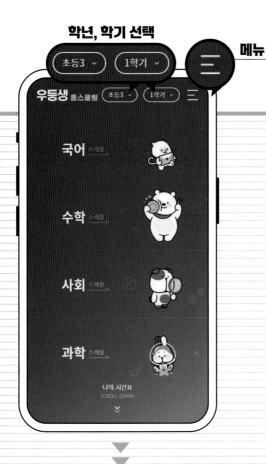

우등생 홈스쿨링   초등3 ∨   1학기 ∨   ≡

국어 스케줄

수학 스케줄

사회 스케줄

과학 스케줄

나의 시간표
SCROLL DOWN
∨

수학

스케줄표

온라인 학습

개념강의

문제풀이

단원 성취도 평가

학습자료실

학습 만화

문제 생성기

학습 게임

서술형+수행평가

정답

검정 교과서 자료

본책+평가자료집

본책과 평가자료집을 52회로 나누어 공부하는 스케줄

11회~20회 ∨

11회
수학
2. 평면도형   개념 강의   ＞
38~43쪽

12회
수학
2. 평면도형   문제 풀이   ＞
44~47쪽

13회
수학
2. 평면도형   문제 풀이   ＞
48~49쪽

14회
수학
2. 평면도형   문제 생성기 ＞

★ 과목별 스케줄표와 통합 스케줄표를 이용할 수 있어요.

통합 스케줄표
우등생 국어, 수학, 사회, 과학 과목이 함께 있는 12주 스케줄표

★ 교재의 날개 부분에 있는 「진도 완료 체크」 QR코드를 스캔하면
온라인 스케줄표에 자동으로 체크돼요.

19회   학습 완료

검정 교과서 학습 구성 &
우등생 수학 단원 구성 안내

영역	핵심 개념	3~4학년군 검정교과서 내용 요소	우등생 수학 단원 구성
수와 연산	수의 체계	– 다섯 자리 이상의 수 – 분수 – 소수	(3–1) 6. 분수와 소수 (3–2) 4. 분수 (4–1) 1. 큰 수
	수의 연산	– 세 자리 수의 덧셈과 뺄셈 – 자연수의 곱셈과 나눗셈 – 분모가 같은 분수의 덧셈과 뺄셈 – 소수의 덧셈과 뺄셈	(3–1) 1. 덧셈과 뺄셈 (3–1) 3. 나눗셈 (3–1) 4. 곱셈 (3–2) 1. 곱셈 (3–2) 2. 나눗셈 (4–1) 3. 곱셈과 나눗셈 (4–2) 1. 분수의 덧셈과 뺄셈 (4–2) 3. 소수의 덧셈과 뺄셈
도형	평면도형	– 도형의 기초 – 원의 구성 요소 – 여러 가지 삼각형 – 여러 가지 사각형 – 다각형 – 평면도형의 이동	(3–1) 2. 평면도형 (3–2) 3. 원 (4–1) 4. 평면도형의 이동 (4–2) 2. 삼각형 (4–2) 4. 사각형 (4–2) 6. 다각형
	입체도형		
측정	양의 측정	– 시간, 길이(mm, km) – 들이, 무게, 각도	(3–1) 5. 길이와 시간 (3–2) 5. 들이와 무게 (4–1) 2. 각도
	어림하기		
규칙성	규칙성과 대응	– 규칙을 수나 식으로 나타내기	(4–1) 6. 규칙 찾기
자료와 가능성	자료처리	– 간단한 그림그래프 – 막대그래프 – 꺾은선그래프	(3–2) 6. 자료의 정리(그림그래프) (4–1) 5. 막대그래프 (4–2) 5. 꺾은선그래프
	가능성		

어떤 교과서를 사용해도 수학 교과 교육과정을 꼼꼼하게 모두 학습할 수 있는 교과 기본세 우등생 수학!

빅데이터를 이용한 ─────────────

단원 성취도 평가

- 빅데이터를 활용한 단원 성취도 평가는 모바일 QR코드로 접속하면 취약점 분석이 가능합니다.
- 정확한 데이터 분석을 위해 로그인이 필요합니다.

3-1

홈페이지에 답을 입력

↓

자동 채점

↓

취약점 분석

↓

취약점을 보완할 처방 문제 풀기

↓

확인평가로 다시 한 번 평가

50분

01 계산을 하시오.

$$\begin{array}{r} 2\ 1\ 5 \\ +\ 5\ 7\ 4 \\ \hline \end{array}$$

02 덧셈식에서 $\boxed{1}$ 이 실제로 나타내는 수는 어느 것입니까? ·············· (   )

$$\begin{array}{r} \boxed{1} \\ 3\ 2\ 8 \\ +\ 2\ 5\ 6 \\ \hline 5\ 8\ 4 \end{array}$$

① 1   ② 10

③ 100   ④ 8

⑤ 80

[03~04] 계산을 하시오.

03 $384+259$

04 $721-485$

05 두 수의 합을 구하시오.

537   486

(   )

[06~07] 빈 곳에 알맞은 수를 써넣으시오.

06

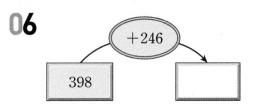

+246

398

07

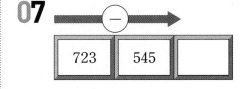

−

723   545

08 계산 결과가 더 큰 값을 찾아 기호를 쓰시오.

> ㉠ 436 − 194
>
> ㉡ 618 − 329

( )

09 공장에서 연필 755자루, 볼펜 288자루를 만들었습니다. 공장에서 만든 연필과 볼펜은 모두 몇 자루입니까?

( )자루

10 원 안에 있는 두 수의 차를 구하시오

119   384   152

504   410   728

( )

11 ☐ 안에 알맞은 수를 구하시오.

249   188

( )

12 가장 큰 수와 가장 작은 수의 합을 구하시오.

842   796   164

( )

13 다음 수 중에서 2개를 골라 뺄셈식을 만들려고 합니다. □ 안에 알맞은 수를 차례로 구하시오.

| 186 | 723 | 174 |

$\boxed{} - \boxed{} = 537$

(,   )

14 □ 안에 알맞은 수를 써넣으시오.

$\boxed{} + 525 = 712$

15 가게에서 오늘 사과는 804개 팔았고 복숭아는 625개 팔았습니다. 사과를 복숭아보다 몇 개 더 팔았습니까?

(   )개

16 □ 안에 알맞은 수를 구하시오.

$47\boxed{} + 728 = 1204$

(   )

17 길이가 7 m인 테이프 중에서 321 cm를 사용했습니다. 남은 테이프는 몇 cm입니까?

(   ) cm

19 어떤 수에서 236을 뺐더니 608이 되었습니다. 어떤 수는 얼마입니까?

(   )

18 ㉠과 ㉡에 알맞은 수를 차례로 쓰시오.

$$\begin{array}{r} 3\ 4\ ㉠ \\ +\ 8\ ㉡\ 4 \\ \hline 1\ 2\ 1\ 2 \end{array}$$

(,   )

20 3장의 수 카드를 한 번씩만 사용하여 만들 수 있는 세 자리 수 중에서 가장 큰 수와 가장 작은 수의 합을 구하시오.

| 8 | 3 | 5 |

(   )

01 선분을 찾아 기호를 쓰시오.

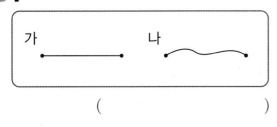

(   )

02 도형의 이름을 쓰시오.

ㄷ   ㄹ

반직선 (   )

03 직각삼각형은 어느 것입니까? (   )

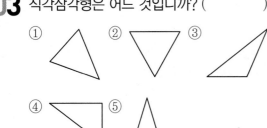

04 직선 ㄱㄴ은 어느 것입니까?…(   )

05 각을 두 가지 방법으로 읽으시오.

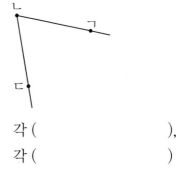

각 (   ),
각 (   )

[06~07] 도형을 보고 물음에 답하시오.

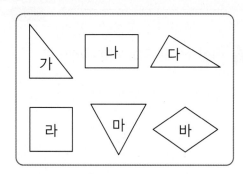

06 직각삼각형은 모두 몇 개입니까?

( )개

07 정사각형을 찾아 기호를 쓰시오.

( )

08 도형에서 직각은 모두 몇 개 있습니까?

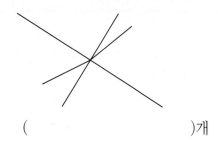

( )개

09 각이 <u>없는</u> 도형의 기호를 쓰시오.

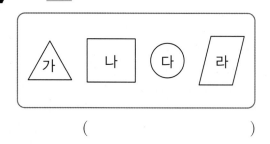

( )

10 오른쪽 도형에는 각이 몇 개 있습니까?

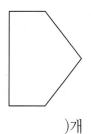

( )개

11 다음은 정사각형입니다. □ 안에 알맞은 수를 써넣으시오.

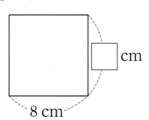

12 다음 점들을 이어 그을 수 있는 반직선은 모두 몇 개입니까?

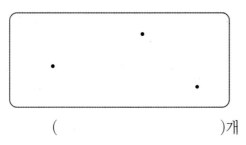

( )개

13 직각의 개수가 가장 많은 도형의 기호를 쓰시오.

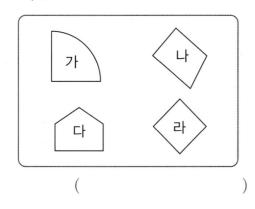

( )

14 다음에서 설명하는 도형의 이름을 쓰시오.

- 네 각이 모두 직각입니다.
- 마주 보는 두 변의 길이가 같습니다.

( )

15 직각삼각형은 모두 몇 개입니까?

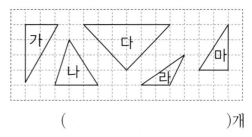

( )개

16 선분 ㄱㄴ을 한 변으로 하는 직각삼각형을 그리려고 합니다. 점 ㄱ과 점 ㄴ에서 어느 점을 이어야 합니까?·············(   )

① ② ③ ④ ⑤

ㄱ   ㄴ

17 오른쪽 정사각형의 네 변의 길이의 합은 몇 cm입니까?

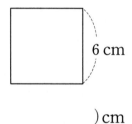

6 cm

(   ) cm

18 정사각형 모양의 색종이를 그림과 같이 2번 접었다 편 후 접힌 선을 따라 자르면 정사각형은 모두 몇 개 생깁니까?

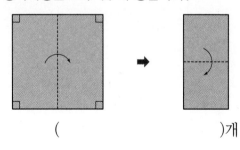

(   ) 개

19 오른쪽 도형에서 찾을 수 있는 크고 작은 직사각형은 모두 몇 개입니까?

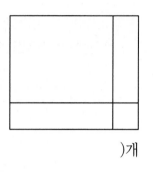

(   ) 개

20 직사각형의 네 변의 길이의 합은 28 cm입니다. ☐ 안에 알맞은 수를 써넣으시오.

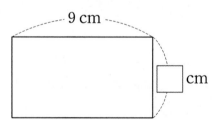

9 cm

cm

01 빵 15개를 5명이 똑같이 나누어 먹으려고 합니다. 한 명이 빵을 몇 개씩 먹을 수 있는지 ☐ 안에 알맞은 수를 써넣으시오.

한 명이 빵을 ☐ 개씩 먹을 수 있습니다.

02 붙임딱지 40장을 5명이 똑같이 나누어 가지려고 합니다. 한 명이 가질 수 있는 붙임딱지의 수를 구하는 식으로 옳은 것을 찾아 기호를 쓰시오.

> ㉠ 40－5   ㉡ 40＋5
> ㉢ 40×5   ㉣ 40÷5

(   )

03 뺄셈식을 보고 나눗셈식으로 나타내시오.

> $32－8－8－8－8＝0$

$32÷$ ☐ $＝$ ☐

04 $72÷8$의 몫을 구할 때 필요한 곱셈구구는 어느 것입니까?·················(   )

① 7의 단 곱셈구구
② 2의 단 곱셈구구
③ 3의 단 곱셈구구
④ 4의 단 곱셈구구
⑤ 8의 단 곱셈구구

05 빈칸에 알맞은 수를 써넣으시오.

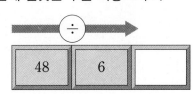

| 48 | 6 | |

06 다음 나눗셈식을 보고 설명한 것 중 옳지 <u>않은</u> 것을 찾아 기호를 쓰시오.

$$35 \div 5 = 7$$

> ㉠ 35 나누기 5는 7과 같습니다라고 읽습니다.
>
> ㉡ 몫은 5입니다.
>
> ㉢ 35를 5씩 묶으면 7묶음이 됩니다.
>
> ㉣ $35 - 5 - 5 - 5 - 5 - 5 - 5 - 5 = 0$으로 나타낼 수 있습니다.

(   )

07 구슬을 한 명에게 6개씩 주면 몇 명에게 줄 수 있는지 알아보려고 합니다. 곱셈식을 나눗셈식으로 바꾸시오.

곱셈식 $6 \times 4 = 24$

나눗셈식 $24 \div \boxed{} = \boxed{}$

08 큰 수를 작은 수로 나누어 몫을 빈 곳에 써넣으시오.

7	49

09 나눗셈의 몫의 크기를 비교하여 ○ 안에 >, =, <를 알맞게 써넣으시오.

$16 \div 4$ ◯ $36 \div 9$

[10~13] 곱셈표를 이용하여 나눗셈의 몫을 구하시오.

×	1	2	3	4	5	6	7	8	9
1	1	2	3	4	5	6	7	8	9
2	2	4	6	8	10	12	14	16	18
3	3	6	9	12	15	18	21	24	27
4	4	8	12	16	20	24	28	32	36
5	5	10	15	20	25	30	35	40	45
6	6	12	18	24	30	36	42	48	54
7	7	14	21	28	35	42	49	56	63
8	8	16	24	32	40	48	56	64	72
9	9	18	27	36	45	54	63	72	81

10 고구마 45개를 한 봉지에 5개씩 담으려고 합니다. 봉지는 몇 장 필요합니까?

( )장

11 공책이 64권 있습니다. 한 명에게 8권씩 주면 몇 명에게 나누어 줄 수 있습니까?

( )명

12 딱지 24장을 3명이 똑같이 나누어 가지면 한 명이 몇 장씩 가질 수 있습니까?

( )장

13 사탕이 28개 있습니다. 이 사탕을 한 명에게 4개씩 나누어 주면 몇 명에게 줄 수 있습니까?

( )명

14 나눗셈의 몫이 가장 작은 것은 어느 것입니까? ....( )

① $32 \div 8$ ② $12 \div 3$

③ $24 \div 4$ ④ $18 \div 9$

⑤ $25 \div 5$

15 다음을 나눗셈식으로 나타내시오.

> 12에서 2를 6번 빼면 0이 됩니다.

$$\boxed{} \div \boxed{} = \boxed{}$$

18 ㉠에 알맞은 수를 구하시오.

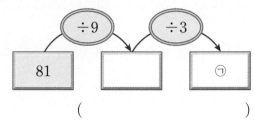

(   )

16 나눗셈의 몫을 구하고, 나눗셈식을 곱셈식으로 바꾸시오.

$$54 \div 6 = \boxed{} \ \Rightarrow \ 6 \times \boxed{} = 54$$

19 ☐ 안에 들어갈 수가 나머지 셋과 <u>다른</u> 것을 찾아 기호를 쓰시오.

> ㉠ $14 \div 2 = \boxed{}$ ㉡ $35 \div \boxed{} = 5$
>
> ㉢ $63 \div \boxed{} = 9$ ㉣ $28 \div 7 = \boxed{}$

(   )

17 곱셈식을 나눗셈식으로 바꾸시오.

$$8 \times 7 = 56 \ \Rightarrow \ 56 \div \boxed{} = \boxed{}$$

20 길이가 8 cm인 철사를 이용하여 가장 큰 정사각형 하나를 만들었습니다. 만든 정사각형의 한 변은 몇 cm입니까?

(   ) cm

4단원 성취도 평가

4. 곱셈

01 그림을 보고 □ 안에 알맞은 수를 써넣으시오.

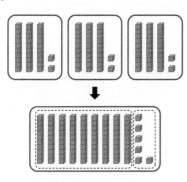

$$32 \times 3 = \boxed{} + 6 = \boxed{}$$

02 □ 안에 알맞은 수를 써넣으시오.

```
    9 2
  ×   4
  ─────
```

03 두 수의 곱을 구하시오.

51   7

(   )

04 바르게 계산한 것의 기호를 쓰시오.

┌─────────────────────┐
│ ㉠ $42 \times 3 = 126$ │
└─────────────────────┘

┌─────────────────────┐
│ ㉡ $26 \times 4 = 248$ │
└─────────────────────┘

(   )

05 값이 다른 하나는 어느 것입니까?
·······································(   )

① 12×6 ② 21×3 ③ 18×4

④ 24×3 ⑤ 36×2

06 두 수의 곱을 구하여 빈칸에 써넣으시오.

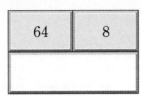

[07~08] □ 안에 알맞은 수를 써넣으시오.

07

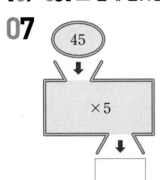

08

09 빈 곳에 알맞은 수를 써넣으시오.

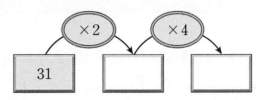

10 ㉠에 알맞은 숫자를 구하시오.

$$
\begin{array}{r}
㉠\ 7 \\
\times\quad\ 2 \\
\hline
1\ 4 \\
1\ 2\ 0 \\
\hline
1\ 3\ 4 \\
\end{array}
$$

( )

11 두 곱의 합을 구하시오.

| 51 × 3 | 28 × 5 |

( )

12 곱의 크기를 비교하여 곱이 더 큰 것의 기호를 쓰시오.

┌─────────────┐   ┌─────────────┐
│ ㉠ 19 × 9 │   │ ㉡ 42 × 4 │
└─────────────┘   └─────────────┘

(   )

13 가장 큰 수와 가장 작은 수의 곱을 구하여 빈칸에 써넣으시오.

┌──────────────────────────────────┐
│   24   5   37   6   3   │
└──────────────────────────────────┘

┌──────┐
│   │
└──────┘

14 곱이 가장 큰 것은 어느 것입니까?

···(   )

① 33 × 2   ② 55 × 4   ③ 45 × 3

④ 31 × 7   ⑤ 44 × 6

15 영미네 모둠은 달리기 상품으로 한 상자에 연필 12자루가 들어 있는 상자 7개를 받았습니다. 영미네 모둠이 상품으로 받은 연필은 모두 몇 자루입니까?

(   )자루

16 음악실에는 한 의자에 5명이 앉을 수 있는 긴 의자가 32개 있습니다. 음악실 의자에 앉을 수 있는 사람은 모두 몇 명입니까?

(   )명

17 현진이는 수학 문제집을 하루에 5장씩 24일 동안 풀었고, 지영이는 수학 문제집을 하루에 6장씩 19일 동안 풀었습니다. 수학 문제집을 더 많이 푼 사람의 이름을 쓰시오.

(   )

18 사과 200개가 있습니다. 사과를 한 상자에 32개씩 6상자에 나누어 담았습니다. 상자에 담지 못한 사과는 몇 개입니까?

(   )개

19 한 봉지에 15개씩 들어 있는 포도 맛 사탕은 6봉지가 있고, 한 봉지에 17개씩 들어 있는 레몬 맛 사탕은 5봉지가 있습니다. 포도 맛 사탕과 레몬 맛 사탕의 차는 몇 개입니까?

(   )개

20 다음 세 장의 수 카드를 한 번씩 사용하여 만들 수 있는 (몇십몇)×(몇) 중에서 가장 큰 곱을 구하시오.

2   7   3

(   )

5단원 성취도 평가

5. 길이와 시간

50분

01 1 cm는 몇 mm입니까?

(   ) mm

02 화살표가 가리키는 곳의 길이를 나타내시오.

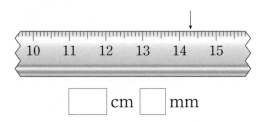

☐ cm ☐ mm

03 색연필의 길이를 바르게 표현한 것을 모두 고르시오. ·········· (   )

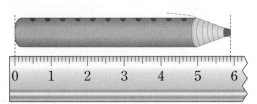

① 색연필의 길이는 어림하여 약 4 cm 입니다.

② 색연필의 길이는 어림하여 약 6 cm 입니다.

③ 색연필을 자로 잰 길이는 6 cm입니다.

④ 색연필을 자로 잰 길이는 5 cm 5 mm입니다.

⑤ 색연필을 자로 잰 길이는 5 cm 9 mm입니다.

[04~05] ☐ 안에 알맞은 수를 써넣으시오.

04 73 mm = ☐ cm ☐ mm

05 2 cm 8 mm = ☐ mm

06 시계를 보고 시각을 읽으시오.

9시 ☐ 분 ☐ 초

07 ☐ 안에 알맞은 수를 써넣으시오.

1분 45초= ☐ 초

08 수직선에 표시된 곳의 길이를 나타내시오.

3 km ┤┼┼┼↑┼┼┼┼┼ 4 km

☐ km ☐ m

09 단위를 잘못 쓴 문장의 기호를 쓰시오.

> ㉠ 교실 문의 높이는 약 2 km입니다.
> ㉡ 5 km보다 50 m 더 먼 거리는 5050 m입니다.

( )

10 버스 정류장에서 병원까지의 거리는 약 1 km입니다. 버스 정류장에서 수영장까지의 거리는 약 몇 km입니까?

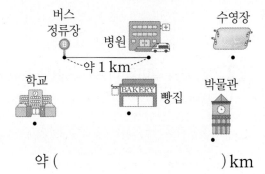

약 ( ) km

[11~12] 수연이네 집에서 놀이공원까지의 거리는 약 5 km입니다. 그림을 보고 물음에 답하시오.

수연이네 집 놀이공원   기차역   할머니 댁
　　약 5 km

11 수연이네 집에서 약 10 km 떨어진 곳에 있는 장소를 쓰시오.

(　　　　　　　)

12 수연이네 집에서 할머니 댁까지의 거리는 약 몇 km입니까?

약 (　　　　　　) km

13 계산하여 □ 안에 알맞은 수를 써넣으시오.

$$\begin{array}{r} 2시간\quad 40\ 분\quad 20\ 초 \\ -\ 2시간\quad 30\ 분\quad\ 9\ 초 \\ \hline \boxed{}\ 분\quad \boxed{}\ 초 \end{array}$$

14 계산하여 □ 안에 알맞은 수를 써넣으시오.

$$\begin{array}{r} 9\ 시\quad 10\ 분\quad 30초 \\ +\qquad\ \ 21\ 분\quad 30초 \\ \hline \boxed{}\ 시\quad \boxed{}\ 분 \end{array}$$

15 철민이는 물속에서 72초 동안 숨을 참고 잠수했습니다. 철민이가 잠수한 시간은 몇 분 몇 초입니까?

(　　　)분 (　　　)초

16 신혜는 5분 30초 동안 피아노 음악을 듣고, 이어서 3분 10초 동안 바이올린 음악을 들었습니다. 신혜가 음악을 들은 시간은 모두 몇 분 몇 초입니까?

( )분 ( )초

[18~19] 집에서 편의점까지는 걸어서 26분이 걸리고, 편의점에서 체육관까지는 걸어서 39분이 걸립니다. 물음에 답하시오.

18 집에서 편의점을 지나 체육관까지는 걸어서 몇 시간 몇 분이 걸립니까?

( )시간 ( )분

17 민수는 집에서 출발하여 걸어서 도서관까지 갔습니다. 집에서 출발할 때의 시각과 도서관에 도착했을 때의 시각을 보고 민수가 집에서 도서관까지 걸은 시간을 구하시오.

<출발한 시각>

<도착한 시각>

( )분 ( )초

19 집에서 1시에 출발하여 편의점을 지나 체육관까지 걸어갔다면 체육관에 도착한 시각은 몇 시 몇 분입니까?

( )시 ( )분

20 정현이는 상영 시간이 35분 40초인 만화 영화를 보았습니다. 정현이가 만화 영화를 보기 시작한 시각이 2시 10분 20초일 때, 만화 영화가 끝난 시각은 몇 시 몇 분입니까?

( )시 ( )분

6단원 성취도 평가

6. 분수와 소수

50분

01 똑같이 둘로 나누어진 도형은 모두 몇 개입니까?

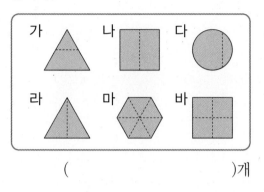

(   )개

02 그림을 보고 □ 안에 알맞은 수를 써넣으시오.

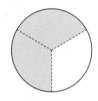

색칠한 부분은 전체를 똑같이 3으로 나눈 것 중의 □이므로 분수로 나타내면 $\dfrac{□}{□}$ 입니다.

03 □ 안에 알맞은 수를 써넣으시오.

$\dfrac{2}{10}$ 를 소수로 나타내면 0.□ 입니다.

04 색칠한 부분이 전체의 $\dfrac{3}{4}$ 인 도형을 찾아 기호를 쓰시오.

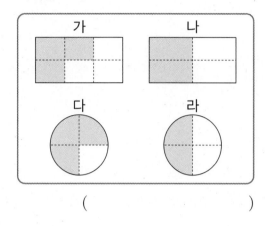

(   )

05 색칠한 부분을 소수로 나타내시오.

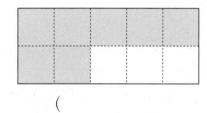

(   )

06 □ 안에 알맞은 소수를 써넣으시오.

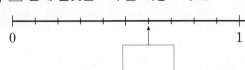

07 3 mm는 몇 cm인지 소수로 나타내시오.

(   ) cm

08 칫솔의 길이는 몇 cm인지 소수로 나타내시오.

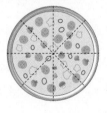

(   ) cm

09 색칠하지 않은 부분을 분수로 나타내시오.

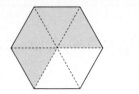

10 피자를 똑같이 8조각으로 나누어 전체의 $\frac{3}{8}$을 먹었습니다. 남은 피자는 전체의 몇 분의 몇입니까?

11 정인이는 색종이를 똑같이 16조각으로 나누어 그중 $\dfrac{9}{16}$를 미술시간에 사용하였습니다. 정인이가 사용하고 남은 색종이는 몇 조각입니까?

(   )조각

12 두 분수의 크기를 비교하여 더 큰 분수의 기호를 쓰시오.

> ㉠ $\dfrac{3}{7}$ ㉡ $\dfrac{5}{7}$

(   )

13 가장 작은 분수는 어느 것입니까?
.... (   )

① $\dfrac{5}{9}$ ② $\dfrac{7}{9}$

③ $\dfrac{2}{9}$ ④ $\dfrac{8}{9}$

⑤ $\dfrac{4}{9}$

14 희수가 콩나물에 물을 준 양을 기록한 표입니다. □ 안에 알맞은 수를 써넣으시오.

7월 1일	7월 2일	7월 3일	7월 4일
$\dfrac{1}{6}$컵	$\dfrac{1}{2}$컵	$\dfrac{1}{4}$컵	$\dfrac{1}{3}$컵

물을 가장 많이 준 날은 7월 □ 일이고, 물을 가장 적게 준 날은 7월 □ 일입니다.

15 1부터 9까지의 자연수 중에서 ㉠에 알맞은 수를 구하시오.

> 0.㉠ > 0.8

(   )

16 두 수의 크기를 비교하여 더 큰 수의 기호를 쓰시오.

> ㉠ 0.1이 12개인 수
>
> ㉡ $\frac{1}{10}$이 21개인 수

( )

17 하진이는 피아노 음악을 7.5분 동안 듣고, 바이올린 음악을 6.8분 동안 들었습니다. 하진이가 더 오래 들은 음악은 어느 것인지 기호를 쓰시오.

> ㉠ 피아노 음악   ㉡ 바이올린 음악

( )

18 선희의 키는 1.3 m, 윤지의 키는 1.4 m, 진수의 키는 1.2 m입니다. 키가 가장 큰 사람의 이름을 쓰시오.

( )

19 1보다 큰 자연수 중에서 □ 안에 들어갈 수 있는 수는 모두 몇 개입니까?

> $\frac{1}{5} < \frac{1}{\square}$

( )개

20 세리네 모둠이 체육 시간에 멀리뛰기를 한 기록이 다음과 같습니다. □ 안에 알맞은 이름을 써넣으시오.

세리	영수	나희	경수	민기
1.2 m	$\frac{7}{10}$ m	0.8 m	$\frac{9}{10}$ m	1.1 m

가장 멀리 뛴 사람은 [ ]이고,

가장 적게 뛴 사람은 [ ]입니다.

정답과 풀이

1 789	**2** ②	**3** 643
4 236	**5** 1023	**6** 644
7 178	**8** ㉡	**9** 1043
10 609	**11** 437	**12** 1006
13 723, 186	**14** 187	**15** 179
16 6	**17** 379	**18** 8, 6
19 844	**20** 1211	

풀이

14 □+525=712에서
□=712-525이므로
□=187입니다.

15 (사과의 수)-(복숭아의 수)
=804-625=179(개)

17 7 m=700 cm입니다.
700-321=379 (cm)

18
$$\begin{array}{ccc} & 3 & 4 & ㉠ \\ + & 8 & ㉡ & 4 \\ \hline 1 & 2 & 1 & 2 \end{array}$$
㉠+4=12이므로
㉠=12-4, ㉠=8입니다.
1+4+㉡=11이므로
5+㉡=11, ㉡=6입니다.

19 어떤 수를 □라고 하면 □-236=608이므로
□=608+236, □=844입니다.

20 3장의 수 카드로 만들 수 있는 가장 큰 수는
853이고, 가장 작은 수는 358이므로
853+358=1211입니다.

1 가	**2** ㄷ ㄹ	**3** ④
4 ②	**5** ㄱㄴㄷ, ㄷㄴㄱ	
6 2	**7** 라	**8** 4
9 다	**10** 5	**11** 8
12 6	**13** 라	**14** 직사각형
15 3	**16** ④	**17** 24
18 4	**19** 9	**20** 5

풀이

17 정사각형의 네 변의 길이는 모두 같습니다.
⇨ (정사각형의 네 변의 길이의 합)
=6+6+6+6=24 (cm)

19

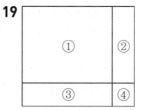

1개짜리 사각형: ①, ②, ③, ④
2개짜리 사각형: ①+②, ③+④, ①+③, ②+④
4개짜리 사각형: ①+②+③+④
⇨ 4+4+1=9(개)

20 직사각형은 마주 보는 두 변의 길이가 같으므
로 나머지 두 변의 길이는 9 cm, □cm입니다.
⇨ 9+□+9+□=28,
18+□+□=28,
□+□=10, □=5입니다.

1 3	**2** ㉣	**3** 8, 4
4 ⑤	**5** 8	**6** ㉡
7 6, 4	**8** 7	**9** =
10 9	**11** 8	**12** 8
13 7	**14** ④	**15** 12, 2, 6
16 9, 9	**17** 8, 7(또는 7, 8)	
18 3	**19** ㉣	**20** 2

풀이

16 6×9=54이므로 54÷6의 몫은 9입니다.

18 81÷9=9, 9÷3=3이므로 ㉠에 알맞은 수는
3입니다.

19 ㉠ 14÷2=7   ㉡ 35÷7=5
㉢ 63÷7=9   ㉣ 28÷7=4
따라서 □ 안에 들어갈 수가 나머지 셋과 다른
것은 ㉣입니다.

20 (정사각형의 한 변의 길이)×4
=(정사각형의 네 변의 길이의 합)
⇨ (정사각형의 한 변의 길이)
=(정사각형의 네 변의 길이의 합)÷4
=8÷4=2 (cm)
따라서 길이가 8 cm인 철사를 이용하여 가장
큰 정사각형 하나를 만들면 만든 정사각형의
한 변은 2 cm입니다.

1 90, 96	**2** 368	**3** 357
4 ㉠	**5** ②	**6** 512
7 225	**8** 216	**9** 62, 248
10 6	**11** 293	**12** ㉠
13 111	**14** ⑤	**15** 84
16 160	**17** 현진(또는 현진이)	
18 8	**19** 5	**20** 224

풀이

17 현진: $24 \times 5 = 120$(장)

지영: $19 \times 6 = 114$(장)

18 (상자에 담은 사과의 수)

$= 32 \times 6 = 192$(개)

(상자에 담지 못한 사과의 수)

$= 200 - 192 = 8$(개)

19 포도 맛 사탕: $15 \times 6 = 90$(개)

레몬 맛 사탕: $17 \times 5 = 85$(개)

따라서 사탕의 개수의 차는

$90 - 85 = 5$(개)입니다.

20 2, 7, 3으로 만들 수 있는

(두 자리 수)×(한 자리 수)는 23×7, 27×3, 32×7, 37×2, 72×3, 73×2입니다. 이 중에서 두 자리 수가 가장 작은 23과 두 번째로 작은 27이 있는 곱셈식은 나머지 식보다 곱이 작을 것이므로 제외하고 나머지 4개의 식을 계산합니다.

$32 \times 7 = 224$, $37 \times 2 = 74$,

$72 \times 3 = 216$, $73 \times 2 = 146$이므로 가장 큰 곱은 224입니다.

1 10	**2** 14, 3	**3** ②, ⑤
4 7, 3	**5** 28	**6** 30, 10
7 105	**8** 3, 400	**9** ㉠
10 2	**11** 기차역	**12** 15
13 10, 11	**14** 9, 32	**15** 1, 12
16 8, 40	**17** 25, 10	**18** 1, 5
19 2, 5	**20** 2, 46	

풀이

16 5분 30초＋3분 10초

$=$5분＋3분＋30초＋10초

$=$8분 40초

17 (집에서 도서관까지 걸은 시간)

$=$(도서관에 도착한 시각)－(집에서 출발한 시각)

$=$10시 40분 20초－10시 15분 10초

$=$25분 10초

18 26분＋39분

$=$65분＝1시간 5분

19 (체육관에 도착한 시각)

$=$(집에서 출발한 시각)

＋(집에서 편의점을 지나 체육관까지 걸은 시간)

$=$1시＋(1시간 5분)＝2시 5분

20 (만화 영화가 끝난 시각)

$=$(만화 영화를 보기 시작한 시각)

＋(만화 영화의 상영 시간)

$=$2시 10분 20초＋35분 40초

$=$2시 45분 60초＝2시 46분

1 2	**2** (위에서부터) 2, $\frac{2}{3}$	
3 2	**4** 다	**5** 0.7
6 0.6	**7** 0.3	**8** 7.5
9 $\frac{2}{6}$ $\left($또는 $\frac{1}{3}\right)$		**10** $\frac{5}{8}$
11 7	**12** ㉡	**13** ③
14 2, 1	**15** 9	**16** ㉡
17 ㉠	**18** 윤지	**19** 3
20 세리, 영수		

풀이

18 소수의 크기를 비교할 때, 자연수 부분의 크기가 같을 경우에는 소수점 오른쪽 부분의 크기를 비교합니다. ⇨ $1.4 > 1.3 > 1.2$

19 단위분수는 분모가 작을수록 큰 분수이므로

$\frac{1}{5} < \frac{1}{\square}$에서 □는 5보다 작은 수입니다.

따라서 1보다 큰 자연수 중에서 □ 안에 들어갈 수 있는 수는 2, 3, 4로 모두 3개입니다.

20 모두 소수로 고치면 크기를 비교하기 쉽습니다.

세리	영수	나희	경수	민기
1.2 m	0.7 m	0.8 m	0.9 m	1.1 m

$1.2 > 1.1 > 0.9 > 0.8 > 0.7$이므로 가장 큰 소수는 1.2, 가장 작은 소수는 0.7입니다.

학교에서 어떤 교과서를 사용하더라도 상관없는 우등생 수학 사용법

동영상 강의!

1단계의 **개념**은
동영상 강의로 공부!
3, 4단계의 문제는 모두
문제 풀이 강의를 볼
수 있어.

QR코드 스캔!

교재를 펼쳤을 때 오른쪽 페이지에 있는
QR코드를 스캔하면 우등생 홈페이지로
슝~ 갈 수 있어.
홈페이지에 있는 스케줄표에 체크하자.
내 **스케줄**은 내가 관리!

진도 완료 체크
QR코드를
찍자!

1단원

진도 완료 체크

틀린 문제 저장! 출력!

학습을 마칠 때에는 **오답노트**에 어떤 문제를
틀렸는지 표시해.
나중에 틀린 문제만 모아서 다시 풀면 **실력도
쑥쑥** 늘겠지?

① 오답노트 앱을 설치 후 로그인
② 책 표지의 QR코드를 스캔하여
   내 교재를 등록
③ 문항 번호를 선택하여 오답노트 만들기

문항번호 선택

**날짜별 또는
단원별 보기**

틀린 문제는
모르는 체 넘어
가지 말자구!

인쇄 가능

문제 생성기로 반복 학습!

본책의 단원평가 1~20번 문제는 문제 생성기로
유사 문제를 만들 수 있어.
매번 할 때마다 다른 문제가 나오니깐
시험 보기 전에 연습하기 딱 좋지?
다른 문제 같은 느낌~

문제가 자꾸 만들
어져. 이게 바로
그 문제 생성기!

**문제
생성기**

구성과 특징

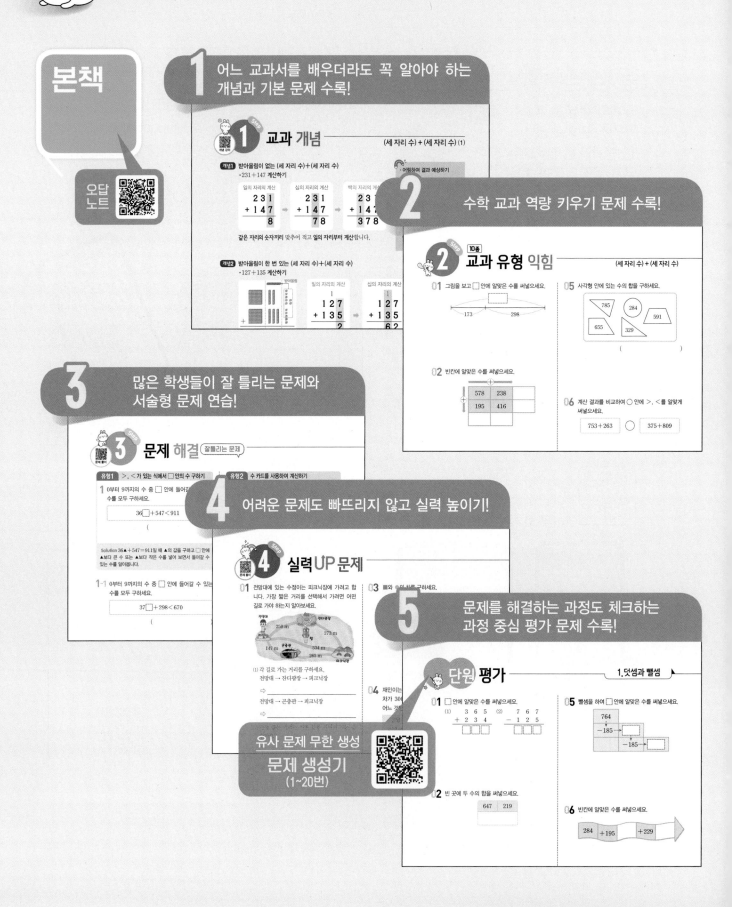

본책

오답 노트

1 어느 교과서를 배우더라도 꼭 알아야 하는 개념과 기본 문제 수록!

Step 1 교과 개념
(세 자리 수) + (세 자리 수) (1)

개념1 받아올림이 없는 (세 자리 수) + (세 자리 수)
・231 + 147 계산하기

일의 자리의 계산	십의 자리의 계산	백의 자리의 계산
231 + 147 = 8	231 + 147 = 78	231 + 147 = 378

같은 자리의 숫자끼리 맞추어 적고 일의 자리부터 계산합니다.

개념2 받아올림이 한 번 있는 (세 자리 수) + (세 자리 수)
・127 + 135 계산하기

・어림하여 결과 예상하기

2 수학 교과 역량 키우기 문제 수록!

Step 2 [10종] 교과 유형 익힘
(세 자리 수) + (세 자리 수)

01 그림을 보고 □ 안에 알맞은 수를 써넣으세요.
173   298

02 빈칸에 알맞은 수를 써넣으세요.

+	
578	238
195	416

05 사각형 안에 있는 수의 합을 구하세요.
785   284   591   655   329
(   )

06 계산 결과를 비교하여 ○ 안에 >, <를 알맞게 써넣으세요.
753 + 263 ○ 375 + 809

3 많은 학생들이 잘 틀리는 문제와 서술형 문제 연습!

Step 3 문제 해결 (잘틀리는 문제)

유형1 >, <가 있는 식에서 □ 안의 수 구하기

1 0부터 9까지의 수 중 □ 안에 들어갈
수를 모두 구하세요.
36 □ + 547 < 911

Solution 36▲ + 547 = 911일 때 ▲의 값을 구하고 □ 안에
▲보다 큰 수 또는 ▲보다 작은 수를 넣어 보면서 들어갈 수
있는 수를 알아봅니다.

1-1 0부터 9까지의 수 중 □ 안에 들어갈 수 있는
수를 모두 구하세요.
37 □ + 298 < 670
(   )

유형2 수 카드를 사용하여 계산하기

4 어려운 문제도 빠뜨리지 않고 실력 높이기!

Step 4 실력 UP 문제

01 전망대에 있는 수정이는 피크닉장에 가려고 합
니다. 가장 짧은 거리를 선택해서 가려면 어떤
길로 가야 하는지 알아보세요.

전망대   잔디광장   250 m   273 m
곤충관   147 m   534 m   265 m   피크닉장

(1) 각 길로 가는 거리를 구하세요.
전망대 → 잔디광장 → 피크닉장
⇨
전망대 → 곤충관 → 피크닉장
⇨

03 ㉭와 ㉯의 합을 구하세요.

04 재민이는
차가 300
어느 것

유사 문제 무한 생성
문제 생성기
(1~20번)

5 문제를 해결하는 과정도 체크하는 과정 중심 평가 문제 수록!

단원 평가
1. 덧셈과 뺄셈

01 □ 안에 알맞은 수를 써넣으세요.
(1)   3 6 5   (2)   7 6 7
    + 2 3 4   − 1 2 5

02 빈 곳에 두 수의 합을 써넣으세요.
647   219

05 뺄셈을 하여 □ 안에 알맞은 수를 써넣으세요.
764
− 185 →
− 185 →

06 빈칸에 알맞은 수를 써넣으세요.
284 + 195   + 229

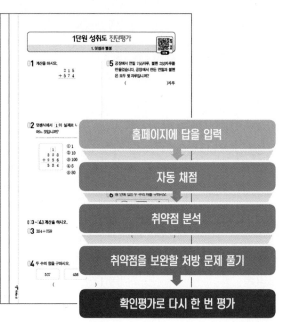

단원 성취도 평가

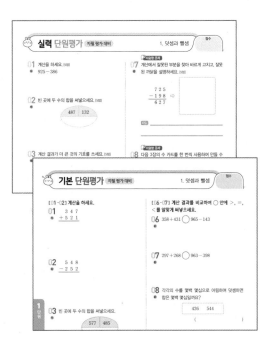

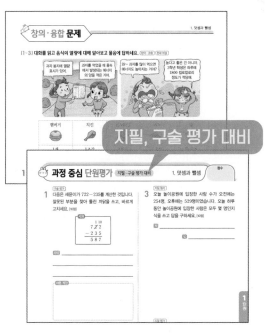

- 각종 평가를 대비할 수 있는 기본 단원평가, 실력 단원평가, 과정 중심 단원평가!
- 과정 중심 단원평가에는 지필, 구술 평가를 대비할 수 있는 문제 수록

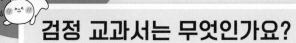

검정 교과서는 무엇인가요?

교육부가 편찬하는 국정 교과서와 달리 일반출판사에서 저자를 섭외 구성하고, 교육과정을 반영한 후, 교육부 심사를 거친 교과서입니다.

적용 시기				2015 개정 교육과정 검정 교과서 적용		2022 개정 교육과정 적용			
구분	학년	과목	유형	22년	23년	24년	25년	26년	27년
초등	1, 2	국어/수학	국정			적용			
	3, 4	국어/도덕	국정				적용		
		수학/사회/과학	검정	적용			적용		
	5, 6	국어/도덕	국정					적용	
		수학/사회/과학	검정		적용			적용	
중고등	1	전과목	검정				적용		
	2							적용	
	3								적용

과정 중심 평가가 무엇인가요?

과정 중심 평가는 기존의 결과 중심 평가와 대비되는 평가 방식으로 학습의 과정 속에서 평가가 이루어지며, 과정에서 적절한 피드백을 제공하여 평가를 통해 학습 능력이 성장하도록 하는 데 목적이 있습니다.

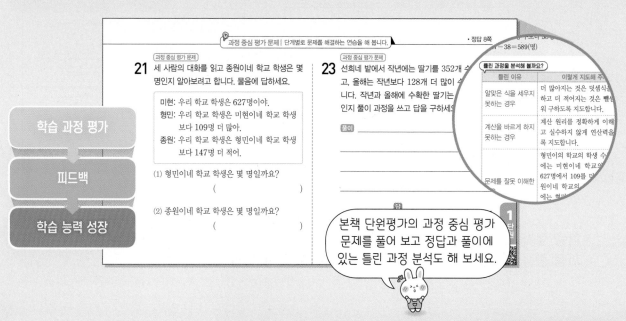

우등생 수학

3-1

1 덧셈과 뺄셈

동영상 강의

스케줄 확인

오답노트 만들기

웹툰으로 단원 미리보기 1화_ 아쿠아리움에 가 볼까?

QR코드를 스캔하여 이어지는 내용을 확인하세요.

2-1 세 자리 수

- 100이 2개 ┐
  10이 1개 ┤ 쓰기 213
  1이 3개 ┘ 읽기 이백십삼

- 213 = 200 + 10 + 3
  ↑↑↑
  └─┼┼ 일의 자리 숫자
  └┼ 십의 자리 숫자
  └ 백의 자리 숫자

2-1 두 자리 수의 덧셈

$$5 + 9 = 14$$

$$\begin{array}{r} {\scriptstyle 1} \\ 6 \quad 5 \\ +\ 7 \quad 9 \\ \hline 1 \quad 4 \quad 4 \end{array}$$

받아올림

$$1 + 6 + 7 = 14$$
받아올림

같은 자리의 수끼리 더했을 때 10이거나 10보다 크면 받아올림합니다.

2-1 두 자리 수의 뺄셈

받아내림

$$\begin{array}{r} {\scriptstyle 6}\ {\scriptstyle 10} \\ \not{7} \quad 3 \\ -\ 2 \quad 5 \\ \hline 4 \quad 8 \end{array}$$

$$10 + 3 - 5 = 8$$

$$7 - 1 - 2 = 4$$
받아내림하고 남은 수

십의 자리에서 10을 받아내림하여 계산합니다.

1 Step 교과 개념	(세 자리 수)+(세 자리 수) (1) – 받아올림이 없거나 한 번 있는 덧셈	
1 Step 교과 개념	(세 자리 수)+(세 자리 수) (2) – 받아올림이 여러 번 있는 덧셈	
2 Step 교과 유형 익힘		
1 Step 교과 개념	(세 자리 수)-(세 자리 수) (1) – 받아내림이 없거나 한 번 있는 뺄셈	
1 Step 교과 개념	(세 자리 수)-(세 자리 수) (2) – 받아내림이 여러 번 있는 뺄셈	
2 Step 교과 유형 익힘		
3 Step 문제 해결	잘 틀리는 문제 서술형 문제	
4 Step 실력 UP 문제		
☆ 단원 평가		

이 단원을 배우면 받아올림이 있는 세 자리 수의 덧셈과 받아내림이 있는 세 자리 수의 뺄셈을 할 수 있어요.

1 Step 교과 개념

(세 자리 수) + (세 자리 수) (1)

개념1 받아올림이 없는 (세 자리 수)+(세 자리 수)

• 231+147 계산하기

같은 자리의 숫자끼리 맞추어 적고 **일의 자리부터 계산**합니다.

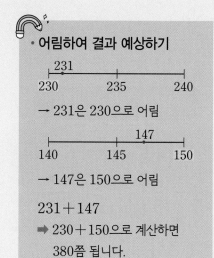

• 어림하여 결과 예상하기

```
      231
230   235   240
```
→ 231은 230으로 어림

```
            147
140   145   150
```
→ 147은 150으로 어림

231+147
➡ 230+150으로 계산하면
380쯤 됩니다.

개념2 받아올림이 한 번 있는 (세 자리 수)+(세 자리 수)

• 127+135 계산하기

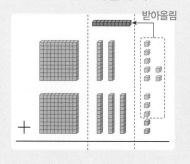

일의 자리의 계산
```
   1
 1 2 7
+1 3 5
     2
```

십의 자리의 계산
```
   1
 1 2 7
+1 3 5
   6 2
```

백의 자리의 계산
```
   1
 1 2 7
+1 3 5
 2 6 2
```

7+5=12이므로
2는 일의 자리에 쓰고
10은 받아올림합니다.

받아올림한 10은
십의 자리의 계산에서
더합니다.

개념확인 1 378+521은 몇백쯤일지 어림하여 계산하려고 합니다. ☐ 안에 알맞은 수를 써넣으세요.

 어림이란 대강
짐작으로
알아보는 것.

378은 ☐으로, 521은 ☐으로 어림하여 계산하면

378+521은 ☐쯤으로 어림할 수 있습니다.

개념확인 2 수 모형을 보고 ☐ 안에 알맞은 수를 써넣으세요.

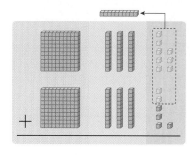

```
    ☐
  1 3 8
+ 1 3 6
    ☐ ☐
```
⇨
```
    ☐
  1 3 8
+ 1 3 6
  ☐ ☐ 4
```

3 수 모형을 보고 계산하세요.

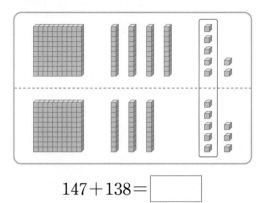

$$147+138=\boxed{}$$

4 수 카드를 이용해서 $257+634$를 구해 보세요.

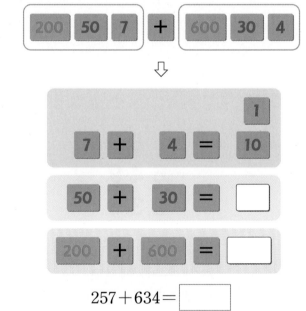

$$257+634=\boxed{}$$

5 빈 곳에 알맞은 수를 써넣으세요.

$$174+325$$
$$=\boxed{}+\boxed{}+\boxed{}$$
$$\quad\ \ 100+300\quad\ 70+20\quad\ 4+5$$
$$=\boxed{}$$

6 ☐ 안에 알맞은 수를 써넣으세요.

(1)
$$\begin{array}{r}\boxed{\ }\\ 5\ 0\ 8\\ +\ 4\ 7\ 3\\ \hline \boxed{\ }\boxed{\ }\boxed{\ }\end{array}$$

(2)
$$\begin{array}{r}\boxed{\ }\\ 6\ 2\ 5\\ +\ 3\ 3\ 6\\ \hline \boxed{\ }\boxed{\ }\boxed{\ }\end{array}$$

7 계산을 하세요.

(1)
$$\begin{array}{r}3\ 5\ 2\\ +\ 1\ 4\ 3\\ \hline\end{array}$$

(2)
$$\begin{array}{r}2\ 4\ 7\\ +\ 6\ 3\ 8\\ \hline\end{array}$$

(3) $117+542$

(4) $647+128$

8 두 수의 합은 몇백쯤일지 어림하여 보세요.

| 415 | 277 |

( )

9 빈칸에 알맞은 수를 써넣으세요.

⊕ →		
127	231	
436	155	

1단원

교과 개념

개념1 받아올림이 두 번 있는 (세 자리 수)+(세 자리 수)

• 175+168 계산하기

일의 자리의 계산	십의 자리의 계산	백의 자리의 계산

같은 자리의 숫자끼리 맞추어 적고 **일의 자리부터 계산**합니다.
같은 자리 수의 합이 **10이거나 10보다 크면 받아올림**합니다.

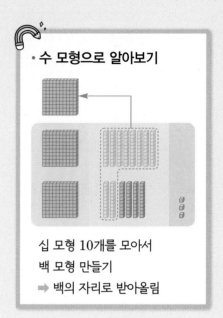

• **수 모형으로 알아보기**

십 모형 10개를 모아서
백 모형 만들기
➡ 백의 자리로 받아올림

개념2 받아올림이 세 번 있는 (세 자리 수)+(세 자리 수)

• 587+649 계산하기

일의 자리의 계산	십의 자리의 계산	백의 자리의 계산

7+9=16이므로
6은 일의 자리에 쓰고
10은 받아올림합니다.

1+8+4=13이므로
3은 십의 자리에 쓰고
10은 받아올림합니다.

1+5+6=12이므로
2는 백의 자리에 쓰고
1은 **천의 자리**에 씁니다.

개념확인 1 수 모형을 보고 덧셈을 하세요.

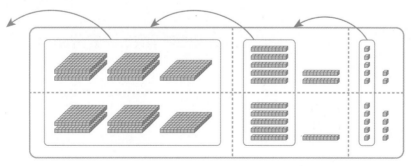

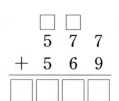

2 수 모형을 보고 계산하세요.

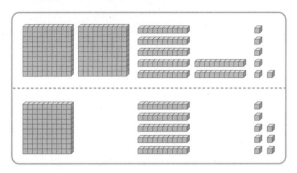

$$276+158=\boxed{}$$

3 수 카드를 이용해서 675+735를 구하세요.

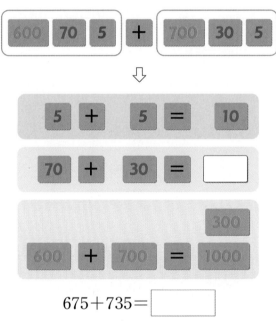

$$675+735=\boxed{}$$

4 ☐ 안에 알맞은 수를 써넣으세요.

(1)
```
    □ □
  5 7 6
+ 8 3 9
───────
□ □ □ □
```

(2)
```
    □ □
  2 4 9
+ 9 8 1
───────
□ □ □ □
```

5 계산을 하세요.

(1)
```
  5 7 6
+ 1 9 4
```

(2)
```
  6 1 2
+ 3 9 8
```

(3) 254+871

(4) 876+858

6 다음 계산에서 ㉠과 ㉡의 1이 나타내는 수는 실제로 얼마인지 각각 쓰세요.

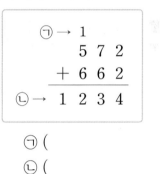

㉠ (   )

㉡ (   )

7 수 모형이 나타내는 수보다 247만큼 더 큰 수를 구하세요.

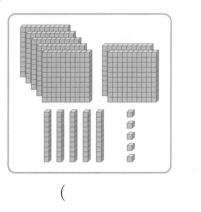

(   )

2 Step

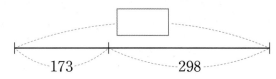

10종
교과 유형 익힘

(세 자리 수) + (세 자리 수)

01 그림을 보고 ☐ 안에 알맞은 수를 써넣으세요.

```
        ┌──────┐
        │      │
        └──────┘
   ├────────┼──────────────┤
      173          298
```

02 빈칸에 알맞은 수를 써넣으세요.

	+ →	
578	238	
195	416	

(+ 아래 방향 화살표)

03 계산 결과를 찾아 선으로 이으세요.

524+195 •   • 662

488+254 •   • 719

383+279 •   • 742

04 ☐ 안에 알맞은 수를 써넣으세요.

28☐+534=821

05 사각형 안에 있는 수의 합을 구하세요.

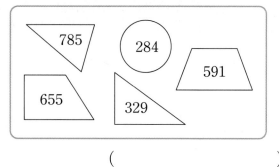

785   284   591
655   329

(   )

06 계산 결과를 비교하여 ◯ 안에 >, <를 알맞게 써넣으세요.

753+263   ◯   375+809

🖉 서술형 문제

07 275+312를 두 가지 방법으로 계산하세요.

방법1

방법2

08 제주도로 가는 비행기에 어른이 175명, 어린이가 146명 타고 있습니다. 이 비행기에는 모두 몇 명이 타고 있을까요?

( )

09 현수네 농장에서는 작년에 파인애플을 576개 수확했고 올해는 작년보다 125개 더 많이 수확했습니다. 현수네 농장에서 올해 수확한 파인애플은 몇 개일까요?

( )

10 수 카드 3장을 한 번씩만 사용하여 세 자리 수를 만들려고 합니다. 물음에 답하세요.

| 4 | 0 | 1 |

(1) 만들 수 있는 가장 큰 수를 쓰세요.

( )

(2) 만들 수 있는 가장 작은 수를 쓰세요.

( )

(3) 만들 수 있는 가장 큰 수와 가장 작은 수의 합을 구하세요.

( )

11 [추론] ☐ 안에 알맞은 수를 써넣으세요.

(1)
```
   ☐ 6 4
 + 2 ☐ 7
 ─────────
   3 8 ☐
```

(2)
```
   ☐ 4 ☐
 + 5 ☐ 5
 ─────────
   ☐ 1 8 3
```

🖊 **서술형 문제**

12 [의사소통] 계산에서 잘못된 부분을 찾아 바르게 계산하고 틀린 까닭을 쓰세요.

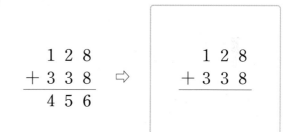
```
   1 2 8          1 2 8
 + 3 3 8   ⇨    + 3 3 8
 ─────────      ─────────
   4 5 6
```

[까닭] _____

_____

13 [추론] ☐ 안에 들어갈 수 있는 수 중에서 가장 큰 세 자리 수를 구하세요.

$$367 + 289 > \boxed{}$$

( )

개념1 받아내림이 없는 (세 자리 수)−(세 자리 수)

• 427−211 계산하기

일의 자리의 계산	십의 자리의 계산	백의 자리의 계산

4 2 7
− 2 1 1
―――
    6
	4 2 7
	− 2 1 1
	―――
	  1 6
		4 2 7
		− 2 1 1
		―――
		2 1 6

같은 자리의 숫자끼리 맞추어 적고 **일의 자리부터 계산**합니다.

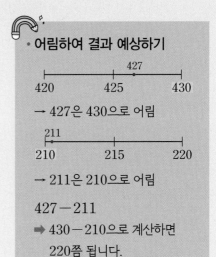

• 어림하여 결과 예상하기

427
420   425   430

→ 427은 430으로 어림

211
210   215   220

→ 211은 210으로 어림

427−211
➡ 430−210으로 계산하면
220쯤 됩니다.

개념2 받아내림이 한 번 있는 (세 자리 수)−(세 자리 수)

• 385−159 계산하기

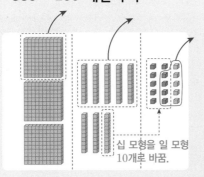

십 모형을 일 모형
10개로 바꿈.

일의 자리의 계산	십의 자리의 계산	백의 자리의 계산

7 10
3 8̸ 5
− 1 5 9
―――
    6
	7 10
	3 8̸ 5
	− 1 5 9
	―――
	  2 6
		7 10
		3 8̸ 5
		− 1 5 9
		―――
		2 2 6

5에서 9를 뺄 수 없으므로 **십의 자리에서 받아내림**합니다.	십의 자리에 남은 7에서 5를 뺍니다.	백의 자리의 계산을 합니다.

개념확인 1 273−121을 몇백몇십으로 어림하여 계산하려고 합니다. ☐ 안에 알맞은 수를 써넣으세요.

273은 ☐ 으로, 121은 ☐ 으로 어림하여 계산하면

273−121은 ☐ 쯤으로 어림할 수 있습니다.

개념확인 2 수 모형을 보고 뺄셈을 하세요.

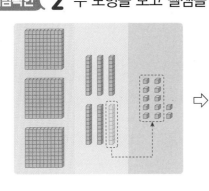 ⇨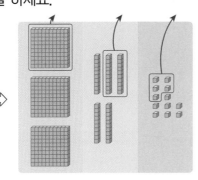

       ☐ ☐
   3 6̸ 2
− 1 2 5   ⇨   − 1 2 5
        ☐ ☐ ☐

3 ☐ 안에 알맞은 수를 써넣으세요.

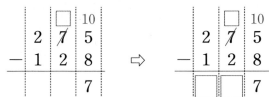

4 수 카드를 이용해서 651−127을 구해 보세요.

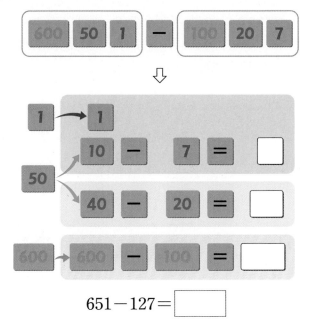

651−127 = ☐

5 빈 곳에 알맞은 수를 써넣으세요.

485−173

= ☐ + ☐ + ☐

    400−100   80−70   5−3

= ☐

6 계산을 하세요.

(1) 854−323

(2) 632−501

(3)   7 7 4
  − 3 6 5

(4)   8 5 2
  − 5 1 8

7 수 모형이 나타내는 수보다 132만큼 더 작은 수를 구하세요.

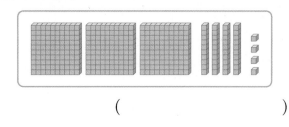

(   )

8 빈칸에 알맞은 수를 써넣으세요.

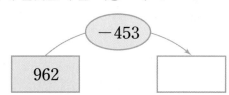

9 빈칸에 알맞은 수를 써넣으세요.

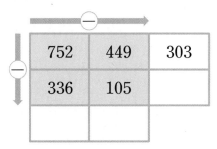

개념1 받아내림이 두 번 있는 (세 자리 수) − (세 자리 수)

• 432 − 275 계산하기

일의 자리의 계산	십의 자리의 계산	십의 자리의 계산	백의 자리의 계산
2 10	2 10	3 12 10	3 12 10
4 3 2	4 3 2	4 3 2	4 3 2
− 2 7 5	− 2 7 5	− 2 7 5	− 2 7 5
7	7	5 7	1 5 7

2에서 5를 뺄 수 없으므로 **십의 자리에서 받아내림**합니다.

십의 자리에 남은 2에서 7을 뺄 수 없으므로 **백의 자리에서 받아내림**합니다.

백의 자리 숫자 위에 3을 쓰고, 십의 자리 위의 수 **2를 12로 고칩니다.**

백의 자리에 남은 3에서 2를 뺍니다.

개념2 빼지는 수의 십의 자리 숫자가 0인 (세 자리 수) − (세 자리 수)

• 402 − 275 계산하기

일의 자리의 계산	받아내림하기	같은 자리끼리 계산하기
4 0 2	3 9 10	3 9 10
− 2 7 5	4 0 2	4 0 2
	− 2 7 5	− 2 7 5
↑ 2에서 5를 뺄 수 없음		1 2 7

십의 자리 숫자가 0이므로 백의 자리에서 받아내림 합니다.

십의 자리 숫자 위에 9를, 일의 자리 숫자 위에 10을 씁니다.

3 − 2 = 1
9 − 7 = 2
10 + 2 − 5 = 7

개념확인 **1** 수 모형을 보고 ☐ 안에 알맞은 수를 써넣으세요.

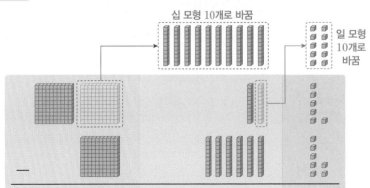

십 모형 10개로 바꿈

일 모형 10개로 바꿈

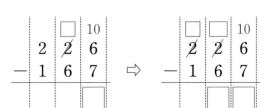

	☐	10			☐	☐	10
2	2	6			2	2	6
− 1	6	7	⇨	− 1	6	7
		☐			☐	☐	☐

2 ☐ 안에 알맞은 수를 써넣으세요.

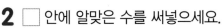

$$
\begin{array}{r}
\square \ 9 \ 10 \\
\cancel{4} \ \cancel{0} \ 7 \\
-\ 1 \ 1 \ 8 \\
\hline
\ \ \ \ \ \square
\end{array}
\quad \Rightarrow \quad
\begin{array}{r}
\square \ 9 \ 10 \\
\cancel{4} \ \cancel{0} \ 7 \\
-\ 1 \ 1 \ 8 \\
\hline
\square \ \square \ \square
\end{array}
$$

3 계산을 하세요.

(1)
$$
\begin{array}{r}
5 \ 4 \ 8 \\
-\ 1 \ 5 \ 9 \\
\hline
\end{array}
$$

(2)
$$
\begin{array}{r}
8 \ 8 \ 7 \\
-\ 1 \ 9 \ 9 \\
\hline
\end{array}
$$

(3)
$$
\begin{array}{r}
5 \ 0 \ 6 \\
-\ 2 \ 5 \ 7 \\
\hline
\end{array}
$$

(4)
$$
\begin{array}{r}
4 \ 0 \ 2 \\
-\ 1 \ 7 \ 6 \\
\hline
\end{array}
$$

4 ☐ 안에 알맞은 수를 써넣으세요.

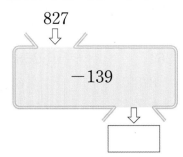

827
⇩
─139
⇩

5 빈칸에 알맞은 수를 써넣으세요.

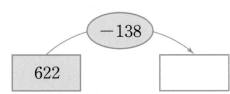

622 ─ ─138 →

6 다음 뺄셈식에서 숫자 ⑤가 실제로 나타내는 수는 얼마일까요?

$$
\begin{array}{r}
\boxed{5} \ 16 \ 10 \\
\cancel{6} \ \cancel{7} \ 6 \\
-\ 4 \ 9 \ 8 \\
\hline
1 \ 7 \ 8
\end{array}
$$

(   )

7 빈칸에 두 수의 차를 써넣으세요.

591	
760	

8 화살표를 따라 가면서 빈 곳에 알맞은 수를 써넣으세요.

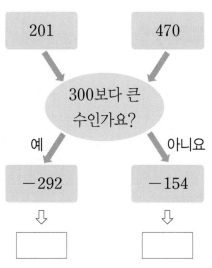

201   470

300보다 큰 수인가요?

예   아니요

─292   ─154

⇩   ⇩

01 빈칸에 알맞은 수를 써넣으세요.

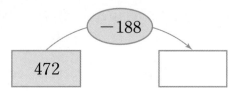

-188

472

02 뺄셈을 하여 □ 안에 알맞은 수를 써넣으세요.

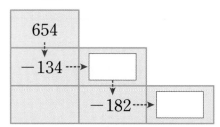

654

-134 ⋯⋯▶ □

-182 ⋯⋯▶ □

🖋 서술형 문제

03 827−216을 두 가지 방법으로 계산하세요.

방법1

방법2

04 삼각형 안에 있는 두 수의 차를 구하세요.

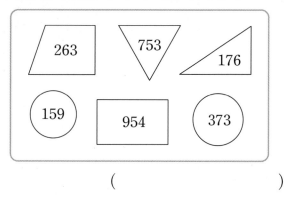

263 753 176

159 954 373

(   )

05 계산 결과를 비교하여 ○ 안에 >, =, <를 알맞게 써넣으세요.

$857-278$ ○ $741-183$

06 계산 결과가 같은 조각끼리 모았습니다. 보기 에서 알맞은 식 또는 수를 찾아 □ 안에 기호를 써넣으세요.

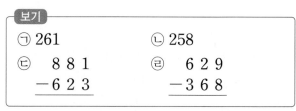

보기

㉠ 261   ㉡ 258

㉢ 8 8 1   ㉣ 6 2 9
   $-6 2 3$ $-3 6 8$

(1)

531보다 270만큼 더 작은 수

(2)

492와 234의 차

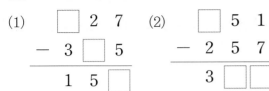
07 ☐ 안에 알맞은 수를 써넣으세요.

(1)
```
  ☐ 2 7
-   3 ☐ 5
  1 5 ☐
```
(2)
```
  ☐ 5 1
- 2 5 7
  3 ☐ ☐
```

✏️ 서술형 문제

08 잘못 계산한 곳을 찾아 잘못된 까닭을 쓰고 바르게 계산하세요.

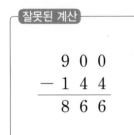

잘못된 계산
9 0 0
− 1 4 4
8 6 6

바른 계산
9 0 0
− 1 4 4

까닭 _____

09 진영이네 동네 도서관에 책이 921권 있습니다. 사람들이 빌려 간 책이 193권일 때 도서관에 남아 있는 책은 몇 권일까요?

( )

10 줄넘기를 현성이네 모둠은 326회 했고, 민준이네 모둠은 현성이네 모둠보다 127회 더 적게 했습니다. 민준이네 모둠은 줄넘기를 몇 회 했을까요?

( )

11 (추론) 두 수를 골라 두 수의 차가 가장 작은 식을 만들어 계산해 보세요.

701	454	317	909

☐ − ☐ = ☐

12 (문제 해결) 은지는 친구에게 줄 생일 선물을 포장하려고 합니다. 선물을 포장하고 남은 리본은 몇 cm인지 구하세요.

리본 3 m 27 cm 중에서 156 cm를 사용했어.

은지

( )

13 (의사 소통) 그림을 보고 물음에 답하세요.

어떤 수에 354를 더했더니 7300이 되었어.

그럼 나는 그 어떤 수에서 279를 빼 볼래.

영주   민호

(1) 어떤 수는 얼마일까요?

( )

(2) 민호가 계산한 값은 얼마인가요?

( )

유형1 >, <가 있는 식에서 □ 안의 수 구하기

1 0부터 9까지의 수 중 □ 안에 들어갈 수 있는 수를 모두 구하세요.

$$36\square + 547 < 911$$

( )

Solution 36▲+547=911일 때 ▲의 값을 구하고 □ 안에 ▲보다 큰 수 또는 ▲보다 작은 수를 넣어 보면서 들어갈 수 있는 수를 알아봅니다.

1-1 0부터 9까지의 수 중 □ 안에 들어갈 수 있는 수를 모두 구하세요.

$$37\square + 298 < 670$$

( )

1-2 0부터 9까지의 수 중 □ 안에 들어갈 수 있는 수를 모두 구하세요.

$$4\square 8 + 225 > 703$$

( )

1-3 0부터 9까지의 수 중 □ 안에 들어갈 수 있는 수를 모두 구하세요.

$$5\square 2 - 295 > 277$$

( )

유형2 수 카드를 사용하여 계산하기

2 4장의 수 카드 중 3장을 골라 한 번씩만 사용하여 세 자리 수를 만들려고 합니다. 만들 수 있는 가장 큰 수와 가장 작은 수의 차를 구하세요.

| 6 | 7 | 0 | 5 |

( )

Solution 수 카드에 적힌 수의 크기를 비교하여 가장 큰 수와 가장 작은 수를 만듭니다.
세 자리 수를 만들 때 맨 앞에 0이 올 수 없습니다.

2-1 4장의 수 카드 중 3장을 골라 한 번씩만 사용하여 세 자리 수를 만들려고 합니다. 만들 수 있는 가장 큰 수와 가장 작은 수의 차를 구하세요.

| 9 | 4 | 7 | 0 |

( )

2-2 4장의 수 카드 중 3장을 골라 한 번씩만 사용하여 세 자리 수를 만들려고 합니다. 만들 수 있는 가장 큰 수와 가장 작은 수의 합을 구하세요.

| 8 | 5 | 3 | 7 |

( )

유형3   찢어진 종이에 적힌 수 구하기

3 종이 2장에 세 자리 수를 한 개씩 써 놓았는데 한 장이 찢어져서 백의 자리 숫자만 보입니다. 두 수의 합이 576일 때 찢어진 종이에 적힌 세 자리 수를 구하세요.

| 157 | 4 |

( )

Solution 덧셈과 뺄셈의 관계를 이용하여 찢어진 종이에 적힌 수를 구할 수 있습니다.

3-1 종이 2장에 세 자리 수를 한 개씩 써 놓았는데 한 장이 찢어져서 백의 자리 숫자만 보입니다. 두 수의 합이 1218일 때 찢어진 종이에 적힌 세 자리 수를 구하세요.

| 543 | 6 |

( )

3-2 종이 2장에 세 자리 수를 한 개씩 써 놓았는데 한 장이 찢어져서 일의 자리 숫자만 보입니다. 두 수의 합이 807일 때 찢어진 종이에 적힌 세 자리 수를 구하세요.

| 8 | 279 |

( )

유형4   어떤 수를 구하고 바르게 계산하기

4 어떤 수에서 146을 빼야 할 것을 잘못하여 더했더니 583이 되었습니다. 바르게 계산하면 얼마일까요?

( )

Solution 잘못 계산한 식을 세워 어떤 수를 구하고, 어떤 수에서 146을 빼서 바르게 계산한 값을 구합니다.

4-1 어떤 수에 175를 더해야 할 것을 잘못하여 뺐더니 487이 되었습니다. 바르게 계산하면 얼마일까요?

( )

4-2 어떤 수에서 336을 빼야 할 것을 잘못하여 더했더니 883이 되었습니다. 물음에 답하세요.

(1) 바르게 계산하면 얼마일까요?

( )

(2) 바르게 계산한 결과와 잘못 계산한 결과의 차는 얼마일까요?

( )

1
단원

3 Step 문제 해결 [서술형 문제]

유형5

🕐 문제 해결 Key

오늘 한 줄넘기 수를 구하고 어제와 오늘 한 줄넘기 수를 더합니다.

📖 문제 해결 전략

❶ 오늘 한 줄넘기 수 구하기
❷ 어제와 오늘 한 줄넘기 수 더하기

5 영주는 줄넘기를 어제는❶ 238회 했고, 오늘은 어제보다 170회 더 많이 했습니다. 영주는 <u>어제와 오늘 줄넘기를 모두 몇 회 했는지</u>❷ 풀이 과정을 보고 ☐ 안에 알맞은 수를 써넣어 답을 구하세요.

어제보다 170회 더 많이 했어. 영주

줄넘기 실력이 점점 느는구나! 민호

풀이 ❶ 오늘 한 줄넘기 수는 238+☐ = ☐ (회)입니다.

　　 ❷ 어제와 오늘 한 줄넘기 수는 238+☐ = ☐ (회)입니다.

　　 답 _____

5-1 ✏️ 연습 문제

진희는 종이학을 어제는 316마리 접었고, 오늘은 어제보다 138마리 더 많이 접었습니다. 진희가 어제와 오늘 접은 종이학은 모두 몇 마리인지 풀이 과정을 쓰고 답을 구하세요.

풀이

❶ 오늘 접은 종이학 수 구하기

❷ 어제와 오늘 접은 종이학 수 더하기

답 _____

5-2 ✏️ 실전 문제

과수원에서 사과를 동호는 446개 땄고, 세리는 동호보다 129개 더 많이 땄습니다. 동호와 세리가 딴 사과는 모두 몇 개인지 풀이 과정을 쓰고 답을 구하세요.

풀이

답 _____

유형6

⏱ **문제 해결 Key**
수의 크기를 비교한 후 차
를 구합니다.

📖 **문제 해결 전략**
❶ 가장 큰 수와 가장 작은
수 찾기

❷ 가장 큰 수와 가장 작은
수의 차 구하기

6 시현, 재우, 소라가 뽑은 수 카드입니다. 세 사람이 뽑은 수 카드에 적힌 수 중
에서 <u>가장 큰 수와 가장 작은 수</u>의 차를 구하려고 합니다. 풀이 과정을 보고 ☐
안에 알맞은 수를 써넣어 답을 구하세요.

시현	재우	소라
276	803	635

풀이 ❶ 백의 자리 수를 비교하면 수 카드의 수 중에서 가장 큰 수는 ☐

이고, 가장 작은 수는 ☐ 입니다.

❷ 가장 큰 수와 가장 작은 수의 차는

☐ − ☐ = ☐ 입니다.

답 ＿＿＿＿＿＿＿＿＿＿

진도 완료
체크

6-1 ✏️ 연습 문제

혜경, 종권, 미경이가 뽑은 수 카드입니다. 세 사람이
뽑은 수 카드에 적힌 수 중에서 가장 큰 수와 가장 작
은 수의 차를 구하세요.

혜경	종권	미경
276	300	544

풀이

❶ 가장 큰 수와 가장 작은 수 찾기

❷ 가장 큰 수와 가장 작은 수의 차 구하기

답 ＿＿＿＿＿＿＿＿＿＿

6-2 ✏️ 실전 문제

혜진, 승현, 영주, 성일이가 뽑은 수 카드입니다. 네 사
람이 뽑은 수 카드에 적힌 수 중에서 가장 큰 수와 두
번째로 큰 수의 차를 구하세요.

혜진	승현	영주	성일
863	298	475	567

풀이

답 ＿＿＿＿＿＿＿＿＿＿

4 Step 실력UP 문제

01 전망대에 있는 수정이는 피크닉장에 가려고 합니다. 가장 짧은 거리를 선택해서 가려면 어떤 길로 가야 하는지 알아보세요.

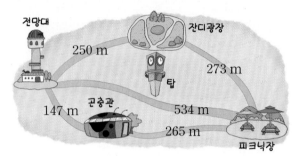

(1) 각 길로 가는 거리를 구하세요.
전망대 → 잔디광장 → 피크닉장

⇨ _____

전망대 → 곤충관 → 피크닉장

⇨ _____

(2) 가장 짧은 거리는 어떤 곳을 거쳐서 가는 길일까요?

(   )

02 보물 창고의 문을 열 수 있는 비밀번호를 구해 보세요.

비밀번호는
100이 5개,
10이 6개,
1이 9개인 수보다
777만큼 더 큰 수

(   )

03 ■와 ●의 차를 구하세요.

$$697 + ■ = 923$$
$$● - 367 = 579$$

(   )

04 재민이는 높은 건물을 조사하였습니다. 높이의 차가 300 m에 가장 가까운 건물은 어느 것과 어느 것인지 쓰고 높이의 차를 구하세요.

건물	상하이 타워	에펠 탑	63빌딩
높이(m)	632	324	264

건물 (   ),
(   )
높이의 차 (   )

05 어느 영화관에서 오늘 상영하는 액션 영화를 예매한 관객은 513명, 만화 영화를 예매한 관객은 259명입니다. 이 중 124명이 취소를 하였다면 취소하지 않은 관객은 몇 명일까요?

(   )

06 현승이와 우정이는 주머니에서 구슬 2개를 꺼내서 구슬에 적힌 수의 차가 300에 가장 가까운 뺄셈식을 만들려고 합니다. 어떤 구슬을 꺼내야 할지 구슬에 적힌 수로 뺄셈식을 만드세요.

$$\boxed{} - \boxed{} = \boxed{}$$

🖉 **서술형 문제**

07 겨울을 나기 위해 개미는 곡식 721톨을 모았고, 베짱이는 개미보다 598톨을 덜 모았습니다. 개미와 베짱이가 모은 곡식은 모두 몇 톨인지 풀이 과정을 쓰고 답을 구하세요.

풀이 _____

_____

_____

답 _____

08 준서가 감을 따려고 길이가 357 cm인 막대 2개를 그림과 같이 철사로 묶어서 장대를 만들었습니다. 장대의 길이는 몇 cm일까요?

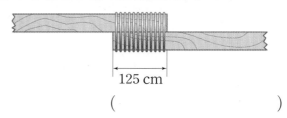

( )

09 계산기에서 〓를 계속 누르면 똑같은 계산이 반복됩니다. 계산기를 다음과 같은 순서대로 입력했다면 마지막에 출력되는 수는 무엇일까요?

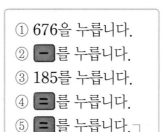

① 676을 누릅니다.
② ▬를 누릅니다.
③ 185를 누릅니다.
④ 〓를 누릅니다.
⑤ 〓를 누릅니다.

└─185가 반복◀─

( )

10 그림에서 한 원 안에 있는 수들의 합은 모두 같습니다. ㉠과 ㉡에 알맞은 수를 각각 구하세요.

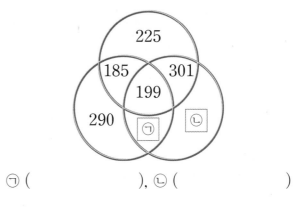

㉠ ( ), ㉡ ( )

01 ☐ 안에 알맞은 수를 써넣으세요.

(1)
```
    3  6  5
 +  2  3  4
  ┌──┬──┬──┐
  │  │  │  │
  └──┴──┴──┘
```

(2)
```
    7  6  7
 -  1  2  5
  ┌──┬──┬──┐
  │  │  │  │
  └──┴──┴──┘
```

02 빈 곳에 두 수의 합을 써넣으세요.

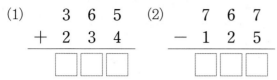

647	219

03 수 모형이 나타내는 수보다 105만큼 더 큰 수를 구하세요.

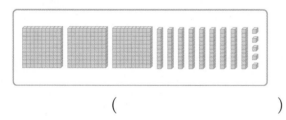

(   )

04 수직선을 보고 ☐ 안에 알맞은 수를 써넣으세요.

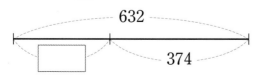

05 뺄셈을 하여 ☐ 안에 알맞은 수를 써넣으세요.

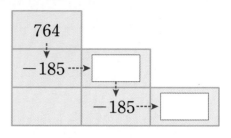

06 빈칸에 알맞은 수를 써넣으세요.

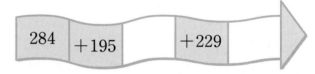

07 두 수의 합과 차를 각각 구하세요.

853   369

합 (   )
차 (   )

08 계산 결과를 비교하여 ◯ 안에 >, =, <를 알맞게 써넣으세요.

478＋476	◯	296＋684

09 □ 안에 알맞은 수를 써넣으세요.

(1)
```
    3 7 4
  +   1 8 □
  ─────────
  □   6 3
```

(2)
```
    7 □ 2
  −   2 4 □
  ─────────
    4 5 9
```

10 계산에서 틀린 곳을 찾아 바르게 고치세요.

```
    5 5 4
  − 3 6 5   ⇨
  ─────────
    2 9 9
```

11 계산 결과가 가장 큰 것을 찾아 기호를 쓰세요.

> ㉠ 334＋128
> ㉡ 945−448
> ㉢ 728−296

( )

[12~13] 그림을 보고 물음에 답하세요.

학교   문구점   은지네 집   승호네 집

436 m   505 m
738 m

12 문구점에서 은지네 집까지의 거리는 몇 m일까요?

( )

13 은지네 집에서 승호네 집까지의 거리는 몇 m일까요?

( )

14 길이가 7 m인 색 테이프 중에서 158 cm를 사용했습니다. 남은 색 테이프는 몇 cm일까요?

➡ 1 m는 100 cm입니다.

( )

15 두 수의 합이 500보다 큰 것을 모두 찾아 기호를 쓰세요.

> ㉠ 218, 294   ㉡ 321, 174
> ㉢ 197, 308   ㉣ 162, 324

(   )

[16~17] 3학년 남학생과 여학생이 청팀과 백팀으로 나누어 콩 주머니 던져 넣기 경기를 하였습니다. 물음에 답하세요.

넣은 콩 주머니 수

	청팀	백팀
남학생	143개	128개
여학생	149개	131개

16 청팀과 백팀은 콩 주머니를 각각 몇백몇십 개쯤 넣었는지 어림하세요.

청팀 (   )

백팀 (   )

17 청팀과 백팀 중 어느 쪽이 콩 주머니를 정확하게 몇 개 더 넣었는지 구하세요.

(   ),

(   )

18 다음 수 중에서 2개를 골라 차가 가장 작은 뺄셈식을 만들어 계산하려고 합니다. ☐ 안에 알맞은 수를 써넣으세요.

> 204   331   668   495

19 종이 2장에 세 자리 수를 한 개씩 써 놓았는데 한 장이 찢어져서 백의 자리 숫자만 보입니다. 두 수의 합이 713일 때 두 수의 차를 구하세요.

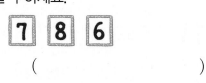

(   )

20 수 카드를 한 번씩만 사용하여 세 자리 수를 만들려고 합니다. 만들 수 있는 가장 큰 수와 가장 작은 수의 합을 구하세요.

(   )

1~20번까지의 단원평가 유사 문제 제공

문제 생성기

21 세 사람의 대화를 읽고 종원이네 학교 학생은 몇 명인지 알아보려고 합니다. 물음에 답하세요.

> 미현: 우리 학교 학생은 627명이야.
>
> 형민: 우리 학교 학생은 미현이네 학교 학생보다 109명 더 많아.
>
> 종원: 우리 학교 학생은 형민이네 학교 학생보다 147명 더 적어.

(1) 형민이네 학교 학생은 몇 명일까요?

( )

(2) 종원이네 학교 학생은 몇 명일까요?

( )

22 지선이는 방 청소를 하고 엄마에게 돈을 받은 다음 알뜰 시장에서 머리핀을 샀습니다. 방 청소를 하고 받은 돈이 얼마인지 알아보려고 합니다. 물음에 답하세요.

지선이의 용돈 기입장

내용	들어온 돈	나간 돈	남은 돈
용돈	500원	·	500원
방 청소	?	·	?
머리핀	·	150원	790원

(1) 머리핀을 사기 전에 남은 돈은 얼마일까요?

( )

(2) 방 청소를 하고 받은 돈은 얼마일까요?

( )

23 선희네 밭에서 작년에는 딸기를 352개 수확하였고, 올해는 작년보다 128개 더 많이 수확하였습니다. 작년과 올해에 수확한 딸기는 모두 몇 개인지 풀이 과정을 쓰고 답을 구하세요.

풀이 _____

_____

_____

_____

답 _____

1단원

진도 완료 체크

24 어떤 수에 495를 더해야 할 것을 잘못하여 594를 더했더니 730이 되었습니다. 바르게 계산하면 얼마인지 풀이 과정을 쓰고 답을 구하세요.

풀이 _____

_____

_____

_____

답 _____

오답노트

배점	1~20번	4점	점수
	21~24번	5점	

틀린 문제 저장! 출력!

평면도형

동영상 강의

오답노트
만들기

스케줄 확인

웹툰으로 단원 미리보기   2화_ 타워에선 모든 게 작아 보여!

 QR코드를 스캔하여 이어지는 내용을 확인하세요.

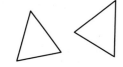 **2-1** 삼각형

위와 같은 도형을 삼각형이라고 합니다.

 **2-1** 사각형

위와 같은 도형을 사각형이라고 합니다.

 **2-1** 변, 꼭짓점

이 단원에서 배울 내용

1 Step 교과 개념	선분, 반직선, 직선
1 Step 교과 개념	각, 직각
2 Step 교과 유형 익힘	
1 Step 교과 개념	직각삼각형, 직사각형
1 Step 교과 개념	정사각형
2 Step 교과 유형 익힘	
3 Step 문제 해결	잘 틀리는 문제 서술형 문제
4 Step 실력 UP 문제	
☆ 단원 평가	

이 단원을 배우면 선분, 반직선, 직선을 알고 구별할 수 있고, 각, 직각, 직각삼각형, 직사각형, 정사각형을 알 수 있어요.

1 Step 교과 개념 ──────── 선분, 반직선, 직선

개념1 선분 알아보기

- **선분**: 두 점을 곧게 이은 선

점 ㄱ과 점 ㄴ을 이은 선분 ➡ ㄱ━━━━━━━━ㄴ
➡ **선분 ㄱㄴ 또는 선분 ㄴㄱ**

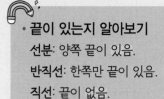

- **끝이 있는지 알아보기**
  선분: 양쪽 끝이 있음.
  반직선: 한쪽만 끝이 있음.
  직선: 끝이 없음.

개념2 반직선 알아보기

- **반직선**: 한 점에서 시작하여 한쪽으로 끝없이 늘인 곧은 선

점 ㄱ에서 시작   점 ㄴ을 지남
ㄱ━━━━━━●ㄴ
➡ **반직선 ㄱㄴ**

점 ㄱ을 지남   점 ㄴ에서 시작
ㄱ●━━━━━━ㄴ
➡ **반직선 ㄴㄱ**

[주의] 반직선은 반드시 **시작점**을 먼저 읽습니다.

- **반직선 ㄱㄴ과 반직선 ㄴㄱ**
  – 시작점이 다르므로 서로 다른 반직선입니다.
  – 끝없이 늘인 방향이 다르므로 같다고 할 수 없습니다.
- **직선 ㄱㄴ과 직선 ㄴㄱ**
  – 서로 같습니다.

개념3 직선 알아보기

- **직선**: 선분을 양쪽으로 끝없이 늘인 곧은 선

점 ㄱ과 점 ㄴ을 지나는 직선 ➡ ──ㄱ────────ㄴ──
➡ **직선 ㄱㄴ 또는 직선 ㄴㄱ**

개념확인 1 ☐ 안에 알맞은 말을 써넣으세요.

반 반 半
곧을 직 直
줄 선 線
나눌 분 分

(1) 두 점을 곧게 이은 선을 ☐이라고 합니다.

(2) 한 점에서 시작하여 한쪽으로 끝없이 늘인 곧은 선을 ☐이라고 합니다.

(3) 선분을 양쪽으로 끝없이 늘인 곧은 선을 ☐이라고 합니다.

개념확인 2 선분 ㄷㄹ에 ◯표 하세요.

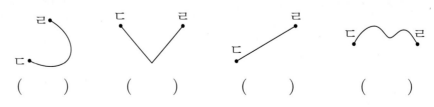

(   )　　(   )　　(   )　　(   )

32 우등생 해법수학 3-1

3 선을 모양에 따라 곧은 선과 굽은 선으로 분류하여 기호를 쓰세요.

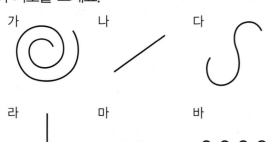

곧은 선	굽은 선

4 관계있는 것끼리 선으로 이으세요.

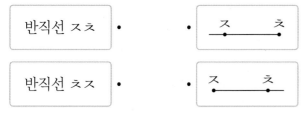

5 선분 ㄴㄷ을 그으세요.

6 직선 ㄴㄷ을 그으세요.

7 다음 도형의 이름은 어느 것일까요?····( )

① 선분 ㄱㄴ   ② 직선 ㄱㄴ
③ 직선 ㄴㄱ   ④ 반직선 ㄱㄴ
⑤ 반직선 ㄴㄱ

8 도형의 이름을 쓰세요.

( )

9 도형의 이름을 쓰세요.

(1)

( )

(2)

( )

10 반직선 ㄹㄷ을 그으세요.

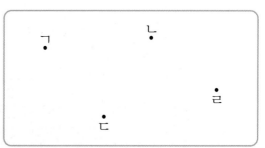

1 Step 교과 개념 ————————————— 각, 직각

개념1 각 알아보기

• **각**: 한 점에서 그은 **두 반직선**으로 이루어진 도형

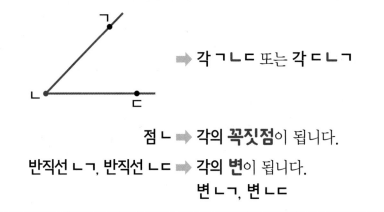

➡ **각 ㄱㄴㄷ** 또는 **각 ㄷㄴㄱ**

점 ㄴ ➡ 각의 **꼭짓점**이 됩니다.

반직선 ㄴㄱ, 반직선 ㄴㄷ ➡ 각의 **변**이 됩니다.
변 ㄴㄱ, 변 ㄴㄷ

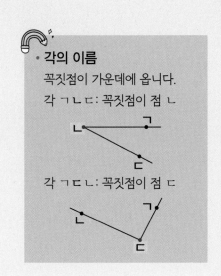

• **각의 이름**

꼭짓점이 가운데에 옵니다.

각 ㄱㄴㄷ: 꼭짓점이 점 ㄴ

각 ㄱㄷㄴ: 꼭짓점이 점 ㄷ

개념2 직각 알아보기

• **직각**: 그림과 같이 종이를 반듯하게 두 번 접었을 때 생기는 각

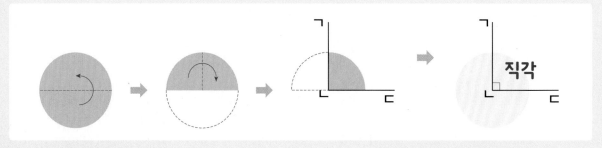

직각

참고 꼭짓점 ㄴ에 ⌐ 표시를 합니다.

개념확인 1 그림을 보고 ☐ 안에 알맞은 말을 써넣으세요.

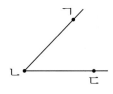

(1) 한 점에서 그은 두 반직선으로 이루어진 도형을 ☐이라고 합니다.

(2) 점 ㄴ을 각의 ☐이라고 합니다.

(3) 반직선 ㄴㄱ과 반직선 ㄴㄷ을 각의 ☐이라고 하고

이 변을 변 ㄴㄱ과 변 ☐이라고 합니다.

개념확인 2 ☐ 안에 알맞은 말을 써넣으세요.

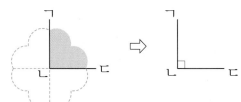

그림과 같이 종이를 두 번 접었을 때
생기는 각을 ☐이라고 합니다.

곧을 직 直
뿔 각 角

어느 교과서로 배우더라도 꼭 알아야 하는 **10종 교과서 기본 문제**

3 각을 찾아 ○표 하세요.

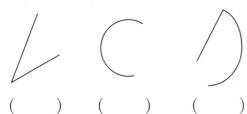

(   )   (   )   (   )

4 ☐ 안에 알맞은 말을 써넣으세요.

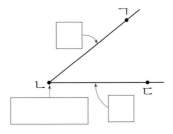

5 오른쪽과 같이 직각 삼각자를 대었을 때 꼭 맞게 겹쳐지면 이 각은 무엇이라고 할까요?

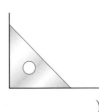

(   )

6 그림을 보고 각의 이름을 쓰세요.

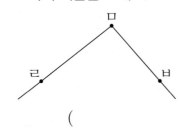

(   )

7 삼각자를 이용하여 그린 각입니다. 각의 꼭짓점과 각의 변을 쓰세요.

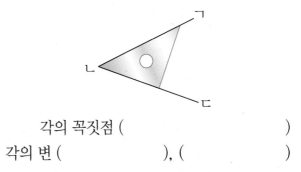

각의 꼭짓점 (   )

각의 변 (   ), (   )

8 직각을 모두 찾아 ○표 하세요.

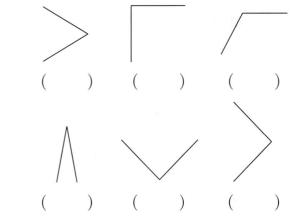

(   )   (   )   (   )

(   )   (   )   (   )

9 보기 와 같이 직각을 모두 찾아 ∟ 로 표시하세요.

보기

(1)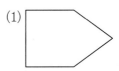

(2)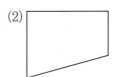

(3)

01 각 ㄱㄷㄴ을 완성하세요.

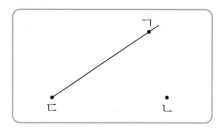

02 각 ㄹㅂㅅ을 그리세요.

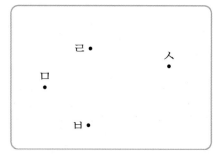

03 선분 ㄱㄷ과 직선 ㄹㅁ을 그으세요.

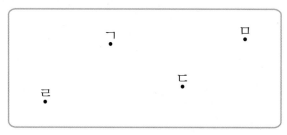

04 점 ㄷ을 꼭짓점으로 하는 직각을 그리세요.

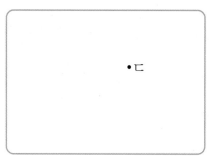

05 다음 중 직각이 있는 도형을 모두 고르시오.

( )

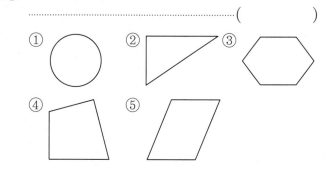

[06~07] 도형을 보고 물음에 답하세요.

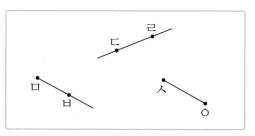

06 도형을 기호로 나타내려고 합니다. ☐ 안에 ㄷ, ㄹ, ㅁ, ㅂ, ㅅ, ㅇ을 한 번씩 써넣으세요.

선분 ☐☐

직선 ☐☐

반직선 ☐☐

🖋 서술형 문제

07 반직선과 직선의 서로 다른 점을 쓰세요.

_____

_____

08 직각을 모두 찾아 ∟ 로 표시하세요.

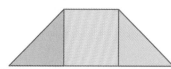

09 각의 개수가 많은 도형부터 순서대로 기호를 쓰세요.

 ㉠   ㉡   ㉢

( )

10 도형에서 찾을 수 있는 직각이 모두 몇 개인지 쓰세요.

 가   나   다

☐ 개 ☐ 개 ☐ 개

11 직각을 찾아 읽으세요.

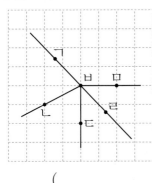

( )

12 다음 글자에서 찾을 수 있는 직각은 모두 몇 개인지 구하세요.

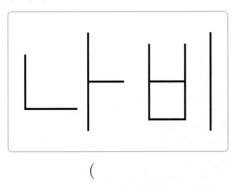

( )

13 민호가 바르게 이야기하도록 보기 에서 찾아 쓰세요.

보기
• 두 점을 이은 굽은 선
• 두 점을 이은 곧은 선

반직선은 한 점에서 시작하여 한쪽으로 끝없이 늘인 곧은 선이야.

선분은 _____ _____ 이야.

 은지   민호

🖊 서술형 문제

14 지민이가 다음과 같이 각을 그렸습니다. 다음 도형이 각이 아닌 까닭을 쓰세요.

추론

_____

_____

15 친구들이 설명하고 있는 시각을 구하세요.

문제해결

8시와 12시 사이의 시각이야.

시계의 긴바늘이 12를 가리키고, 긴바늘과 짧은바늘이 이루는 각은 직각이야.

( )

Step 1 교과 개념 —————————————— 직각삼각형, 직사각형

개념1 직각삼각형 알아보기

• **직각삼각형**: 한 각이 **직각**인 삼각형

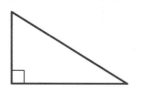

변의 수	꼭짓점의 수	각의 수	직각의 수
3	3	3	1

• **직각삼각형 그리기**

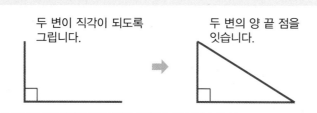

두 변이 직각이 되도록 그립니다.

두 변의 양 끝 점을 잇습니다.

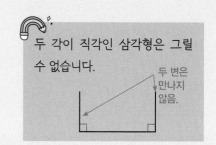

두 각이 직각인 삼각형은 그릴 수 없습니다.

두 변은 만나지 않음.

개념2 직사각형 알아보기

• **직사각형**: 네 각이 모두 **직각**인 사각형

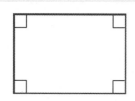

변의 수	꼭짓점의 수	각의 수	직각의 수
4	4	4	4

참고 직사각형에는 직각이 아닌 각이 없습니다.

개념확인 1 알맞은 말에 ○표 하고 ☐ 안에 알맞은 말을 써넣으세요.

(한 , 두) 각이 ☐ 인 삼각형을 직각삼각형이라고 합니다.

개념확인 2 도형을 보고 표의 빈칸에 알맞은 기호를 써넣으세요.

직각의 개수	1개	2개	4개
기호			

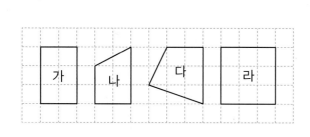

⇩

기준	직사각형이 아닌 도형	직사각형
기호		

3 알맞은 말에 ◯표 하고 ☐ 안에 알맞은 말을 써 넣으세요.

(두, 세 , 네) 각이 모두

☐ 인 사각형을 직사각형

이라고 합니다.

4 직각삼각형을 찾아 기호를 쓰세요.

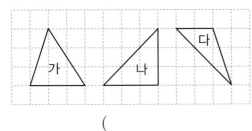

(   )

5 점 종이에 그어진 선분을 이용하여 직각삼각형을 그리세요.

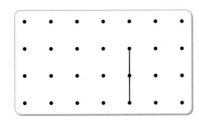

6 직사각형을 모두 찾아 기호를 쓰세요.

(   )

7 직각삼각형의 각 부분의 수를 구하세요.

변의 수	각의 수	꼭짓점의 수	직각의 수

8 직사각형의 각 부분의 수를 구하세요.

변의 수	각의 수	꼭짓점의 수	직각의 수

9 점 종이에 그어진 선분을 이용하여 직사각형을 완성하세요.

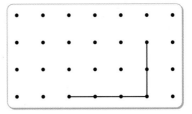

10 주어진 직사각형과 크기가 다른 직사각형을 1개 그리세요.

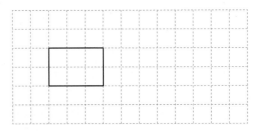

2. 평면도형 **39**

개념1 정사각형 알아보기

· **정사각형**: 네 각이 모두 **직각**이고
　　　　　 네 변의 **길이가 모두 같은** 사각형

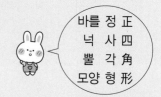
바를 정 正
넉 사 四
뿔 각 角
모양 형 形

· 점 종이에 정사각형 그리기

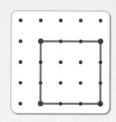 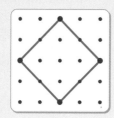 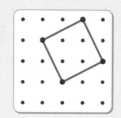

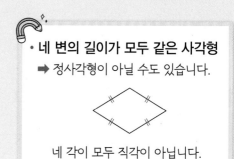

· 네 변의 길이가 모두 같은 사각형
➡ 정사각형이 아닐 수도 있습니다.

네 각이 모두 직각이 아닙니다.
따라서 정사각형이 아닙니다.

개념2 직사각형과 정사각형의 관계

모든 정사각형은 **직사각형**입니다.

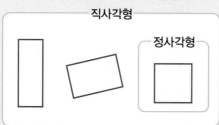
직사각형
정사각형

· **직사각형**은 마주 보는 두 **변의 길이**가 같습니다.
· **정사각형**은 마주 보는 두 변의 길이가 같을 뿐만
아니라 **네 변의 길이**가 모두 같습니다.

개념확인 1 ☐ 안에 알맞은 말을 써넣으세요.

네 각이 모두 [　　　]이고 네 변의 길이가 모두 [　　　] 사각형을
정사각형이라고 합니다.

개념확인 2 도형을 보고 ○×로 답하고 ☐ 안에 알맞은 기호를 써넣으세요.

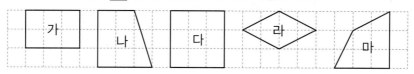

	가	나	다	라	마
네 각이 모두 직각인가요?	○				
네 변의 길이가 모두 같은가요?	×				

주어진 도형 중에서 정사각형을 찾으면 ☐입니다.

3 정사각형을 모두 찾아 기호를 쓰세요.

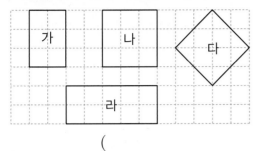

(   )

4 모눈종이에 그어진 선분을 두 변으로 하여 정사각형을 완성하세요.

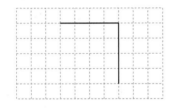

5 다음 도형의 이름을 모두 찾아 ○표 하세요.

| 직각삼각형 | 직사각형 | 정사각형 |

6 점 종이에 크기가 다른 정사각형을 2개 그리세요.

7 다음은 정사각형입니다. □ 안에 알맞은 수를 써넣으세요.

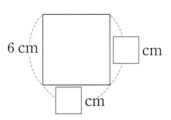

6 cm

cm

cm

8 도형을 보고 물음에 답하세요.

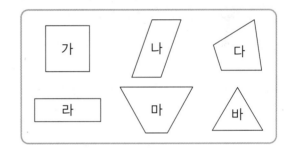

(1) 직사각형을 모두 찾아 기호를 쓰세요.

(   )

(2) 정사각형을 찾아 기호를 쓰세요.

(   )

9 정사각형에 대한 설명으로 잘못된 것은 어느 것일까요? ·····················(   )

① 네 각이 모두 직각입니다.

② 변이 4개 있습니다.

③ 꼭짓점이 5개 있습니다.

④ 네 변의 길이가 모두 같습니다.

⑤ 정사각형은 직사각형이라고 할 수 있습니다.

01 다음은 직사각형입니다. ☐ 안에 알맞은 수를 써 넣으세요.

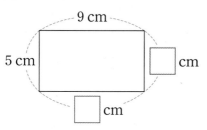

02 직각삼각형은 모두 몇 개일까요?

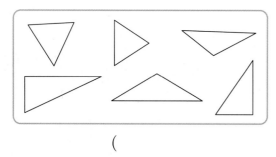

( )

03 도형을 보고 물음에 답하세요.

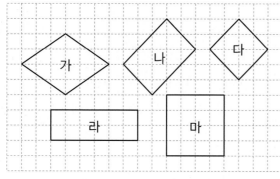

(1) 직사각형이 <u>아닌</u> 도형을 찾아 기호를 쓰세요.

( )

(2) 정사각형을 모두 찾아 기호를 쓰세요.

( )

04 직각삼각형을 모두 찾아 ○표 하세요.

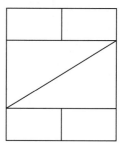

05 그림과 같이 직사각형 모양의 종이를 접고 자른 다음 펼치면 어떤 사각형이 만들어질까요?

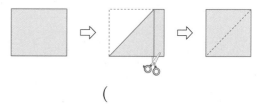

( )

🖋 서술형 문제

06 다음 도형이 직각삼각형이 아닌 까닭을 쓰세요.

_____

_____

07 주어진 변을 이용하여 직사각형을 2개 그리세요.

📝 서술형 문제

08 다음 도형이 직사각형이 아닌 까닭을 쓰세요.

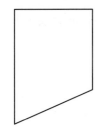

_____

_____

09 오른쪽 모양은 한옥의 문에 있는 모양의 일부분입니다. 찾을 수 있는 크고 작은 직사각형은 모두 몇 개일까요?

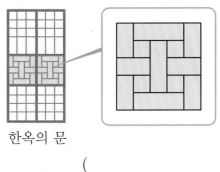

한옥의 문

(   )

10 칠교판으로 만든 모양에서 찾을 수 있는 크고 작은 직각삼각형이 모두 몇 개인지 구하세요.

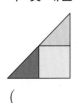

(   )

📝 서술형 문제

11 세 직각삼각형의 같은 점과 다른 점을 쓰세요.
의사
소통

같은 점 _____

_____

다른 점 _____

_____

📝 서술형 문제

12 다음 도형이 정사각형이 아닌 까닭을 쓰세요.
추론

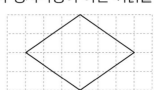

_____

_____

13 왼쪽 칠교판으로 오리 모양을 만들었습니다. 오리 모양에서 찾을 수 있는 정사각형은 모두 몇 개일까요?
창의
융합

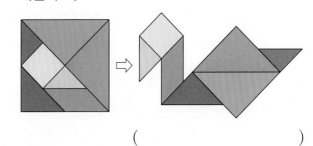

(   )

3 Step 문제 해결 〔잘 틀리는 문제〕

유형1 선분, 반직선, 직선 긋기

1 그림과 같이 네 점 ㄱ, ㄴ, ㄷ, ㄹ이 있습니다. 네 점을 이용하여 그을 수 있는 선분 중에서 한 점이 점 ㄱ인 선분은 모두 몇 개일까요?

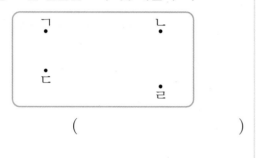

( )

Solution 선분은 두 점을 곧게 이은 선이므로 선분은 양쪽으로 끝이 있습니다.

1-1 그림과 같이 다섯 점 ㄱ, ㄴ, ㄷ, ㄹ, ㅁ이 있습니다. 5개의 점을 이용하여 점 ㄷ을 지나는 직선을 모두 그으세요.

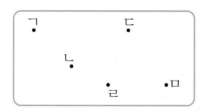

1-2 그림과 같이 세 점 ㄱ, ㄴ, ㄷ이 있습니다. 세 사람 중 다른 반직선을 그으려는 사람은 누구일까요?

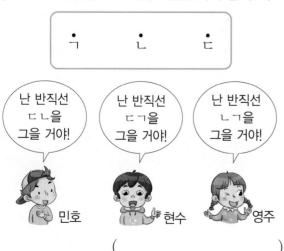

난 반직선 ㄷㄴ을 그을 거야! 민호

난 반직선 ㄷㄱ을 그을 거야! 현수

난 반직선 ㄴㄱ을 그을 거야! 영주

( )

유형2 도형에서 직각 찾기

2 도형에서 찾을 수 있는 직각은 모두 몇 개일까요?

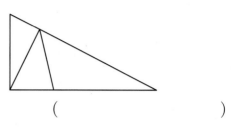

( )

Solution 직각 삼각자의 직각 부분에 꼭 맞게 겹쳐지는 각을 모두 찾아 세어 봅니다.

2-1 도형에서 찾을 수 있는 직각은 모두 몇 개일까요?

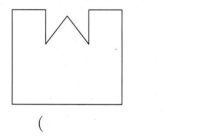

( )

2-2 직각인 각을 모두 찾아 읽으세요.

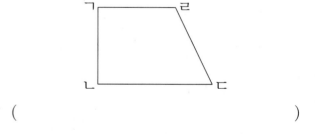

( )

2-3 다음 중 직각이 없는 도형은 어느 것일까요?

( )

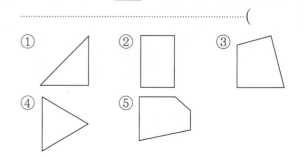

2
단원

유형3 정사각형의 변의 길이

3 다음 정사각형의 네 변의 길이의 합은 몇 cm일 까요?

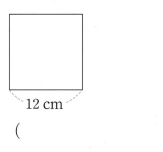

12 cm

(   )

Solution 정사각형은 네 변의 길이가 모두 같습니다.

3-1 목장을 만들기 위해 정사각형 모양의 땅에 울타리를 세우려고 합니다. 한 변에 필요한 울타리가 8 m일 때 울타리는 모두 몇 m 필요할까요?

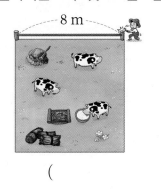

8 m

(   )

3-2 다음 정사각형의 네 변의 길이의 합은 20 cm입니다. ☐ 안에 알맞은 수를 써넣으세요.

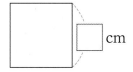

cm

유형4 도형의 개수 구하기

4 그림에서 찾을 수 있는 크고 작은 정사각형은 모두 몇 개일까요?

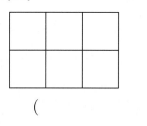

(   )

Solution 크고 작은 정사각형을 사각형 1개짜리, 4개짜리로 나누어 개수를 셉니다.

4-1 오른쪽 그림에서 찾을 수 있는 크고 작은 직각삼각형은 모두 몇 개일까요?

(   )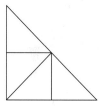

4-2 직사각형 모양의 종이를 점선을 따라 자르면 정사각형은 모두 몇 개 생길까요?

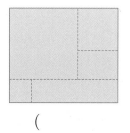

(   )

4-3 배구장을 위에서 본 것입니다. 배구장에서 찾을 수 있는 크고 작은 직사각형은 모두 몇 개일까요?

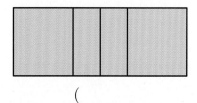

(   )

3 Step 문제 해결 (서술형 문제)

유형5

문제 해결 Key

선분, 반직선, 직선을 각각 찾아봅니다.

문제 해결 전략

① 선분, 반직선, 직선 찾기

② 가장 많은 것 구하기

5 ① 선분, 반직선, 직선 중 ② 가장 많은 것은 무엇인지 풀이 과정을 보고 ☐ 안에 알맞게 써넣어 답을 구하세요.

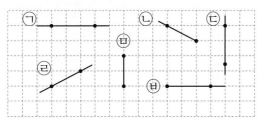

풀이 ① 선분은 ㉢, ㉡으로 ☐ 개, 반직선은 ㉠, ㉤, ☐ 으로 ☐ 개, 직선은 ㉣로 ☐ 개입니다.

② 따라서 선분, 반직선, 직선 중 가장 많은 것은 ☐ 입니다.

답 _____

5-1 (연습 문제)

선분, 반직선, 직선 중 가장 많은 것은 무엇인지 풀이 과정을 쓰고 답을 구하세요.

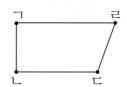

풀이

① 선분, 반직선, 직선 찾기

② 가장 많은 것 구하기

답 _____

5-2 (실전 문제)

그림에서 선분은 모두 몇 개인지 풀이 과정을 쓰고 답을 구하세요.

풀이

답 _____

유형6

⏱ **문제 해결 Key**
정사각형의 네 변의 길이는 모두 같음을 이용합니다.

📖 **문제 해결 전략**
❶ 직사각형의 가로와 세로 알아보기
❷ 직사각형의 네 변의 길이의 합 구하기

6 ❶한 변이 5 cm인 정사각형 2개를 겹치지 않게 붙여서 만든 직사각형입니다. 만든 ❷직사각형의 네 변의 길이의 합은 몇 cm인지 풀이 과정을 보고 ☐ 안에 알맞은 수를 써넣어 답을 구하세요.

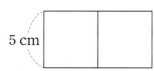

5 cm

풀이 ❶ 만든 직사각형의 가로는 5+5=☐ (cm)이고, 세로는 ☐ cm 입니다.

❷ (직사각형의 네 변의 길이의 합)

= ☐ +5+ ☐ +5= ☐ (cm)

답 _____

2 단원

6-1 ✍ 연습 문제

한 변이 7 cm인 정사각형 2개를 겹치지 않게 붙여서 만든 직사각형입니다. 만든 직사각형의 네 변의 길이의 합은 몇 cm인지 풀이 과정을 쓰고 답을 구하세요.

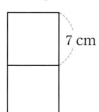

7 cm

풀이

❶ 직사각형의 가로와 세로 알아보기

❷ 직사각형의 네 변의 길이의 합 구하기

답 _____

6-2 ✍ 실전 문제

크기가 다른 두 정사각형을 겹치지 않게 붙여서 만든 도형입니다. 선분 ㄱㄴ의 길이는 몇 cm인지 풀이 과정을 쓰고 답을 구하세요.

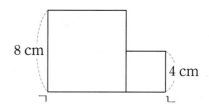

8 cm   4 cm
ㄱ   ㄴ

풀이

답 _____

01 직선 ㄷㄹ을 나타내는 다른 방법을 두 가지 더 쓰세요.

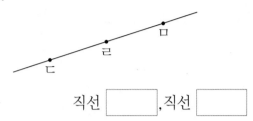

직선 [   ] , 직선 [   ]

02 다음은 체코 국기입니다. 직각의 개수를 알아보세요.

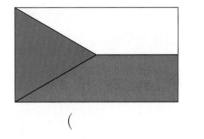

(   )

03 점 5개 중에서 2개를 이어 곧은 선을 그으려고 합니다. 직선은 몇 개 그을 수 있을까요?

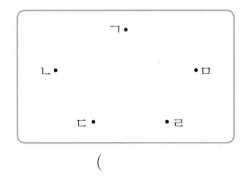

(   )

04 다음은 각 ㄱㄴㄷ을 똑같은 크기의 각 8개로 나눈 것입니다. 직각은 모두 몇 개일까요?

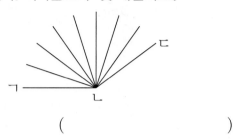

(   )

05 정사각형 모양의 색종이 3개를 붙여 놓았습니다. ☐ 안에 알맞은 수를 써넣으세요.

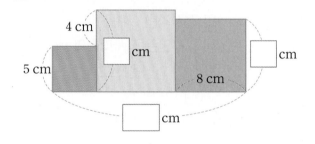

06 보기 의 직사각형 모양 조각을 이용하여 색칠된 부분을 겹치지 않게 덮으려고 합니다. 조각을 각각 몇 개 이용했을까요?

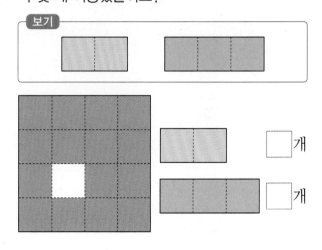

[   ]개

[   ]개

07 한 변이 6 cm인 정사각형 4개를 겹치지 않게 이어 붙여서 직사각형을 만들었습니다. 만든 직사각형의 네 변의 길이의 합은 몇 cm일까요?

6 cm

6 cm

( )

[08~09] 승한이는 직사각형 모양의 종이를 다음과 같이 접은 다음 잘라서 펼쳤습니다. 물음에 답하세요.

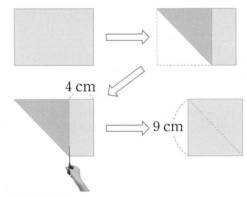

4 cm

9 cm

08 마지막에 펼쳐서 만든 사각형의 네 변의 길이의 합은 몇 cm인지 풀이 과정을 쓰고 답을 구하세요.

풀이 _____

_____

_____

답 _____

09 처음 직사각형의 긴 변의 길이는 몇 cm일까요?

( )

10 직사각형 안에 선분을 그은 것입니다. 크고 작은 직각삼각형은 모두 몇 개인지 풀이 과정을 쓰고 답을 구하세요.

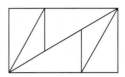

풀이 _____

_____

_____

답 _____

11 다음을 읽고 직사각형은 몇 개 있는지 구하세요.

• 상자 안에 있는 사각형의 직각의 개수는 모두 13개입니다.

• 직각이 없는 사각형은 없습니다.

• 직각이 1개만 있는 사각형이 3개, 직각이 2개만 있는 사각형이 1개입니다.

( )

2 단원

진도 완료 체크

01 선분을 찾아 기호를 쓰세요.

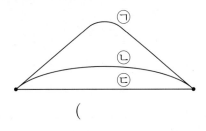

( )

02 직선 ㄱㄴ을 찾아 ○표 하세요.

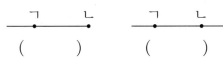

( )　　　( )

03 각을 찾아 기호를 쓰세요.

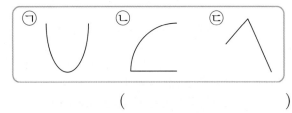

( )

04 다음과 같이 나무젓가락을 이용하여 나타낸 각은 무엇일까요?

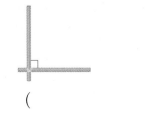

( )

05 도형의 이름을 쓰세요.

(1)
( )

(2)
( )

06 반직선 ㄴㄷ을 그으세요.

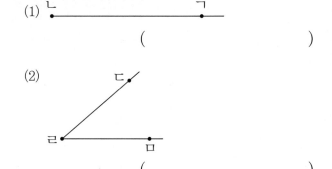

07 다음 선이 선분 ㄷㄹ이 아닌 이유를 쓰세요.

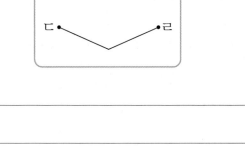

_____

_____

_____

08 도형을 보고 직각을 모두 찾아 ㄴ로 표시하세요.

09 그림에서 직각을 그리려면 점 ㄱ에서 어느 점을 지나가게 그어야 할까요?·····················(   )

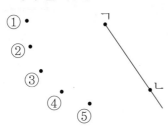

10 그림에서 찾을 수 있는 직각은 모두 몇 개일까요?

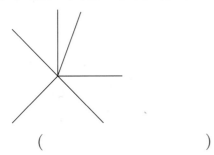

(   )

11 도형에는 각이 모두 몇 개 있을까요?

(1)   (2)

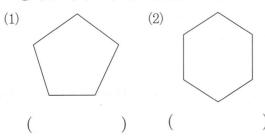

(   )   (   )

12 다음은 직사각형입니다. ☐ 안에 알맞은 수를 써넣으세요.

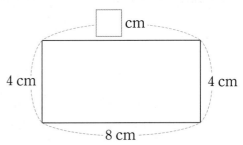

13 직각삼각형과 직사각형을 각각 찾아 기호를 쓰세요.

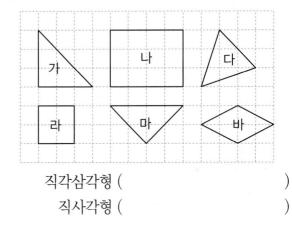

직각삼각형 (   )

직사각형 (   )

14 두 사각형을 보고 설명한 것입니다. ☐ 안에 알맞은 말을 써넣으세요.

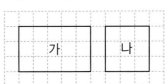

가와 나 두 사각형은 네 각이 모두 직각인 사각형이므로 ☐☐☐☐☐ 이라고 할 수 있습니다.

15 점 종이에서 점 ㄱ을 옮겨 직각삼각형 ㄱㄴㄷ을 만드세요.

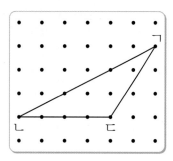

16 정사각형을 모두 찾아 기호를 쓰세요.

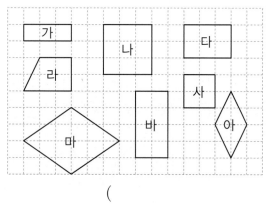

( )

17 한 변이 13 cm인 정사각형의 네 변의 길이의 합은 몇 cm일까요?

( )

18 칠교판의 조각 중에서 직각삼각형 모양인 조각을 찾아 ○표 하세요.

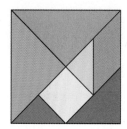

19 몬드리안처럼 직사각형을 이용하여 그린 그림입니다. ①부터 ⑩ 중에서 정사각형을 모두 찾아 번호를 쓰세요.

나, 몬드리안은 직사각형을 이용한 그림으로 유명하지.

( )

20 다음은 은지의 일기입니다. 일기에 나오는 시각 중에서 시계의 긴바늘과 짧은바늘이 이루는 각이 직각인 시각을 찾아 쓰세요.

4월 20일 토요일
친구들과 함께 영화를 보러 다녀왔다.
9시에 집에서 출발하여 10시에 시작하는 영화를 보았다.
12시에 맛있는 점심을 먹고 집에 돌아왔다.

( )

1~20번까지의 단원평가
유사 문제 제공

문제 생성기

과정 중심 평가 문제

21 색종이를 점선을 따라 잘랐습니다. 자른 도형 중에서 정사각형의 개수를 알아보세요.

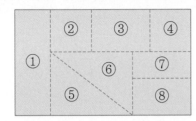

(1) 직사각형을 모두 찾아 번호를 쓰세요.

( )

(2) 정사각형은 모두 몇 개일까요?

( )

과정 중심 평가 문제

22 직각의 개수가 가장 많은 도형과 가장 적은 도형의 직각의 개수의 차는 몇 개인지 알아보세요.

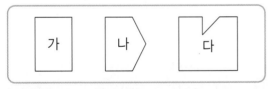

(1) 도형에서 찾을 수 있는 직각은 각각 몇 개일까요?

가 ( )
나 ( )
다 ( )

(2) 직각의 개수가 가장 많은 도형과 가장 적은 도형의 직각의 개수의 차는 몇 개일까요?

( )

과정 중심 평가 문제

23 다음 중 직사각형이 아닌 도형을 찾아 기호를 쓰고 직사각형이 아닌 까닭을 쓰세요.

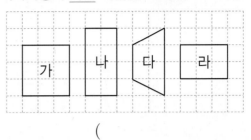

( )

까닭 _____

_____

과정 중심 평가 문제

24 혜주는 다음과 같은 직사각형을 그렸습니다. 이 직사각형의 네 변의 길이의 합은 몇 cm인지 풀이 과정을 쓰고 답을 구하세요.

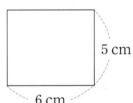

풀이 _____

_____

_____

_____

답 _____

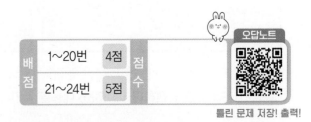

배점		점수
1~20번	4점	
21~24번	5점	

오답노트

틀린 문제 저장! 출력!

3 나눗셈

- 동영상 강의
- 오답노트 만들기
- 스케줄 확인

웹툰으로 단원 미리보기   3화_ 고속도로 휴게소 먹방

 QR코드를 스캔하여 이어지는 내용을 확인하세요.

2-1 몇의 몇 배

- 3의 3배는 9입니다.

⇨ 9개

- 3의 3배를 3 × 3이라고 씁니다.
- 3 × 3은 3 곱하기 3이라고 읽습니다.

2-2 곱셈표

×	1	2	3	4	5	6	7	8	9
1	1	2	3	4	5	6	7	8	9
2	2	4	6	8	10	12	14	16	18
3	3	6	9	12	15	18	21	24	27
⋮									

9단 곱셈구구까지 외워 봅니다.

이 단원에서 **배울 내용**

1 Step	**교과 개념**	똑같이 나누기(1)
1 Step	**교과 개념**	똑같이 나누기(2)
2 Step	**교과 유형 익힘**	
1 Step	**교과 개념**	곱셈과 나눗셈의 관계, 나눗셈의 몫을 곱셈식으로 구하기
1 Step	**교과 개념**	나눗셈의 몫을 곱셈구구로 구하기
2 Step	**교과 유형 익힘**	
3 Step	**문제 해결**	잘 틀리는 문제 　서술형 문제
4 Step	**실력 UP 문제**	
☆	**단원 평가**	

이 단원을 배우면 나눗셈을 알고 나눗셈의 몫을 구할 수 있어요.

개념1 똑같이 나누는 방법

• 과자 6개를 3명이 똑같이 나누어 가지기

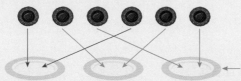

← 한 개씩 번갈아가며 놓으면
접시 1개에 2개씩 놓을 수 있다.

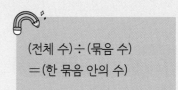

(전체 수) ÷ (묶음 수)
= (한 묶음 안의 수)

과자 **6개**를 접시 **3개**에 똑같이 나누면 접시 한 개에 **2개**씩 놓을 수 있습니다.

➡ 한 명이 **2개**씩 먹을 수 있습니다.

나누기는 ÷로 나타내요!
수학에서 나누기는
똑같이 나눈다는 의미예요.

개념2 나눗셈식과 몫 알아보기

6÷3과 같은 계산을 나눗셈이라고 하고, 6을 3으로 나누면 2가 됩니다.

6÷3=2
➡ 2는 6을 3으로 나눈 몫

6÷2=3
➡ 3은 6을 2로 나눈 몫

	나누어지는 수		
나눗셈식	6 ÷ 3 = 2	← **몫**	

나누는 수

읽기 6 나누기 3은 2와 같습니다.

개념확인 1 학생 12명을 3모둠으로 똑같이 나누려고 합니다. ☐ 안에 알맞은 수를 써넣으세요.

12명을 3모둠으로 똑같이 나누면
한 모둠에 ☐명씩 됩니다.

개념확인 2 그림을 보고 ☐ 안에 알맞은 수를 써넣으세요.

(1) 컵 10개를 2묶음으로 똑같이 나누면
한 묶음에 ☐개씩 됩니다.

(2) 나눗셈식으로 쓰면 10÷2=☐입니다.

(3) 위 (2)의 식에서 ☐은/는 10을 2로 나눈 몫, ☐은/는 나누어지는 수,

☐은/는 나누는 수라고 합니다.

3 바둑돌 12개를 접시 4개에 똑같이 나눈 것입니다. 물음에 답하세요.

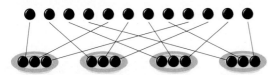

(1) 한 접시에 바둑돌을 몇 개씩 놓았을까요?

(   )

(2) 한 접시에 바둑돌을 몇 개씩 놓았는지 나눗셈식으로 나타내세요.

$$12 \div 4 = \boxed{}$$

4 나눗셈의 몫이 7인 것에 ○표 하세요.

$28 \div 4 = 7$	$35 \div 7 = 5$

(   )   (   )

5 다음을 나눗셈식으로 나타내세요.

48 나누기 8은 6과 같습니다.

(   )

6 나눗셈식을 읽으세요.

$42 \div 7 = 6$

(   )

7 과자 9개를 3명에게 똑같이 나누어 주려고 합니다. 한 명에게 과자를 몇 개씩 줄 수 있을까요?

$$9 \div 3 = \boxed{} \text{(개)}$$

8 다음을 나눗셈식으로 나타내세요.

연필 21자루를 3명에게 똑같이 나누어 주면 7자루씩 나누어 줄 수 있습니다.

$$\boxed{} \div \boxed{} = \boxed{}$$

9 ☐ 안에 알맞은 수를 써넣으세요.

(1) 귤 16개를 4명이 똑같이 나누어 먹으려고 합니다. 한 명이 귤을 몇 개씩 먹을 수 있을까요?

$$16 \div 4 = \boxed{} \text{(개)}$$

(2) 배구공 8개를 바구니 2개에 똑같이 나누어 담으려고 합니다. 바구니 1개에 배구공을 몇 개씩 담을 수 있을까요?

$$8 \div 2 = \boxed{} \text{(개)}$$

3
단원

개념1 똑같은 개수만큼 나누는 방법

• 풍선 15개를 5개씩 묶기

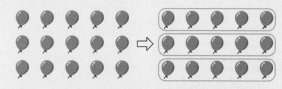

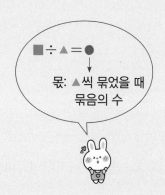

(전체 수)÷(한 묶음 안의 수)
＝(묶음 수)

① 풍선 **15개**를 **5개씩** 묶으면 **3묶음**이 됩니다.
② 나눗셈식으로 나타내기: 15÷5＝3

풍선 **15개**를 5개씩 3번 덜어 내었더니 풍선을 모두 덜어 내었습니다.

| 뺄셈식 | $15 - 5 - 5 - 5 = 0$ |

3번
5를 뺀 횟수 3이
나눗셈의 몫이 된다.

| 나눗셈식 | $15 ÷ 5 = 3$ |

■ ÷ ▲ ＝ ●
↓
몫: ▲씩 묶었을 때
묶음의 수

개념확인 1 장미 6송이를 한 명에게 2송이씩 주려고 합니다. □ 안에 알맞은 수를 써넣으세요.

(1) 6송이를 2송이씩 묶으면 □묶음이 됩니다.

(2) 나눗셈식으로 나타내면 6÷2＝□입니다.

(3) □명에게 나누어 줄 수 있습니다.

개념확인 2 바둑돌 12개를 3개씩 덜어 내려고 합니다. 물음에 답하세요.

● ● ●   ● ● ●

● ● ●   ● ● ●

(1) 바둑돌 12개를 3개씩 묶으세요.

(2) 3개씩 몇 번 덜어 낼 수 있는지 뺄셈식으로 나타내세요.

$12 - 3 - 3 - □ - □ = 0$

(3) 나눗셈식으로 나타내세요.

$□ ÷ □ = □$

3 그림을 보고 ☐ 안에 알맞은 수를 써넣으세요.

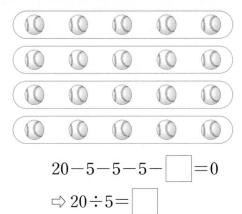

$$20-5-5-5-\boxed{}=0$$
$$\Rightarrow 20\div5=\boxed{}$$

4 뺄셈식을 나눗셈식으로 나타내세요.

(1) $30-6-6-6-6-6=0$

⇨ _____

(2) $27-9-9-9=0$

⇨ _____

5 다음을 나눗셈식으로 나타내세요.

(1) 20을 4씩 묶으면 5묶음이 됩니다.

식 _____

(2) 42를 7씩 묶으면 6묶음이 됩니다.

식 _____

6 뺄셈식에 알맞은 나눗셈식을 찾아 이으세요.

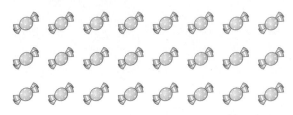

$18-9-9=0$ • • $18\div6=3$

$18-6-6-6=0$ • • $18\div9=2$

7 사탕 24개를 봉지에 똑같이 나누어 담으려고 합니다. 물음에 답하세요.

(1) 한 봉지에 3개씩 담으면 모두 몇 봉지가 되는지 나눗셈식으로 나타내세요.

$$24\div\boxed{}=\boxed{}$$

(2) 한 봉지에 4개씩 담으면 모두 몇 봉지가 되는지 나눗셈식으로 나타내세요.

$$24\div\boxed{}=\boxed{}$$

8 토마토 16개를 한 명에게 2개씩 줄 때 몇 명에게 나누어 줄 수 있는지 알아보려고 합니다. 물음에 답하세요.

(1) 나눗셈식으로 나타내고 각 수가 뜻하는 것을 알아보세요.

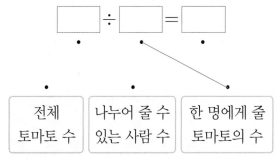

(2) 토마토를 몇 명에게 나누어 줄 수 있을까요?

( )

진도 완료 체크

3 단원

2 Step 교과 유형 익힘

01 귤 18개를 3명이 똑같이 나누어 먹으려고 합니다. 한 명이 귤을 몇 개씩 먹을 수 있는지 접시 위에 ○를 그려 구하세요.

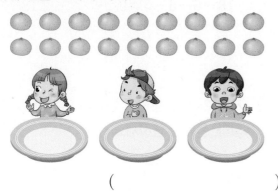

( )

02 옥수수가 14개 있습니다. 바구니 2개에 똑같이 나누어 담으려면 한 바구니에 몇 개씩 담을 수 있을까요?

( )

03 그림을 보고 나눗셈식으로 나타내세요.

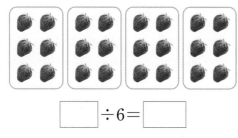

$\boxed{} \div 6 = \boxed{}$

04 $27 \div 9 = 3$을 뺄셈식으로 바르게 나타낸 것을 찾아 기호를 쓰세요.

> ㉠ $27 - 3 - 3 - 3 - 3 - 3 - 3 - 3 - 3 - 3 = 3$
> ㉡ $27 - 9 - 9 - 9 = 0$
> ㉢ $27 - 3 - 3 - 3 - 9 - 9 = 0$

( )

05 □ 안에 알맞은 수를 써넣고 나눗셈식으로 나타내세요.

> 색종이 45장을 한 명에게 9장씩 주면
> □ 명에게 나누어 줄 수 있습니다.

식 _____

06 연필 36자루를 친구 한 명에게 4자루씩 준다면 연필을 모두 몇 명에게 나누어 줄 수 있는지 구하세요.

(1) 수직선에서 36을 4씩 나누면 몇 부분이 될까요?

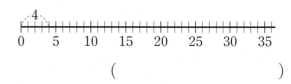

( )

(2) 나눗셈식으로 나타내세요.

$36 \div \boxed{} = \boxed{}$

07 20명이 자동차 4대에 똑같이 나누어 타려고 합니다. 자동차 한 대에 몇 명씩 탈 수 있는지 ☐ 안에 알맞은 수를 써넣고 답을 구하세요.

식 ☐ ÷ ☐ = ☐

답 _____

08 56쪽짜리 책을 하루에 8쪽씩 매일 읽으려고 합니다. 이 책을 모두 읽으려면 며칠이 걸리는지 식을 쓰고 답을 구하세요.

식 _____

답 _____

09 사탕을 접시에 똑같이 나누어 놓으려고 합니다. 접시의 수에 따라 놓을 수 있는 사탕의 수를 구하세요.

┌ 접시 2개에 놓을 때:
한 접시에 ☐ 개씩 놓게 됩니다.
└ 접시 3개에 놓을 때:
한 접시에 ☐ 개씩 놓게 됩니다.

10 의사 소통 남김없이 똑같이 나누어 가지는 경우를 말한 친구의 이름을 쓰세요.

색종이 25장을 4명이 똑같이 나누어 가지기.

지우개 28개를 7명이 똑같이 나누어 가지기.

영주   은지

(   )

11 문제 해결 바나나 16개를 한 명에게 4개씩 주려고 합니다. 몇 명에게 나누어 줄 수 있는지 뺄셈식과 나눗셈식을 쓰고 답을 구하세요.

뺄셈식 _____

나눗셈식 _____

답 _____

12 정보 처리 동물원에 있는 홍학과 사자의 다리를 세어 보니 각각 16개였습니다. 홍학과 사자는 각각 몇 마리인지 구하세요.

홍학 🦩 (   )

사자 🦁 (   )

3 단원
진도 완료 체크

교과 개념

곱셈과 나눗셈의 관계,
나눗셈의 몫을 곱셈식으로 구하기

개념1 곱셈과 나눗셈의 관계

- 사탕의 수: $2 \times 7 = 14$, $7 \times 2 = 14$
- 사탕 14개를 2개씩 묶으면 묶음의 수: $14 \div 2 = 7$
- 사탕 14개를 똑같이 7묶음으로 나누면
  한 묶음의 사탕 수: $14 \div 7 = 2$

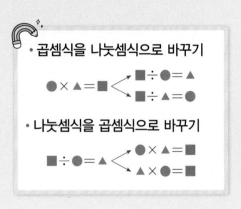

- 곱셈식을 나눗셈식으로 바꾸기

$$● \times ▲ = ■ \begin{cases} ■ \div ● = ▲ \\ ■ \div ▲ = ● \end{cases}$$

- 나눗셈식을 곱셈식으로 바꾸기

$$■ \div ● = ▲ \begin{cases} ● \times ▲ = ■ \\ ▲ \times ● = ■ \end{cases}$$

개념2 나눗셈의 몫을 곱셈식으로 구하기

$18 \div 3 = \square$의 몫 $\square$은/는 $3 \times 6 = 18$을 이용하여
구할 수 있습니다.

$$3 \times \boxed{6} = 18$$

$$18 \div 3 = \boxed{6} \rightarrow 몫은 6입니다.$$

- 나눗셈식을 곱셈식으로 바꾸어 몫
  구하기
  $$35 \div 5 = 7 \leftrightarrow 5 \times 7 = 35$$
  $$24 \div 4 = 6 \leftrightarrow 6 \times 4 = 24$$

개념확인 1 그림을 보고 ☐ 안에 알맞은 수를 써넣으세요.

(1)
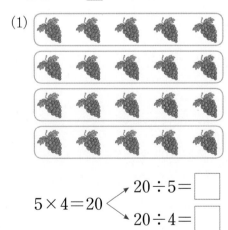

$$5 \times 4 = 20 \begin{cases} 20 \div 5 = \boxed{} \\ 20 \div 4 = \boxed{} \end{cases}$$

(2)
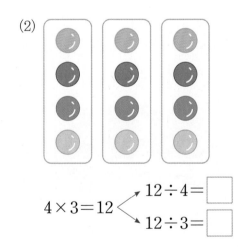

$$4 \times 3 = 12 \begin{cases} 12 \div 4 = \boxed{} \\ 12 \div 3 = \boxed{} \end{cases}$$

개념확인 2 나눗셈의 몫을 곱셈식에서 구하세요.

(1) $10 \div 5 = \boxed{} \longleftrightarrow 5 \times 2 = 10$

(2) $21 \div 7 = \boxed{} \longleftrightarrow 3 \times 7 = 21$

3 그림을 보고 물음에 답하세요.

(1) 전체 수박의 수를 곱셈식으로 나타내세요.

$3 \times \boxed{} = \boxed{}$

(2) 아래 문제를 나눗셈식으로 나타내세요.

> 수박 24개를 3통씩 묶으면 몇 묶음이 될까요?
>
> $24 \div \boxed{} = \boxed{}$

> 수박 24개를 8통씩 묶으면 몇 묶음이 될까요?
>
> $24 \div \boxed{} = \boxed{}$

4 나눗셈식을 곱셈식으로 나타내세요.

$56 \div 7 = 8 \begin{cases} 7 \times \boxed{} = \boxed{} \\ 8 \times \boxed{} = \boxed{} \end{cases}$

5 곱셈식을 나눗셈식으로 나타내세요.

$4 \times 9 = \boxed{} \begin{cases} 36 \div 4 = \boxed{} \\ 36 \div 9 = \boxed{} \end{cases}$

6 ☐ 안에 알맞은 수를 써넣으세요.

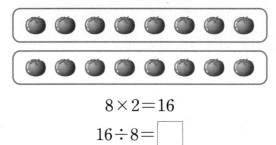

$8 \times 2 = 16$

$16 \div 8 = \boxed{}$

7 그림을 보고 곱셈식과 나눗셈식을 완성하세요.

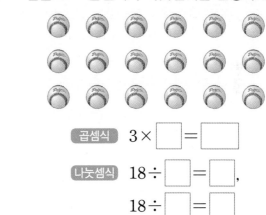

곱셈식 $3 \times \boxed{} = \boxed{}$

나눗셈식 $18 \div \boxed{} = \boxed{}$,

$18 \div \boxed{} = \boxed{}$

8 $2 \times 8 = 16$을 보고 만들 수 있는 나눗셈식을 모두 찾아 ○표 하세요.

> $16 \div 2 = 8$ $16 \div 4 = 4$ $16 \div 8 = 2$

9 관계있는 것끼리 이으세요.

$56 \div 8 = 7$ •   • $9 \times 4 = 36$

$36 \div 9 = 4$ •   • $8 \times 7 = 56$

3 단원

1 Step 교과 개념

나눗셈의 몫을 곱셈구구로 구하기

개념1 나눗셈의 몫을 곱셈구구로 구하기

• 곱셈표를 이용하여 35÷5의 몫 구하기

×	1	2	3	4	**5**	6	**7**	8	9
3	3	6	9	12	15	18	21	24	27
4	4	8	12	16	20	24	28	32	36
5	5	10	15	20	25	30	35	40	45
6	6	12	18	24	30	36	42	48	54
7	7	14	21	28	35	42	49	56	63
8	8	16	24	32	40	48	56	64	72
9	9	18	27	36	45	54	63	72	81

① 곱셈표에서 **나누는 수 5**를 찾습니다.

② 5단 곱셈구구에서 **나누어지는 수 35**를 찾습니다.

③ 35가 있는 곳에서 직각 방향으로 꺾어 **몫 7**을 찾습니다.

$$5 \times 7 = 35 \Rightarrow 35 \div 5 = 7$$

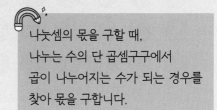
나눗셈의 몫을 구할 때, 나누는 수의 단 곱셈구구에서 곱이 나누어지는 수가 되는 경우를 찾아 몫을 구합니다.

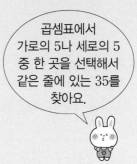
곱셈표에서 가로의 5나 세로의 5 중 한 곳을 선택해서 같은 줄에 있는 35를 찾아요.

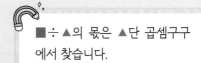
■÷▲의 몫은 ▲단 곱셈구구 에서 찾습니다.

개념확인 1 18÷3의 몫을 곱셈구구를 이용하여 구하려고 합니다. 물음에 답하세요.

(1) 3단 곱셈구구표를 완성하세요.

×	1	2	3	4	5	6	7	8	9
3	3	6	9	12					

(2) 18÷3의 몫을 구하세요.

(   )

개념확인 2 곱셈표를 보고 나눗셈의 몫을 구하세요.

×	1	2	3	4	5	6	7	8	9
4	4	8	12	16	20	24	28	32	36

$$20 \div 4 = \boxed{}$$

3 곱셈표를 이용하여 나눗셈의 몫을 구하세요.

×	1	2	3	4	5	6	7	8	9
6	6	12	18	24	30	36	42	48	54
7	7	14	21	28	35	42	49	56	63
8	8	16	24	32	40	48	56	64	72

(1) $21 \div 7 =$ ☐

(2) $40 \div 8 =$ ☐

4 나눗셈의 몫을 구할 때, 필요한 곱셈구구를 쓰세요.

(1) ☐ $36 \div 6$ ⇨ ☐단 곱셈구구

(2) ☐ $25 \div 5$ ⇨ ☐단 곱셈구구

5 곱셈표를 이용하여 $24 \div 4$의 몫을 구하세요.

×	1	2	3	4	5	6	7	8	9
4	4	8	12	16	20	24	28	32	36
5	5	10	15	20	25	30	35	40	45
6	6	12	18	24	30	36	42	48	54

(1) 4단 곱셈구구에서 곱이 24인 곱셈식을 찾아 쓰세요.

식 _____

(2) ☐ 안에 알맞은 수를 써넣으세요.

$4 \times$ ☐ $=$ ☐ ⇨ $24 \div 4 =$ ☐

6 나눗셈의 몫을 구할 때 필요한 곱셈구구가 같은 것끼리 이으세요.

☐ $25 \div 5$ •   • ☐ $40 \div 8$

☐ $72 \div 8$ •   • ☐ $35 \div 5$

7 나눗셈의 몫을 구할 때 필요한 곱셈구구가 다른 하나에 ○표 하세요.

$27 \div 9$	$49 \div 7$	$81 \div 9$

8 6단 곱셈구구를 이용하여 몫을 구하세요.

(1) $30 \div 6 =$ ☐

(2) $48 \div 6 =$ ☐

9 ☐ 안에 알맞은 수를 써넣으세요.

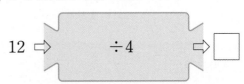

12 ⇨ $\div 4$ ⇨ ☐

2 Step [10종] 교과 유형 익힘

01 그림을 보고 문제에 알맞은 식을 쓰고 답을 구하세요.

(1) 귤이 7개씩 6줄로 놓여 있습니다. 귤은 모두 몇 개일까요?

식 _____

답 _____

(2) 귤 42개를 7명이 똑같이 나누면 한 명이 몇 개씩 가질 수 있을까요?

식 _____

답 _____

(3) 귤 42개를 한 명이 6개씩 가지면 몇 명이 가질 수 있을까요?

식 _____

답 _____

02 관계있는 것끼리 이으세요.

나눗셈식	곱셈식	몫
$32 \div 4 = \square$ •	• $3 \times 5 = 15$ •	• 8
$15 \div 3 = \square$ •	• $4 \times 8 = 32$ •	• 6
$36 \div 6 = \square$ •	• $6 \times 6 = 36$ •	• 5

03 7로 나눈 몫을 구하여 빈칸에 써넣으세요.

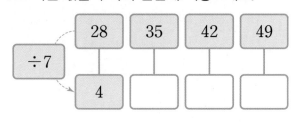

04 지우개가 20개 있습니다. 4명에게 똑같이 나누어 주면 한 명에게 몇 개씩 줄 수 있는지 ☐ 안에 알맞은 수를 써넣어 답을 구하세요.

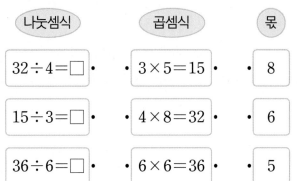

곱셈식 $5 \times 4 = 20$

나눗셈식 $20 \div 4 = \square$

답 _____

05 빈 곳에 알맞은 수를 써넣으세요.

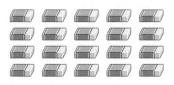

	$\div$		
$\div$	24	8	3
	6	2	

06 ☐ 안에 알맞은 수를 써넣으세요.

(1) 곰 인형 16개를 8명에게 똑같이 나누어 주면 한 명에게 ☐개씩 줄 수 있습니다.

$$16 \div 8 = \boxed{}$$

(2) 곰 인형 16개를 한 명에게 ☐개씩 주면 8명에게 나누어 줄 수 있습니다.

$$16 \div \boxed{} = 8$$

07 세 수 6, 30, 5 중 알맞은 수를 ☐ 안에 써넣어 곱셈식과 나눗셈식을 완성하세요.

$$\boxed{} \times \boxed{} = \boxed{} , \quad \boxed{} \times \boxed{} = \boxed{}$$

$$\boxed{} \div \boxed{} = \boxed{} , \quad \boxed{} \div \boxed{} = \boxed{}$$

08 은미네 가족과 친척은 모두 15명입니다. 자동차 한 대에 3명씩 타고 여행을 가려면 자동차는 몇 대 필요한지 식을 쓰고 답을 구하세요.

나눗셈식 _____

곱셈식 _____

답 _____

09 동화책이 56권 있습니다. 한 명에게 7권씩 주면 몇 명에게 나누어 줄 수 있는지 곱셈구구를 이용하여 구하세요.

( )

10 세 수 중 가린 수가 답이 되도록 곱셈식과 나눗셈식을 쓰세요.
추론

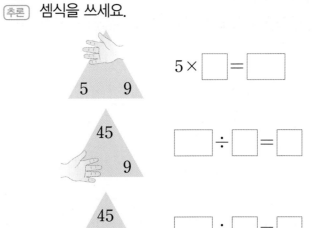

$$5 \times \boxed{} = \boxed{}$$

$$\boxed{} \div \boxed{} = \boxed{}$$

$$\boxed{} \div \boxed{} = \boxed{}$$

 서술형 문제

11 $48 \div 8$의 몫을 곱셈식을 이용하여 구하는 방법을 설명하고 몫을 구하세요.
의사소통

_____

_____

12 가 막대의 길이는 나 막대의 길이의 3배입니다. 나 막대의 길이는 몇 m일까요?
문제해결

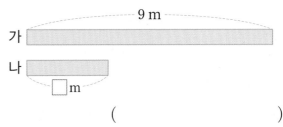

( )

13 세 장의 수 카드를 한 번씩만 사용하여 곱셈식을 만들고, 곱셈식을 이용하여 나누는 수가 4인 나눗셈식의 몫을 구하세요.
문제해결

8 **4** **2**

( )

3
단원

유형1 나눗셈의 몫 비교하기

1 몫이 더 큰 나눗셈의 기호를 쓰세요.

| ㉠ 30÷6 | ㉡ 32÷8 |

( )

Solution 나누는 수의 단 곱셈구구를 이용하여 몫을 구하고, 몫의 크기를 비교합니다.

1-1 나눗셈의 몫의 크기를 비교하여 ○ 안에 >, =, <를 알맞게 써넣으세요.

| 54÷9 | ○ | 40÷5 |

1-2 몫이 가장 큰 나눗셈을 찾아 기호를 쓰세요.

㉠ 35÷7
㉡ 24÷4
㉢ 36÷9

( )

1-3 몫이 같은 것끼리 이으세요.

24÷8	•	•	35÷7
12÷2	•	•	27÷9
20÷4	•	•	30÷5

유형2 나눗셈의 몫의 활용

2 어느 농구 대회에 30명의 선수가 참가했습니다. 한 팀에 선수가 5명씩이라면 농구 팀은 몇 팀일까요?

( )

Solution 문제에 알맞은 나눗셈식을 세워 몫을 구합니다.

2-1 도화지 한 장으로 종이배 4개를 만들 수 있습니다. 종이배 32개를 만들려면 도화지 몇 장이 필요할까요?

( )

2-2 63쪽짜리 책을 일주일 동안 매일 똑같이 나누어 읽었습니다. 물음에 답하세요.

(1) 일주일은 며칠일까요?

( )

(2) 하루에 몇 쪽씩 읽었는지 나눗셈식을 쓰고 답을 구하세요.

식 _____

답 _____

2-3 감 56개를 여러 봉지에 똑같이 나누어 모두 담으려고 합니다. 감을 한 봉지에 몇 개씩 몇 봉지에 나누어 담을 수 있는지 곱셈구구를 이용하여 구하세요.

☐ 개씩 ☐ 봉지, ☐ 개씩 ☐ 봉지

유형3 나눗셈식에서 □를 구하기

3 21을 어떤 수로 나누었더니 몫이 3이었습니다. 어떤 수를 구하세요.

( )

Solution 어떤 수를 □라 하고 나눗셈식을 세운 후 곱셈과 나눗셈의 관계를 이용하여 □를 구합니다.

3-1 다음을 □가 들어간 나눗셈식으로 나타내고 □를 구하세요.

사과 45개를 한 상자에 □개씩 담으면 5상자가 됩니다.

식 _____

( )

3-2 어떤 수를 2로 나누었더니 몫이 6이 되었습니다. 어떤 수는 얼마일까요?

( )

3-3 □ 안의 수가 나머지 넷과 다른 하나는 어느 것일까요? ······ ( )

① $8 \div 4 = \square$ ② $14 \div \square = 7$

③ $10 \div \square = 5$ ④ $18 \div 6 = \square$

⑤ $16 \div \square = 8$

유형4 수 카드로 나눗셈식 만들기

4 두 장의 수 카드를 골라 몫이 가장 큰 나눗셈식을 만들려고 합니다. □ 안에 알맞은 수를 써넣고 가장 큰 몫을 구하세요.

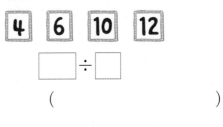

| 4 | 6 | 10 | 12 |

□ ÷ □

( )

Solution 몫이 가장 크려면 가장 큰 수를 가장 작은 수로 나누면 됩니다.

4-1 두 장의 수 카드를 골라 몫이 가장 큰 나눗셈식을 만들려고 합니다. □ 안에 알맞은 수를 써넣고 가장 큰 몫을 구하세요.

| 5 | 7 | 35 | 32 |

□ ÷ □

( )

4-2 다음 4장의 수 카드를 한 번씩만 사용하여 나누는 수가 9, 몫이 2인 (몇십몇)÷(몇)의 나눗셈식을 만들려고 합니다. □ 안에 알맞은 수를 써넣으세요.

| 8 | 1 | 9 | 2 |

□□ ÷ □ = 2

3단원

3 Step 문제 해결 〔서술형 문제〕

⏱ 문제 해결 Key
전체 수박 수를 한 명에게 주는 수박 수로 나눕니다.

📖 문제 해결 전략
❶ 전체 수박 수 구하기
❷ 몇 명에게 주는지 구하기

5 ❶수박이 9통씩 2줄로 놓여 있습니다. 수박을 ❷한 명에게 3통씩 주려고 합니다. 몇 명에게 나누어 줄 수 있는지 풀이 과정을 보고 ☐ 안에 알맞은 수를 써넣어 답을 구하세요.

풀이 ❶ 수박은 9통씩 2줄이므로 모두 $9 \times 2 =$ ☐ (통)입니다.

❷ 따라서 수박을 한 명에게 3통씩 주므로
☐ $\div 3 =$ ☐ (명)에게 나누어 줄 수 있습니다.

답 _____

5-1 〔연습 문제〕

파인애플이 6개씩 2줄로 놓여 있습니다. 파인애플을 한 명에게 4개씩 주려고 합니다. 몇 명에게 나누어 줄 수 있는지 풀이 과정을 쓰고 답을 구하세요.

풀이
❶ 파인애플이 모두 몇 개인지 구하기

❷ 몇 명에게 주는지 구하기

답 _____

5-2 〔실전 문제〕

다음과 같이 놓여 있는 밤을 한 봉지에 6개씩 모두 담으려고 합니다. 봉지가 몇 장 필요한지 풀이 과정을 쓰고 답을 구하세요.

풀이

답 _____

유형6

유형6

🕐 **문제 해결 Key**

전체 포도송이의 수는 오전과 오후에 딴 수를 더해야 합니다.

📖 **문제 해결 전략**

❶ 전체 포도송이의 수 구하기

❷ 한 상자에 담은 포도송이의 수 구하기

6 어느 과수원에서 ^❶오전에 딴 포도 18송이와 오후에 딴 포도 30송이를 6상자에 똑같이 나누어 담아서 모두 포장하였습니다. ^❷한 상자에 포도를 몇 송이씩 담았는지 풀이 과정을 보고 ☐ 안에 알맞은 수를 써넣어 답을 구하세요.

풀이 ❶ (전체 포도송이의 수)=18+30=☐(송이)

❷ (한 상자에 담은 포도송이의 수)

=(전체 포도송이의 수)÷(상자 수)

=☐÷6=☐(송이)

답 _____

3 단원

진도 완료 체크

6-1 〈연습 문제〉

은주 어머니께서 오전에 과자 12개와 오후에 과자 20개를 만들어 4명에게 똑같이 나누어 주었습니다. 한 명에게 과자를 몇 개씩 주었는지 풀이 과정을 쓰고 답을 구하세요.

풀이

❶ 전체 과자의 수 구하기

❷ 한 명에게 주는 과자의 수 구하기

답 _____

6-2 〈실전 문제〉

진우는 땅콩 24개와 호두 16개를 더하여 8명에게 똑같이 나누어 주려고 합니다. 한 명이 몇 개씩 가질 수 있는지 풀이 과정을 쓰고 답을 구하세요.

풀이

답 _____

01 당근 45개를 바구니 5개에 똑같이 나누어 담고, 한 바구니에 든 당근을 토끼 3마리에게 똑같이 나누어 주었습니다. 토끼 한 마리에게 당근을 몇 개씩 주었을까요?

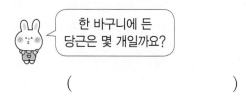

한 바구니에 든 당근은 몇 개일까요?

( )

02 □ 안에 알맞은 수를 써넣으세요.

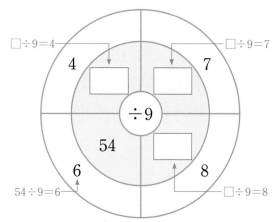

□÷9=4
□÷9=7
÷9
54
54÷9=6
□÷9=8

03 수진이는 45쪽짜리 동화책을 모두 읽으려고 합니다. 하루에 6쪽씩 3일 동안 읽었다면 나머지는 9쪽씩 며칠 동안 더 읽어야 할까요?

( )

🖊 서술형 문제

04 학생들이 운동장에 줄을 지어 서 있습니다. 남학생 28명은 한 줄에 7명씩, 여학생 30명은 한 줄에 6명씩 줄을 섰다면 학생들은 모두 몇 줄로 서 있는지 풀이 과정을 쓰고 답을 구하세요.

풀이 _____

_____

_____

_____

답 _____

05 두 수가 있습니다. 두 수의 합은 40이고, 큰 수를 작은 수로 나누면 몫이 7입니다. 두 수를 구하세요.

큰 수 ( )
작은 수 ( )

06 빵집에서 오전에 만든 빵 32개와 오후에 만든 빵 24개를 더하여 8봉지에 똑같이 나누어 담아 포장하였습니다. 한 봉지에 들어 있는 빵은 몇 개일까요?

( )

07 다람쥐 2마리가 하루에 도토리를 4개 먹습니다. 모든 다람쥐가 매일 똑같은 수의 도토리를 먹을 때 다람쥐 7마리가 도토리 42개를 먹는 데 며칠이 걸리는지 구하세요.

(1) 다람쥐 한 마리가 하루에 먹는 도토리는 몇 개일까요?

(   )

(2) 도토리 42개를 다람쥐 7마리가 먹을 때 다람쥐 한 마리는 몇 개씩 먹을까요?

(   )

(3) 다람쥐 7마리가 도토리 42개를 먹는 데 며칠이 걸릴까요?

(   )

🖋 서술형 문제

08 곶감이 8개씩 바구니 2개에 들어 있습니다. 이 곶감을 할아버지, 할머니, 아버지, 어머니께서 똑같이 모두 나누어 드셨습니다. 어머니가 드신 곶감은 몇 개인지 풀이 과정을 쓰고 답을 구하세요.

풀이 _____

_____

_____

답 _____

🖋 서술형 문제

09 다은이가 초콜릿을 한 봉지에 6개씩 담았더니 초콜릿이 들어 있는 봉지는 6개가 되었습니다. 이 초콜릿을 한 봉지에 9개씩 담으려면 필요한 봉지는 몇 개인지 풀이 과정을 쓰고 답을 구하세요.

초콜릿을 6개씩 담아야지.

9개씩 다시 담아 보자.

풀이 _____

_____

_____

답 _____

10 3장의 수 카드를 한 번씩만 사용하여 몫이 가장 작은 (몇십몇)÷(몇)의 나눗셈식을 만들려고 합니다. ▢ 안에 알맞은 수를 써넣고, 가장 작은 몫을 구하세요.

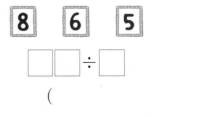

8   6   5

▢▢ ÷ ▢

(   )

01 사과 10개를 접시 5개에 똑같이 나누어 놓으려고 합니다. 한 접시에 사과를 몇 개씩 놓을 수 있는지 접시 위에 ○를 그리세요.

02 그림을 보고 □ 안에 알맞은 수를 써넣으세요.

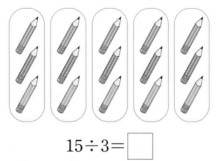

$$15 \div 3 = \boxed{}$$

03 뺄셈식을 나눗셈식으로 나타내세요.

$$21 - 7 - 7 - 7 = 0$$

식

04 54÷6의 몫을 구할 때 필요한 곱셈구구는 어느 것일까요? ································ ( )

① 4단 곱셈구구   ② 5단 곱셈구구
③ 6단 곱셈구구   ④ 7단 곱셈구구
⑤ 8단 곱셈구구

05 빈 곳에 알맞은 수를 써넣으세요.

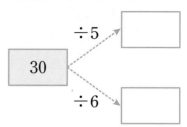

06 야구공 18개를 바구니 3개에 똑같이 나누어 담으려면 한 바구니에 몇 개씩 담을 수 있는지 알맞은 나눗셈식을 쓰세요.

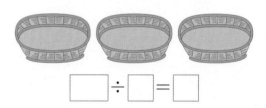

$$\boxed{} \div \boxed{} = \boxed{}$$

07 다음 나눗셈식을 보고 설명한 것 중 옳지 않은 것을 찾아 기호를 쓰세요.

$$32 \div 8 = 4$$

㉠ 몫은 4입니다.
㉡ 32를 8씩 묶으면 4묶음이 됩니다.
㉢ 32－8－8－8－8＝4로 나타낼 수 있습니다.
㉣ 32 나누기 8은 4와 같습니다라고 읽습니다.

( )

08 곱셈식을 나눗셈식으로, 나눗셈식을 곱셈식으로 나타내세요.

(1) $7 \times 5 = 35$

$35 \div \boxed{} = \boxed{}$

$35 \div \boxed{} = \boxed{}$

(2) $48 \div 6 = 8$

$6 \times \boxed{} = \boxed{}$

$8 \times \boxed{} = \boxed{}$

09 바나나 20개를 한 명에게 4개씩 주려고 합니다. 몇 명에게 나누어 줄 수 있는지 식을 쓰고 답을 구하세요.

식 _____

답 _____

10 그림을 이용하여 곱셈식과 나눗셈식을 만드세요.

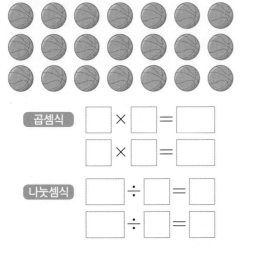

곱셈식 $\boxed{} \times \boxed{} = \boxed{}$

$\boxed{} \times \boxed{} = \boxed{}$

나눗셈식 $\boxed{} \div \boxed{} = \boxed{}$

$\boxed{} \div \boxed{} = \boxed{}$

11 큰 수를 작은 수로 나누어 몫을 빈 곳에 써넣으세요.

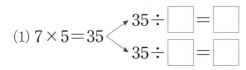

7	28

12 나눗셈의 몫을 구하고, 나눗셈식을 곱셈식으로 바꾸세요.

(1) $42 \div 6 = \boxed{} \Rightarrow 6 \times \boxed{} = 42$

(2) $36 \div 9 = \boxed{} \Rightarrow 9 \times \boxed{} = 36$

13 빈 곳에 알맞은 수를 써넣으세요.

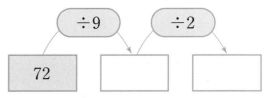

$\div 9$ $\div 2$

72 $\boxed{}$ $\boxed{}$

14 나눗셈의 몫의 크기를 비교하여 ○ 안에 >, =, <를 알맞게 써넣으세요.

$27 \div 3$ ◯ $64 \div 8$

15 어느 봅슬레이 경기에 출전한 선수는 32명이었습니다. 한 국가에서 출전한 선수가 4명이라면 출전한 국가는 몇 개일까요?

→ 썰매로 눈과 얼음으로 만든 코스를 달리는 경기

( )

16 책 56쪽을 8일 동안 매일 똑같이 나누어 읽었습니다. 하루에 몇 쪽씩 읽었을까요?

( )

17 몫이 같은 것끼리 이으세요.

$36 \div 6$ ·   · $28 \div 4$

$49 \div 7$ ·   · $18 \div 3$

$45 \div 5$ ·   · $81 \div 9$

18 몫이 큰 것부터 차례로 기호를 쓰세요.

㉠ $24 \div 6$ ㉡ $16 \div 2$
㉢ $35 \div 7$ ㉣ $54 \div 9$

( )

19 ☐ 안에 들어갈 수가 나머지 셋과 다른 것을 찾아 기호를 쓰세요.

㉠ $48 \div 6 = \square$
㉡ $72 \div \square = 8$
㉢ $72 \div 9 = \square$
㉣ $48 \div \square = 6$

( )

20 몫이 같은 나눗셈이 있는 방만 모두 한 번씩 지나가는 길을 찾아 이으세요.

들어가는 곳

나오는 곳

$12 \div 2$
$32 \div 8$ $27 \div 9$
$24 \div 3$ $72 \div 8$
$21 \div 3$ $20 \div 4$ $28 \div 4$
$14 \div 2$ $35 \div 5$ $56 \div 8$
$7 \div 1$ $63 \div 9$

1~20번까지의 단원평가
유사 문제 제공

문제 생성기

과정 중심 평가 문제

21 정사각형 모양 꽃밭의 네 변의 길이의 합이 36 m 입니다. 꽃밭의 한 변은 몇 m인지 풀이 과정을 쓰고 답을 구하세요.

풀이 _____

_____

_____

답 _____

과정 중심 평가 문제

22 곱셈표의 일부분이 지워졌습니다. ■에 알맞은 수를 구하려고 합니다. 물음에 답하세요.

×	1	2			5	●
2	2	4	6	8	10	12
3	3	6				18
▲		8	12			■

(1) ●에 알맞은 수를 나눗셈을 이용하여 구하세요.

$$3 \times ● = 18$$

( )

(2) ▲에 알맞은 수를 나눗셈을 이용하여 구하세요.

$$▲ \times 2 = 8$$

( )

(3) ■에 알맞은 수를 구하세요.

( )

과정 중심 평가 문제

23 가장 큰 수를 가장 작은 수로 나눈 몫은 얼마인지 풀이 과정을 쓰고 답을 구하세요.

| 45 | 12 | 9 | 5 | 36 |

풀이 _____

_____

_____

답 _____

3
단원

진도 완료
체크

과정 중심 평가 문제

24 다음에서 같은 모양은 같은 수를 나타냅니다. ■에 알맞은 수를 구하려고 합니다. 물음에 답하세요.

$$24 - ▲ - ▲ - ▲ = 0$$
$$▲ \div 2 = ■$$

(1) ▲에 알맞은 수를 구하세요.

( )

(2) ■에 알맞은 수를 구하세요.

( )

배점	1~20번	4점	점수
	21~24번	5점	

오답 노트

틀린 문제 저장! 출력!

4 곱셈

동영상 강의
오답노트 만들기
스케줄 확인

웹툰으로 단원 미리보기　4화_ 물이 무서운 게 아니라고!

QR코드를 스캔하여 이어지는 내용을 확인하세요.

2-1 곱셈식

- 6+6+6+6+6은 6×5와 같습니다.

  곱셈식 6×5=30

  읽기 6 곱하기 5는 30과 같습니다.

- 6과 5의 곱은 30입니다.

2-2 곱셈표

×	1	2	3	4	5	6	7	8	9
3	3	6	9	12	15	18	21	24	27
4	4	8	12	16	20	24	28	32	36

$4 \times 7 = 28$

① Step	교과 개념	(몇십)×(몇)
① Step	교과 개념	올림이 없는 (몇십몇)×(몇)
② Step	교과 유형 익힘	
① Step	교과 개념	올림이 있는 (몇십몇)×(몇) (1) – 일의 자리 또는 십의 자리에서 올림
② Step	교과 유형 익힘	
① Step	교과 개념	올림이 있는 (몇십몇)×(몇) (2) – 일의 자리와 십의 자리에서 올림
② Step	교과 유형 익힘	
③ Step	문제 해결	잘 틀리는 문제 서술형 문제
④ Step	실력 UP 문제	
☆	단원 평가	

이 단원을 배우면 두 자리 수와 한 자리 수의 곱셈을 할 수 있어요.

Step 1 교과 개념 ——————————

(몇십) × (몇)

개념1 (몇십) × (몇)

例 20 × 4의 계산

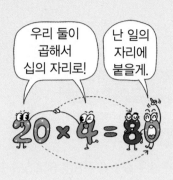

우리 둘이 곱해서 십의 자리로!
난 일의 자리에 붙을게.

• 덧셈식으로 알아보기

$$20+20+20+20=80 \Rightarrow 20 \times 4 = 80$$
4번

■를 ▲번 더한 수는 ■에 ▲를 곱한 수와 같습니다.

• 수 모형으로 알아보기

십 모형은 2개씩 4묶음이므로 $2 \times 4 = 8$(개)입니다.
➡ $20 \times 4 = 80$

• 가로로 계산하기

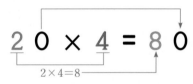

$$2\ 0\ \times\ 4\ =\ 8\ 0$$
$2 \times 4 = 8$

(몇십) × (몇)의 계산은 (몇) × (몇) 뒤에 0을 한 개 붙입니다.

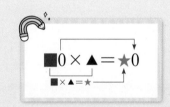

$$■0 \times ▲ = ★0$$
$■ \times ▲ = ★$

개념확인 1 □ 안에 알맞은 수를 써넣으세요.

십 모형이 모두 $3 \times 2 = $ □ (개)이고

일 모형은 없으므로 $30 \times 2 = $ □ 입니다.

개념확인 2 덧셈식을 보고 □ 안에 알맞은 수를 써넣으세요.

(1) $10+10+10+10=40$

⇨ $10 \times 4 = $ □

(2) $30+30=60$

⇨ $30 \times 2 = $ □

3 그림을 보고 ☐ 안에 알맞은 수를 써넣으세요.

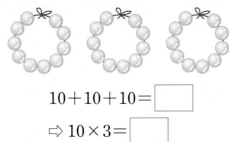

$$10+10+10=\boxed{}$$

$$\Rightarrow 10\times3=\boxed{}$$

4 수 모형을 보고 ☐ 안에 알맞은 수를 써넣으세요.

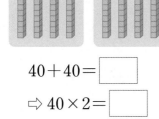

$$40+40=\boxed{}$$

$$\Rightarrow 40\times2=\boxed{}$$

5 보기 를 보고 계산하세요.

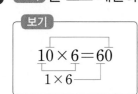

보기

$$10\times6=60$$
$$1\times6$$

$$30\times3=\boxed{}0$$
$$3\times3$$

6 빈 곳에 알맞은 수를 써넣으세요.

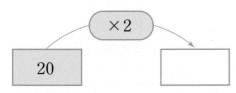

$\times2$

20 → ☐

7 그림을 덧셈식과 곱셈식으로 각각 나타내고 계산하세요.

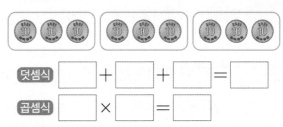

덧셈식 ☐ + ☐ + ☐ = ☐

곱셈식 ☐ × ☐ = ☐

8 곱셈식으로 나타내어 계산하세요.

(1) 10의 4배 ⇨ ☐ × ☐ = ☐

(2) 40씩 2묶음 ⇨ ☐ × ☐ = ☐

9 계산 결과를 찾아 이으세요.

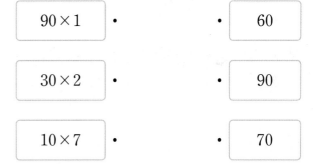

90×1	•	•	60
30×2	•	•	90
10×7	•	•	70

10 계산을 하세요.

(1)
$$\begin{array}{r} 1\,0 \\ \times\ \ 5 \\ \hline \end{array}$$

(2)
$$\begin{array}{r} 2\,0 \\ \times\ \ 3 \\ \hline \end{array}$$

(3)
$$\begin{array}{r} 8\,0 \\ \times\ \ 1 \\ \hline \end{array}$$

(4)
$$\begin{array}{r} 2\,0 \\ \times\ \ 4 \\ \hline \end{array}$$

4 단원

교과 개념

올림이 없는 (몇십몇) × (몇)

개념1 올림이 없는 (몇십몇) × (몇)

㉠ 12 × 2의 계산

· 덧셈식으로 알아보기

$$12 + 12 = 24$$

2번

$$\Rightarrow 12 \times 2 = 24$$

· 수 모형으로 알아보기

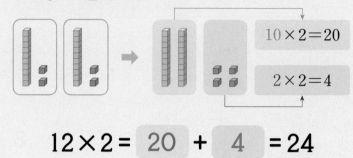

$$12 \times 2 = \boxed{20} + \boxed{4} = 24$$

· 세로로 계산하기

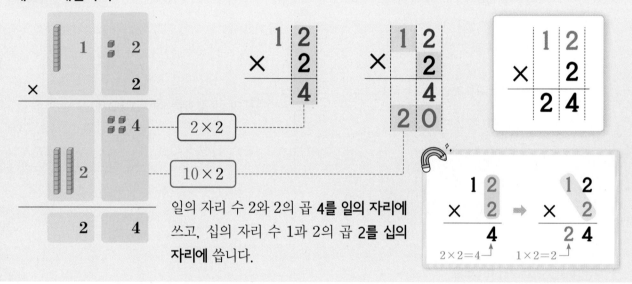

| | 2 × 2 |
| | 10 × 2 |

일의 자리 수 2와 2의 곱 **4**를 일의 자리에 쓰고, 십의 자리 수 1과 2의 곱 **2**를 십의 자리에 씁니다.

$$\begin{array}{r} 1\,2 \\ \times \quad 2 \\ \hline 4 \end{array} \Rightarrow \begin{array}{r} 1\,2 \\ \times \quad 2 \\ \hline 2\,4 \end{array}$$

2 × 2 = 4 ↑   1 × 2 = 2 ↑

개념확인 **1** 수 모형을 보고 ☐ 안에 알맞은 수를 써넣으세요.

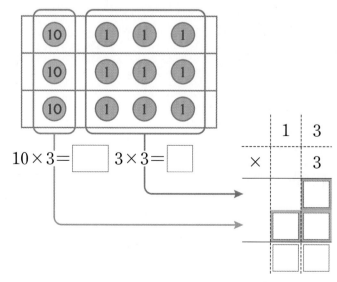

$$10 \times 3 = \boxed{} \qquad 3 \times 3 = \boxed{}$$

$$\begin{array}{cc} & 1 \quad 3 \\ \times & 3 \end{array}$$

2 □ 안에 알맞은 수를 써넣으세요.

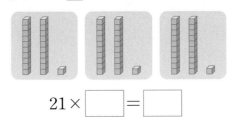

3 덧셈식을 곱셈식으로 나타내려고 합니다. □ 안에 알맞은 수를 써넣으세요.

$12+12+12=$ □

$\Rightarrow 12 \times 3=$ □

4 수 모형을 보고 □ 안에 알맞은 수를 써넣으세요.

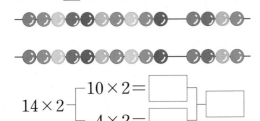

$21 \times$ □ $=$ □

5 그림을 보고 □ 안에 알맞은 수를 써넣으세요.

14×2 ┌ $10 \times 2=$ □ ┐ □
          └ $4 \times 2=$ □ ┘

6 □ 안에 알맞은 수를 써넣으세요.

22×3 ┌ $20 \times 3=$ □ ┐ □
          └ $2 \times 3=$ □ ┘

7 바르게 계산한 것에 ○표 하세요.

| $\begin{array}{r} 3\ 2 \\ \times\quad 3 \\ \hline 6\ 9 \end{array}$ | $\begin{array}{r} 2\ 1 \\ \times\quad 4 \\ \hline 8\ 4 \end{array}$ |

(   )   (   )

8 □ 안에 알맞은 수를 써넣으세요.

(1)
$\begin{array}{r} 3\ 4 \\ \times\quad 2 \\ \hline \square \\ 6\ 0 \\ \hline \square \end{array}$

(2)
$\begin{array}{r} 2\ 3 \\ \times\quad 3 \\ \hline \square \\ \square \\ \hline \square \end{array}$ ← 일의 자리부터 계산

9 계산을 하세요.

(1)
$\begin{array}{r} 1\ 1 \\ \times\quad 5 \end{array}$

(2)
$\begin{array}{r} 4\ 3 \\ \times\quad 2 \end{array}$

(3)
$\begin{array}{r} 4\ 1 \\ \times\quad 2 \end{array}$

(4)
$\begin{array}{r} 2\ 1 \\ \times\quad 2 \end{array}$

4단원

진도 완료 체크

01 곱의 크기를 비교하여 ○ 안에 >, =, <를 알맞게 써넣으세요.

$$20 \times 3 \bigcirc 32 \times 2$$

02 빈칸에 알맞은 수를 써넣으세요.

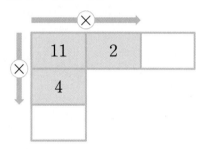

03 선을 따라 도착한 곳에 계산 결과를 써넣으세요.

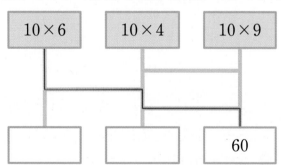

04 빈칸에 알맞은 수를 써넣으세요.

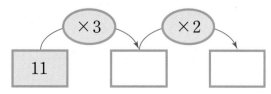

05 곱의 결과가 39가 되는 두 수를 고르세요.

| 2 | 13 | 3 |

(   )

06 계산 결과가 같은 것끼리 이으세요.

22 × 3	•	•	11 × 6
33 × 3	•	•	11 × 8
44 × 2	•	•	11 × 9

07 곱이 가장 큰 것을 찾아 기호를 쓰세요.

(   )

08 은수는 미술 시간 준비물로 한 묶음에 10장씩 들어 있는 색종이를 8묶음 샀습니다. 은수가 산 색종이는 모두 몇 장일까요?

(   )

09 □ 안에 알맞은 수를 써넣으세요.

$$\begin{array}{r} 4\ \square \\ \times\quad 2 \\ \hline 8\ 4 \end{array}$$

10 현수와 은지는 종이학을 각각 몇 마리씩 가지고 있는지 구하세요.

나는 종이학을 10마리 가지고 있어.

나는 영주가 가지고 있는 종이학 수의 4배만큼 가지고 있어.

나는 현수가 가지고 있는 종이학 수의 2배만큼 가지고 있어.

영주   현수   은지

현수 (   )

은지 (   )

🖉 서술형 문제

11 슬기는 한 상자에 24개씩 들어 있는 초콜릿을 2상자 샀습니다. 슬기가 산 초콜릿은 모두 몇 개인지 풀이 과정을 쓰고 답을 구하세요.

[풀이] _____

_____

_____

[답] _____

12 21×3을 <u>잘못</u> 계산한 친구를 찾아 이름을 쓰세요.

의사소통

영주: 21은 7개씩 3묶음이니까 21×3은 7개씩 9묶음으로 7×9로 구했어!

은지: 2×3과 1×3의 합을 구했어.

현수: 20씩 3묶음은 20×3이고 1씩 3묶음은 1×3이니까 60과 3을 더해 줬어.

(   )

13 민수네 가족의 나이를 나타낸 것입니다. 나이가 민수 나이의 4배가 되는 사람을 찾아 쓰세요.

정보처리

민수	형	어머니	아버지	할아버지
12	21	48	52	85

(   )

🖉 서술형 문제

14 민호가 말하는 것을 모두 사용하여 (몇십)×(몇)으로 해결할 수 있는 문제를 만들고 답을 구하세요.

창의융합

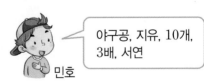

야구공, 자유, 10개, 3배, 서연

민호

[문제] _____

_____

[답] _____

교과 개념

올림이 있는 (몇십몇) × (몇)(1)

개념1 십의 자리에서 올림이 있는 (몇십몇)×(몇)

⑩ 31 × 4의 계산

• 가로로 계산하기

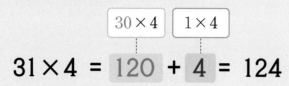

30×4의 값 120에 1×4의 값 4를 더하면 124입니다.

• 세로로 계산하기

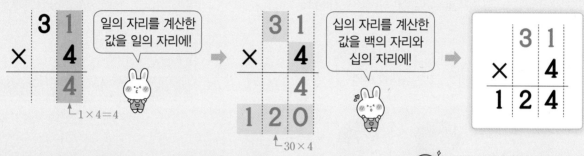

개념2 일의 자리에서 올림이 있는 (몇십몇)×(몇)

⑩ 13 × 4의 계산

• 세로로 계산하기

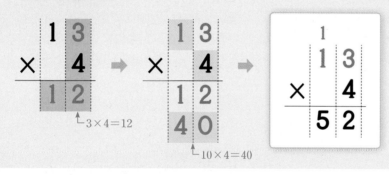

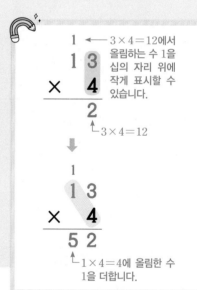

개념확인 1 ☐ 안에 알맞은 수를 써넣으세요.

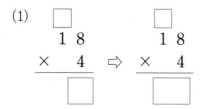

개념확인 2 계산 순서에 맞게 ☐ 안에 알맞은 수를 써넣으세요.

(1)

```
    1 8        1 8
  ×   4   ⇨  ×   4
```

(2)

```
    2 7        2 7
  ×   3   ⇨  ×   3
```

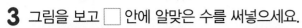 어느 교과서로 배우더라도 꼭 알아야 하는 **10종 교과서 기본 문제**

3 그림을 보고 ☐ 안에 알맞은 수를 써넣으세요.

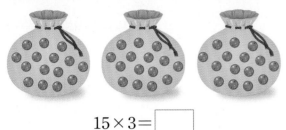

$$15 \times 3 = \boxed{}$$

4 ☐ 안에 알맞은 수를 써넣으세요.

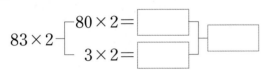

$$83 \times 2 \begin{cases} 80 \times 2 = \boxed{} \\ 3 \times 2 = \boxed{} \end{cases} \boxed{}$$

5 ☐ 안에 알맞은 수를 써넣으세요.

보기
$$4 \times 4 = 16$$
$$20 \times 4 = 80$$
$$24 \times 4 = 96$$

$$6 \times 2 = \boxed{}$$
$$30 \times 2 = \boxed{}$$
$$36 \times 2 = \boxed{}$$

6 수 모형을 보고 ☐ 안에 알맞은 수를 써넣으세요.

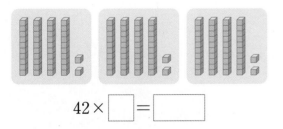

$$42 \times \boxed{} = \boxed{}$$

7 ☐ 안에 알맞은 수를 써넣으세요.

(1)
$$\begin{array}{r} 3\ 1 \\ \times\quad 4 \\ \hline \boxed{} \\ 1\ 2\ 0 \\ \hline \boxed{} \end{array}$$

(2)
$$\begin{array}{r} 1\ 3 \\ \times\quad 5 \\ \hline \boxed{} \\ \boxed{} \\ \hline \boxed{} \end{array}$$
← 일의 자리 부터 계산

8 계산을 하세요.

(1)
$$\begin{array}{r} 2\ 9 \\ \times\quad 2 \\ \hline \end{array}$$

(2)
$$\begin{array}{r} 1\ 3 \\ \times\quad 7 \\ \hline \end{array}$$

(3)
$$\begin{array}{r} 1\ 5 \\ \times\quad 5 \\ \hline \end{array}$$

(4)
$$\begin{array}{r} 1\ 6 \\ \times\quad 3 \\ \hline \end{array}$$

9 빈 곳에 알맞은 수를 써넣으세요.

(1)
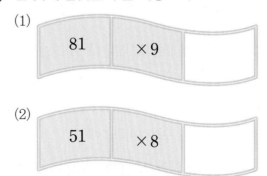

| 81 | ×9 | |

(2)

| 51 | ×8 | |

01 계산을 하세요.

(1) 91 × 2

(2) 72 × 4

(3)
```
    4 9
 ×   2
```

(4)
```
    2 5
 ×   3
```

02 계산 결과를 비교하여 ○ 안에 >, =, <를 알맞게 써넣으세요.

| 53 × 3 | ○ | 41 × 4 |

03 곱셈식에서 □ 안의 숫자 1은 실제로 얼마를 나타낼까요?

```
      3 2
   ×   4
   ─────
  1  2 8
```

( )

04 빈칸에 알맞은 수를 써넣으세요.

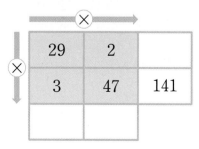

×→	29	2	
×↓	3	47	141

05 26 × 3과 계산 결과가 같지 <u>않은</u> 것을 찾아 기호를 쓰세요.

> ㉠ 26 + 26 + 26
> ㉡ 17 × 4
> ㉢ 13 + 13 + 13 + 13 + 13 + 13

( )

06 보기 와 같이 계산하세요.

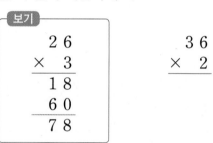

보기
```
      2 6
   ×   3
   ─────
      1 8
      6 0
   ─────
      7 8
```

```
      3 6
   ×   2
```

07 현아가 농촌 체험으로 다녀온 농장에는 오리가 74마리 있었습니다. 오리의 다리 수는 모두 몇 개일까요?

( )

08 두 곱은 같습니다. □ 안에 알맞은 수를 구하세요.

| $9 \times \square$ | 18×4 |

( )

09 20×3과 5×3의 합과 계산 결과가 같은 것을 찾아 기호를 쓰세요.

ㄱ 23×5 ㄴ 52×3
ㄷ 25×3 ㄹ 23×3

( )

10 두 수의 곱이 14×6보다 큰 것을 찾아 기호를 쓰세요.

ㄱ 17×4 ㄴ 13×7 ㄷ 15×4

( )

◢◎ 서술형 문제

11 한 상자에 12개씩 들어 있는 연필이 8상자 있습니다. 선생님께서 연필을 학생들에게 1자루씩 각각 나누어 주신다면 모두 몇 명의 학생들에게 나누어 줄 수 있는지 풀이 과정을 쓰고 답을 구하세요.

풀이 _____

_____

_____

답 _____

12 한 상자에 12개씩 들어 있는 복숭아가 6상자 있습니다. 6상자에 들어 있는 복숭아는 모두 몇 개인지 서로 다른 두 가지 방법으로 구하세요.
창의
융합

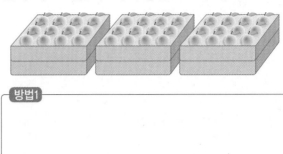

방법1

방법2

13 지워진 숫자를 구하세요.
추론

( )

14 1부터 9까지의 수 중 □ 안에 들어갈 수 있는 수는 모두 몇 개인지 구하세요.
문제
해결

$130 > 31 \times \square$

( )

1 Step 교과 개념

개념1 십의 자리와 일의 자리에서 올림이 있는 (몇십몇) × (몇)

(예) 45 × 3의 계산

• **가로로 계산하기**

$$40 \times 3 \qquad 5 \times 3$$

$$45 \times 3 = 120 + 15 = 135$$

40 × 3의 값 120에 5 × 3의 값 15를 더하면 135입니다.

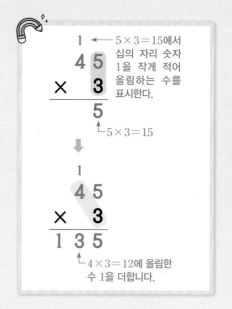

• **세로로 계산하기**

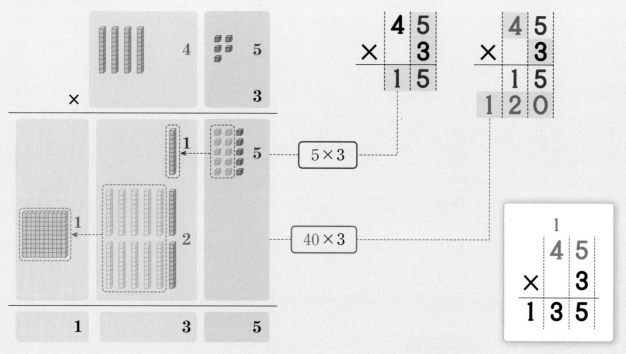

개념확인 1 수 모형을 보고 ☐ 안에 알맞은 수를 써넣으세요.

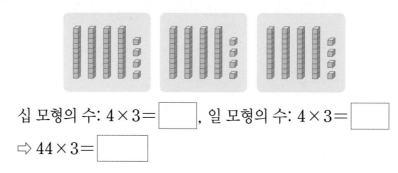

십 모형의 수: 4 × 3 = ☐, 일 모형의 수: 4 × 3 = ☐

⇨ 44 × 3 = ☐

어느 교과서로 배우더라도 꼭 알아야 하는 **10종 교과서 기본 문제**

2 ☐ 안에 알맞은 수를 써넣으세요.

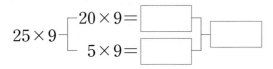

$$54+54+54=\boxed{}$$

$$\Rightarrow 54\times3=\boxed{}$$

3 ☐ 안에 알맞은 수를 써넣으세요.

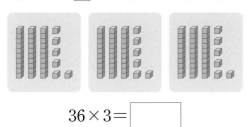

$$25\times9\begin{array}{l}\text{—}20\times9=\boxed{}\\[1em]\text{—}5\times9=\boxed{}\end{array}\boxed{}$$

4 수 모형을 보고 ☐ 안에 알맞은 수를 써넣으세요.

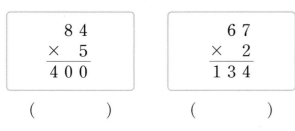

$$36\times3=\boxed{}$$

5 바르게 계산한 것에 ○표 하세요.

```
    8 4              6 7
  ×   5            ×   2
  ─────            ─────
  4 0 0            1 3 4
```

(   )   (   )

6 계산 순서에 맞게 ☐ 안에 알맞은 수를 써넣으세요.

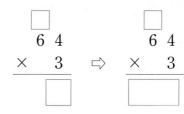

```
     ☐                  ☐
    6 4                6 4
  ×   3      ⇨       ×   3
  ─────              ─────
    ☐                  ☐
```

7 계산을 하세요.

(1)
```
    3 7
  ×   4
```

(2)
```
    4 5
  ×   4
```

(3)
```
    5 7
  ×   2
```

(4)
```
    6 8
  ×   3
```

8 곱셈식에서 ③이 실제로 나타내는 값을 찾아 ○표 하세요.

```
    9 3
  ×   4
  ─────
  ③7 2
```

(30 , 300 , 370   )

4
단원

01 계산 결과를 찾아 이으세요.

$$\begin{array}{r} 5\,8 \\ \times\quad 2 \\ \hline \end{array}$$

• 102

• 116

$$\begin{array}{r} 9\,3 \\ \times\quad 4 \\ \hline \end{array}$$

• 372

02 가장 큰 수와 가장 작은 수의 곱을 구하세요.

| 54 | 52 | 6 | 4 |

( )

03 계산 결과의 차를 구하세요.

| 24×6 | | 72×2 |

( )

04 곱이 80보다 작은 것은 어느 것일까요?

-------------------------------- ( )

① 12×8 ② 15×4
③ 32×3 ④ 28×3
⑤ 19×6

05 곱이 100보다 작은 것에 ○표 하세요.

| 51×2 26×5 23×4 |

🖉 서술형 문제

06 잘못 계산한 곳을 찾아 까닭을 쓰고, 바르게 계산해 보세요.

$$\begin{array}{r} 4\,5 \\ \times\quad 4 \\ \hline 2\,0 \\ 1\,6 \\ \hline 3\,6 \end{array} \Rightarrow \begin{array}{r} 4\,5 \\ \times\quad 4 \\ \hline \end{array}$$

까닭 _____

_____

07 소설책이 책꽂이 한 칸에 35권씩 5칸에 꽂혀 있습니다. 소설책은 모두 몇 권일까요?

( )

08 하윤이네 학교 3학년은 한 반에 22명씩 7개 반이 있습니다. 하윤이네 학교 3학년 학생 수는 모두 몇 명일까요?

( )

09 영주와 민호는 귤을 상자에 각각 담았습니다. 영주와 민호가 담은 귤은 각각 몇 개인지 구하세요.

한 상자에 24개씩, 5상자에 담았어.

한 상자에 16개씩, 7상자에 담았어.

영주

민호

영주 ( )

민호 ( )

10 43개씩 포장된 사과 4상자와 23개씩 포장된 배 5상자가 있습니다. 어느 것이 더 많은지 알아보세요.

(1) 사과와 배는 각각 몇 개일까요?

사과 ( )

배 ( )

(2) 사과와 배 중 어느 것이 더 많을까요?

( )

11 계산 결과가 400에 가장 가까운 수가 되게 하려고 합니다. 1부터 9까지의 수 중에서 ☐ 안에 알맞은 수를 구하세요.

56 × ☐

( )

12 어떤 수에 6을 곱해야 할 것을 잘못하여 뺐더니 40이 되었습니다. 바르게 계산한 값을 구하세요.

문제 해결

( )

13 빵집에서 빵 150개를 만들었습니다. 한 상자에 24개씩 담아 6상자를 팔았다면 남은 빵은 모두 몇 개인지 구하세요.

창의 융합

( )

4 단원

진도 완료 체크

14 두 친구가 설명하는 두 자리 수를 구하세요.

정보 처리

일의 자리 숫자는 3이야.

이 수에 9를 곱하면 207이 돼!

( )

15 수 카드 3 , 5 , 8 을 한 번씩만 사용하여 곱이 가장 큰 (몇십몇)×(몇)을 만들고, 그 곱을 구하세요.

추론

☐☐ × ☐ = ☐☐☐

3 Step 문제 해결 〔잘 틀리는 문제〕

유형1	각 자리 숫자가 나타내는 수 알아보기

1 곱셈식을 보고 숫자 9가 나타내는 수는 얼마인지 곱셈식을 쓰세요.

$$\begin{array}{r} 3\ 1 \\ \times\quad 3 \\ \hline 9\ 3 \end{array}$$

식 _____

Solution 올림이 없는 (두 자리 수)×(한 자리 수)의 계산에서 일의 자리 수와의 곱은 일의 자리에 쓰고, 십의 자리 수와의 곱은 십의 자리에 써야 합니다.

1-1 곱셈식을 보고 숫자 8이 나타내는 수는 얼마인지 쓰세요.

$$\begin{array}{r} 2\ 1 \\ \times\quad 4 \\ \hline 8\ 4 \end{array}$$

(   )

1-2 곱셈식을 보고 숫자 7이 나타내는 수는 얼마인지 곱셈식을 쓰세요.

$$\begin{array}{r} 1\ 0 \\ \times\quad 7 \\ \hline 7\ 0 \end{array}$$

식 _____

1-3 곱셈식을 보고 숫자 6이 나타내는 수는 얼마인지 곱셈식을 쓰세요.

$$34 \times 2 = 68$$

식 _____

유형2	바르게 계산한 값 구하기

2 어떤 수에 3을 곱해야 할 것을 잘못하여 나누었더니 몫이 7이 되었습니다. 바르게 계산한 값을 구하세요.

(   )

Solution 어떤 수를 □라 하여 잘못 계산한 식을 만들고 곱셈과 나눗셈의 관계를 이용하여 어떤 수를 구한 뒤, 바르게 계산한 값을 구합니다.

2-1 어떤 수에 6을 곱해야 할 것을 잘못하여 나누었더니 몫이 5가 되었습니다. 바르게 계산한 값은 얼마인지 알아보세요.

(1) 어떤 수를 구하세요.

(   )

(2) 바르게 계산한 값을 구하세요.

(   )

2-2 어떤 수에 4를 곱해야 할 것을 잘못하여 나누었더니 몫이 8이 되었습니다. 바르게 계산한 값은 어느 것일까요? ──────(   )

① 98   ② 108   ③ 138

④ 128   ⑤ 118

2-3 어떤 수에 7을 곱해야 할 것을 잘못하여 나누었더니 몫이 4가 되었습니다. 바르게 계산한 값을 구하세요.

(   )

유형3 수 카드로 수를 만들어 곱 구하기

3 다음 세 장의 수 카드를 한 번씩만 사용하여 곱이 가장 큰 (몇십몇)×(몇)의 곱셈식을 만들었을 때 그 곱을 구하세요.

3 6 1

(   )

Solution 곱이 가장 큰 (몇십몇)×(몇)의 곱셈식을 만들려면 가장 큰 수를 곱하는 수에 놓고 남은 두 수로 만든 수 중 큰 수를 곱해지는 수에 놓아야 합니다.

3-1 다음 세 장의 수 카드를 한 번씩만 사용하여 곱이 가장 큰 (몇십몇)×(몇)의 곱셈식을 만들었을 때 그 곱은 얼마인지 알아보세요.

2 8 4

(1) □ 안에 알맞은 수를 써넣으세요.

> 가장 큰 수 □을 곱하는 수에 놓고 남은 두 수로 만든 수 중 큰 수 □를 곱해지는 수에 놓습니다.

(2) 가장 큰 곱을 구하세요.

(   )

3-2 다음 세 장의 수 카드를 한 번씩만 사용하여 만들 수 있는 (몇십몇)×(몇)의 곱 중에서 가장 큰 곱을 구하세요.

1 7 4

(   )

유형4 어떤 수 구하기

4 어떤 두 자리 수의 십의 자리 숫자와 일의 자리 숫자를 바꾼 뒤 4를 곱하였더니 92가 되었습니다. 어떤 두 자리 수를 구하세요.

(   )

Solution 기호를 사용하여 문제에 알맞은 곱셈식을 세운 뒤, 곱하는 수와 곱을 이용하여 곱해지는 수를 구합니다.

4-1 어떤 두 자리 수의 십의 자리 숫자와 일의 자리 숫자를 바꾼 뒤 6을 곱하였더니 90이 되었습니다. 어떤 두 자리 수는 얼마인지 알아보세요.

(1) □ 안에 알맞은 수를 써넣으세요.

> 어떤 수를 ■▲라고 하면 바뀐 수는
> ▲■이므로 (바뀐 수)×6=□에서
> ▲■×□=□입니다.

(2) 바뀐 수를 구하세요.

(   )

(3) 어떤 수를 구하세요.

(   )

4-2 십의 자리 숫자가 9인 어떤 두 자리 수에 4를 곱하면 364입니다. 어떤 두 자리 수와 8의 곱을 구하세요.

(   )

3 Step 문제 해결 （서술형 문제）

유형5

🔔 **문제 해결 Key**
감자와 고구마의 개수를 각각 구한 후 개수를 비교합니다.

📖 **문제 해결 전략**
❶ 감자의 개수 구하기
❷ 고구마의 개수 구하기
❸ 더 많이 산 것 구하기

5 어머니께서 한 봉지에 ❶12개씩 들어 있는 감자를 5봉지, 한 봉지에 ❷13개씩 들어 있는 고구마를 4봉지 사셨습니다. 어머니께서 ❸어느 것을 더 많이 사셨는지 풀이 과정을 보고 ☐ 안에 알맞은 수나 말을 써넣어 답을 구하세요.

풀이 ❶ (감자의 개수)＝12×☐＝☐(개)

❷ (고구마의 개수)＝13×☐＝☐(개)

❸ 따라서 60＞52이므로 ☐를 더 많이 사셨습니다.

답 ＿＿＿＿＿＿＿＿＿＿

5-1 ✏️연습 문제

28개씩 포장된 곶감 6상자와 38개씩 포장된 유과 4상자가 있습니다. 곶감과 유과 중 어느 것이 더 많은지 풀이 과정을 쓰고 답을 구하세요.

풀이

❶ 곶감의 개수 구하기

❷ 유과의 개수 구하기

❸ 더 많은 것 구하기

답 ＿＿＿＿＿＿＿＿＿＿

5-2 ✏️실전 문제

주차장에 승용차 16대와 오토바이 22대가 있습니다. 승용차와 오토바이 중에서 전체 바퀴 수가 더 적은 것은 어느 것인지 풀이 과정을 쓰고 답을 구하세요.

풀이

답 ＿＿＿＿＿＿＿＿＿＿

유형6

🔔 **문제 해결 Key**
두 사람이 3일 동안 읽는 동화책 쪽수를 각각 구한 후 그 수를 더합니다.

📖 **문제 해결 전략**
❶ 보나가 3일 동안 읽는 동화책 쪽수 구하기
❷ 슬기가 3일 동안 읽는 동화책 쪽수 구하기
❸ 두 사람이 3일 동안 읽는 동화책 쪽수 구하기

6 하루 동안 동화책을 ❶보나는 19쪽씩, ❷슬기는 16쪽씩 읽습니다. 보나와 슬기가 ❸3일 동안 읽는 동화책은 모두 몇 쪽인지 풀이 과정을 보고 ☐ 안에 알맞은 수를 써넣어 답을 구하세요.

난 하루 동안 19쪽씩 읽어.

난 하루 동안 16쪽씩 읽지.

보나   슬기

풀이 ❶ 보나가 3일 동안 읽는 동화책 쪽수는 19 × 3 = ☐ (쪽)입니다.

❷ 슬기가 3일 동안 읽는 동화책 쪽수는 16 × 3 = ☐ (쪽)입니다.

❸ 따라서 두 사람이 3일 동안 읽는 동화책 쪽수는 모두

☐ + ☐ = ☐ (쪽)입니다.

답 _____

4 단원

진도 완료 체크

6-1 ✏️연습 문제

검은 바둑돌은 42개씩 3줄로 놓여 있고 흰 바둑돌은 62개씩 5줄로 놓여 있습니다. 바둑돌은 모두 몇 개인지 풀이 과정을 쓰고 답을 구하세요.

풀이
❶ 검은 바둑돌의 개수 구하기

❷ 흰 바둑돌의 개수 구하기

❸ 바둑돌의 개수 구하기

답 _____

6-2 ✏️실전 문제

두발자전거 68대와 세발자전거 37대가 있습니다. 자전거의 바퀴는 모두 몇 개인지 풀이 과정을 쓰고 답을 구하세요.

풀이

답 _____

01 직사각형 모양의 과수원이 있습니다. 이 과수원의 세로는 28 m이고, 가로는 세로의 2배입니다. 과수원의 둘레는 몇 m인지 구하려고 합니다. 물음에 답하세요.

28 m

(1) 이 과수원의 가로는 몇 m인지 곱셈식을 쓰고 답을 구하세요.

식 _____

답 _____

(2) 이 과수원의 가로의 길이와 세로의 길이를 더하면 몇 m일까요?

(   )

(3) 이 과수원의 둘레는 몇 m인지 곱셈식을 쓰고 답을 구하세요.

식 _____

답 _____

02 주스 한 병을 만드는 데 당근 2개와 토마토 3개가 필요합니다. 주스 30병을 만드는 데 필요한 당근과 토마토는 모두 몇 개일까요?

(   )

03 한 변이 8 cm인 정사각형 8개를 겹치지 않게 이어 붙여서 만든 도형입니다. 이 도형의 굵은 선의 길이는 몇 cm인지 구하세요.

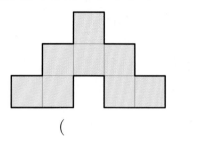

(   )

04 민아네 가족은 파인애플밭 체험을 했습니다. 가 농장에는 파인애플을 한 줄에 35개씩 8줄로 심었고, 나 농장에는 한 줄에 45개씩 6줄로 심었습니다. 어느 농장이 파인애플을 몇 개 더 많이 심었을까요?

(   ), (   )

05 4장의 수 카드 중에서 3장을 골라 한 번씩 사용하여 곱이 가장 작은 (몇십몇)×(몇)을 만들고, 그 곱을 구해 보세요.

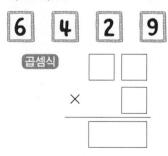

06 옛날 이집트 사람들은 2배를 이용하여 곱을 구했습니다. 고대 이집트인의 계산 방법을 보고 28×5를 같은 방법으로 계산하세요.

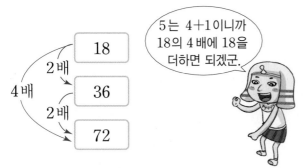

5는 4+1이니까 18의 4배에 18을 더하면 되겠군.

⇨ 18×5＝72＋18＝90

28×5

07 수 퍼즐의 빈칸에 알맞은 수를 써넣으세요.

가로
㉡ 49×4
㉣ 28×2
㉤ 12×6

세로
㉠ 17×3
㉢ 13×5
㉥ 38×6

🖉 서술형 문제

08 규칙에 따라 수를 써 놓았습니다. 여섯째에 오는 수는 무엇인지 풀이 과정을 쓰고 답을 구하세요.

1	3	9	27	…
첫째	둘째	셋째	넷째	

풀이 _____

_____

_____

답 _____

09 똑바로 뻗은 길가의 한쪽에 나무 9그루를 13 m 간격으로 나란히 심었습니다. 첫째 번에 심은 나무와 마지막에 심은 나무 사이의 거리는 몇 m일까요? (단, 나무의 굵기는 생각하지 않습니다.)

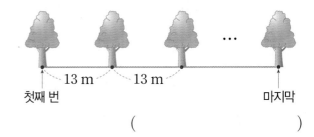

13 m   13 m
첫째 번   마지막

(   )

10 태인이네 학교 3학년은 한 반에 24명씩 6개 반이 있습니다. 물음에 답하세요.

(1) 한 대에 20명이 탈 수 있는 버스 7대에 태인이네 학교 3학년이 모두 탈 수 있을까요?

(   )

(2) 강당에 있는 의자 한 개에 15명씩 앉을 수 있습니다. 의자가 9개 있을 때 태인이네 학교 3학년이 모두 앉으려면 의자는 적어도 몇 개가 더 필요할까요?

(   )

01 수 모형을 보고 곱셈식으로 나타내세요.

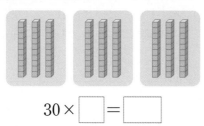

$30 \times \boxed{} = \boxed{}$

02 ☐ 안에 알맞은 수를 써넣으세요.

$\begin{cases} 31+31+31= \boxed{} \\ 31 \times 3 = \boxed{} \end{cases}$

03 수직선을 보고 ☐ 안에 알맞은 수를 써넣으세요.

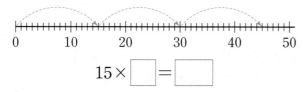

$15 \times \boxed{} = \boxed{}$

04 ☐ 안에 알맞은 수를 써넣으세요.

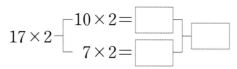

$17 \times 2 \begin{cases} 10 \times 2 = \boxed{} \\ 7 \times 2 = \boxed{} \end{cases} \boxed{}$

05 계산을 하세요.

(1) $\begin{array}{r} 8\,0 \\ \times \quad 4 \\ \hline \end{array}$

(2) $\begin{array}{r} 7\,3 \\ \times \quad 3 \\ \hline \end{array}$

06 18×5의 곱셈식에서 ☐ 안의 수 4가 실제로 나타내는 수는 얼마일까요?

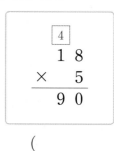

(   )

07 빈칸에 알맞은 수를 써넣으세요.

×	92	61	82
4			

08 계산 결과가 작은 것부터 차례로 기호를 쓰세요.

ㄱ 41×4
ㄴ 30×5
ㄷ 16×8

(   )

09 빈칸에 알맞은 수를 써넣으세요.

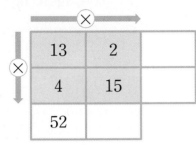

	13	2	
	4	15	
	52		

10 계산 결과가 같은 것끼리 이으세요.

34 × 4	•		•	42 × 3
21 × 6	•		•	68 × 2
46 × 2	•		•	23 × 4

11 빈칸에 알맞은 수를 써넣으세요.

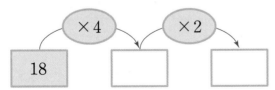

18 → ×4 → ☐ → ×2 → ☐

12 자두를 11개씩 6바구니에 담았습니다. 자두는 모두 몇 개인지 곱셈식을 쓰고 답을 구하세요.

식 _____

답 _____

13 세호는 동화책을 하루에 19쪽씩 읽어서 4일 만에 다 읽었습니다. 동화책은 모두 몇 쪽인지 곱셈식을 쓰고 답을 구하세요.

식 _____

답 _____

14 월드컵 예선 대회에서는 한 팀에 23명으로 구성된 축구팀 4팀이 한 조를 이룹니다. 한 조의 축구 선수는 모두 몇 명일까요?

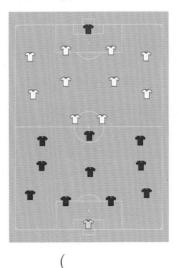

( )

15 계산이 잘못된 곳을 찾아 바르게 고치세요.

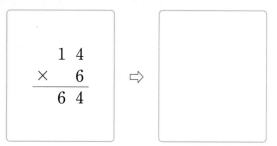

$$\begin{array}{r} 1\ 4 \\ \times\ \ \ 6 \\ \hline 6\ 4 \end{array}$$

$\Rightarrow$

16 준이는 하루에 45분씩 맨손 체조를 합니다. 준이가 일주일 동안 맨손 체조를 하는 시간은 모두 몇 분일까요?

( )

17 1보다 큰 한 자리 수 중에서 ☐ 안에 들어갈 수 있는 수를 모두 구하세요.

$$19 \times 5 > 27 \times \boxed{}$$

( )

18 빈 곳에 지워진 숫자를 써넣으세요.

19 세 장의 수 카드를 한 번씩만 사용하여 (몇십몇) ×(몇)의 곱셈식을 만들려고 합니다. 곱이 가장 큰 곱셈식과 곱이 가장 작은 곱셈식을 각각 만들고, 그 곱을 구하세요.

3 **5** **7**

곱이 가장 큰 식: $\boxed{}\boxed{} \times \boxed{} = \boxed{}$

곱이 가장 작은 식: $\boxed{}\boxed{} \times \boxed{} = \boxed{}$

20 ☐ 안에 알맞은 숫자를 써넣으세요.

$$\begin{array}{r} \boxed{}\ \boxed{} \\ \times\ \ \ \ \ 4 \\ \hline 1\ 7\ 6 \end{array}$$

1~20번까지의 단원평가 유사 문제 제공

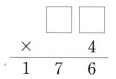

과정 중심 평가 문제

21 집 앞에 보도블록을 깔고 있습니다. 보도블록 150개 중에서 14개씩 5줄을 사용했다면 남은 보도블록은 몇 개인지 알아보세요.

(1) 사용한 보도블록은 몇 개일까요?

(   )

(2) 사용하고 남은 보도블록은 몇 개일까요?

(   )

과정 중심 평가 문제

22 과일 가게 아저씨께서 오렌지는 15개씩 6줄로, 사과는 18개씩 5줄로 놓았습니다. 과일 가게 아저씨가 놓은 오렌지와 사과는 모두 몇 개인지 알아보세요.

(1) 오렌지는 모두 몇 개일까요?

(   )

(2) 사과는 모두 몇 개일까요?

(   )

(3) 오렌지와 사과는 모두 몇 개일까요?

(   )

과정 중심 평가 문제

23 정은이는 수 모형을 사용하여 사탕의 수를 곱셈식으로 나타내었습니다. 파란색 숫자 9가 나타내는 것을 보기 와 같이 쓰세요.

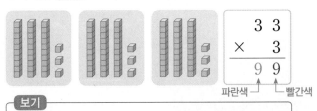

$$\begin{array}{r} 3\ 3 \\ \times\quad 3 \\ \hline 9\ 9 \end{array}$$

파란색 ┘ └ 빨간색

보기

• 빨간색 숫자 9는 일 모형 9개를 나타냅니다.

• 빨간색 숫자 9는 $3+3+3=9$를 나타냅니다.

• 빨간색 숫자 9는 $3 \times 3 = 9$를 나타냅니다.

_____

_____

_____

_____

과정 중심 평가 문제

24 ☐ 안에 들어갈 수 있는 한 자리 수들의 합은 얼마인지 풀이 과정을 쓰고 답을 구하세요.

$$30 \times 4 < 40 \times \boxed{} < 50 \times 6$$

풀이 _____

_____

_____

답 _____

배점	1~20번	4점	점수
	21~24번	5점	

틀린 문제 저장! 출력!

4. 곱셈   **103**

5 길이와 시간

동영상 강의

스케줄 확인

오답노트 만들기

웹툰으로 단원 미리보기 5화_ 조개를 잡으러 바다로 갈까나?

 QR코드를 스캔하여 이어지는 내용을 확인하세요.

2-1 **2-2** 1 cm와 1 m

- 1 cm ⇨
(1 센티미터)　1 cm

- 1 m ⇨ 1 m＝100 cm
(1 미터)

2-2 시각 읽기

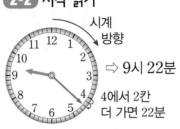

⇨ 9시 22분

4에서 2칸
더 가면 22분

2-2 1시간, 1일, 1주일, 1년

- 1시간 ＝ 60분

- 1일 ＝ 24시간

- 1주일 ＝ 7일

- 1년 ＝ 12개월

이 단원에서 **배울 내용**

1 Step	**교과 개념**	1 cm보다 작은 단위
1 Step	**교과 개념**	1 m보다 큰 단위
1 Step	**교과 개념**	길이와 거리를 어림하고 재기
2 Step	**교과 유형 익힘**	
1 Step	**교과 개념**	1분보다 작은 단위
2 Step	**교과 유형 익힘**	
1 Step	**교과 개념**	시간의 덧셈
1 Step	**교과 개념**	시간의 뺄셈
2 Step	**교과 유형 익힘**	
3 Step	**문제 해결**	잘 틀리는 문제　서술형 문제
4 Step	**실력 UP 문제**	
☆	**단원 평가**	

이 단원을 배우면 길이의 단위인 mm, km와 시간의 단위인 초를 알 수 있어요. 또 시간의 덧셈, 뺄셈을 할 수 있어요.

개념1 1 mm 알아보기

- **1 mm**: 1 cm를 10칸으로 똑같이 나누었을 때
  작은 눈금 한 칸의 길이

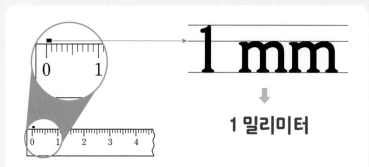

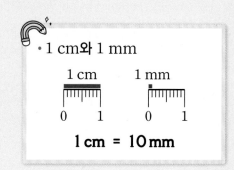

개념2 길이를 몇 cm 몇 mm로 나타내기

- 21 cm보다 5 mm 더 긴 것

➡ 21 cm 5 mm
21 센티미터 5 밀리미터

21 cm 5 mm = 215 mm

21 cm는 210 mm이므로
21 cm 5 mm＝210 mm＋5 mm＝215 mm

참고 길이의 합과 차

	2 cm	4 mm
＋	1 cm	3 mm
	3 cm	7 mm

	7 cm	5 mm
－	2 cm	3 mm
	5 cm	2 mm

길이의 합과 차는
같은 단위끼리 계산합니다.

개념확인 1 ☐ 안에 알맞은 수나 단위를 써넣으세요.

(1) 1 cm는 ☐ mm와 같습니다.

(2) 15 cm보다 5 mm 더 긴 것을 15 ☐ 5 ☐ 라 씁니다.

개념확인 2 자를 사용하여 주어진 길이를 그어 보세요.

(1) 1 cm 6 mm ⇨ |--------------------------------

(2) 23 mm ⇨ |--------------------------------

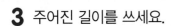

3 주어진 길이를 쓰세요.

15 센티미터 8 밀리미터

_____

_____

4 주어진 길이를 읽으세요.

(1) 75 mm

( )

(2) 25 cm 7 mm

( )

5 볼펜 뚜껑의 길이를 재는 그림을 보고 물음에 답하세요.

(1) 볼펜 뚜껑의 길이는 2 cm보다 몇 mm 더 길까요?

( )

(2) 볼펜 뚜껑의 길이는 몇 mm일까요?

( )

6 그림을 보고 길이를 나타내세요.

(1)

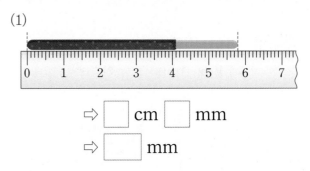

⇨ ☐ cm ☐ mm

⇨ ☐ mm

(2)

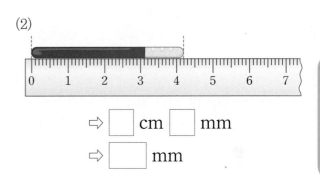

⇨ ☐ cm ☐ mm

⇨ ☐ mm

7 지우개의 길이를 자로 재어 보세요.

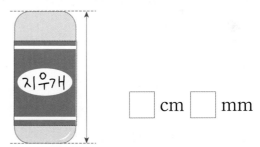

☐ cm ☐ mm

8 ☐ 안에 알맞은 수를 써넣으세요.

(1) 5 cm 2 mm = ☐ mm + 2 mm

= ☐ mm

(2) 47 mm = 40 mm + 7 mm

= ☐ cm ☐ mm

개념1 1 km 알아보기

•**1 km**: 1000 m를 1 km라 쓰고 1 **킬로미터**라고 읽습니다.

• 1 km와 1 m

| 1 km | = | 1 m로
1000번 |

1 km = 1000 m

| 1 mm | 1 cm | 1 m | 1 km |
| 10 mm=1 cm | 100 cm=1 m | | 1000 m=1 km |

개념2 길이를 몇 km 몇 m로 나타내기

•3 km보다 500 m 더 긴 것

➡ 3 km 500 m
3 킬로미터 500 미터

3 km 500 m = 3500 m

3 km는 3000 m이므로
3 km 500 m＝3000 m＋500 m
　　　　　　＝3500 m

참고 길이의 합과 차

```
    3 km  500 m          4 km  700 m
+   6 km  200 m      -   2 km  300 m
─────────────       ─────────────
    9 km  700 m          2 km  400 m
```

• m 단위끼리의 합이 1000이거나 1000보다 크면 km 단위로 받아올림합니다.

• m 단위끼리 뺄 수 없으면 km 단위에서 받아내림합니다.

개념확인 1 ☐ 안에 알맞은 수를 써넣으세요.

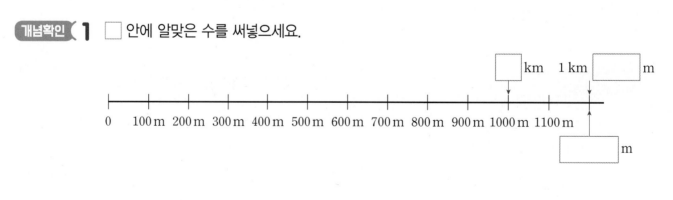

개념확인 2 ☐ 안에 알맞은 수를 써넣으세요.

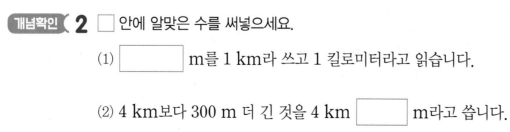

(1) ☐ m를 1 km라 쓰고 1 킬로미터라고 읽습니다.

(2) 4 km보다 300 m 더 긴 것을 4 km ☐ m라고 씁니다.

어느 교과서로 배우더라도 꼭 알아야 하는 **10종 교과서 기본 문제**

3 주어진 길이를 쓰세요.

> 1 킬로미터 390 미터

_____

_____

4 주어진 길이를 읽으세요.

> 8 km

(   )

5 ☐ 안에 알맞은 수를 써넣으세요.

(1) 5 km = ☐ m

(2) 7000 m = ☐ km

6 ☐ 안에 알맞은 수를 써넣으세요.

(1) 2 km보다 400 m 먼 거리

⇨ ☐ km ☐ m

(2) 7 km보다 189 m 먼 거리

⇨ ☐ km ☐ m

7 수직선을 보고 ☐ 안에 알맞은 수를 써넣으세요.

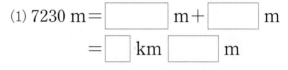

☐ km ☐ m

8 ☐ 안에 알맞은 수를 써넣으세요.

(1) 7230 m = ☐ m + ☐ m

= ☐ km ☐ m

(2) 8 km 300 m = ☐ km + 300 m

= ☐ m + 300 m

= ☐ m

9 같은 길이끼리 선으로 이으세요.

2450 m	•		•	2 km 450 m
4520 m	•		•	5 km 420 m
5420 m	•		•	4 km 520 m

1 Step 교과 개념

길이와 거리를 어림하고 재기

개념1 길이를 어림하고 재기

• **지우개의 길이를 어림하고 재기**

너비가 1 cm인 손가락으로 4번 재어야 합니다.
지우개의 길이를 어림하기 ➡ **약 4 cm**

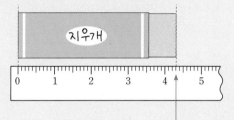

자로 잰 길이 : 4 cm 3 mm

• **연필의 길이를 어림하고 재기**

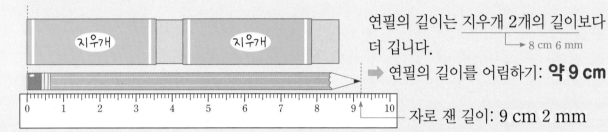

연필의 길이는 지우개 2개의 길이보다
더 깁니다. ──→ 8 cm 6 mm

➡ 연필의 길이를 어림하기: **약 9 cm**

자로 잰 길이: 9 cm 2 mm

개념2 알맞은 단위 고르기

버스의 길이 ➡ 약 12 **m**

등산로의 총 길이 ➡ 약 2 **km**

과자의 가로 길이 ➡ 약 26 **mm**

개념3 거리를 어림하고 재기

공연장에서
슈퍼마켓까지의 거리: 약 500 m ─┐

슈퍼마켓에서
놀이동산까지의 거리: 약 500 m ─┘

공연장에서 **놀이동산**까지의 거리
어림하기 ➡ 약 1 km
500＋500＝1000 (m) → 1 km

개념확인 1 연필의 길이를 어림하고 자로 재어 확인해 보세요.

어림한 길이	자로 잰 길이

2 길이가 1 m보다 긴 것을 찾아 기호를 쓰세요.

> ㉠ 빨대의 길이 　 ㉡ 수학책의 길이
> ㉢ 필통의 길이 　 ㉣ 교실 문의 높이

(　　　　)

3 보기 에서 알맞은 길이를 찾아 문장을 완성하세요.

(1)
| 보기 |
| 17 cm | 8 m 50 cm | 2 km 400 m |

필통의 길이는 약 [　　　　]
입니다.

(2)
| 보기 |
| 13 mm | 2 m 20 cm | 5 km 800 m |

교실 문의 높이는 약 [　　　　]
입니다.

4 □ 안에 알맞은 단위를 찾아 써넣으세요.

> mm, cm, m, km

(1) 볼펜의 길이는 약 150 [　　] 입니다.

(2) 친구의 키는 약 132 [　　] 입니다.

(3) 칠판의 긴 쪽의 길이는 약 3 [　　] 입니다.

(4) 한라산의 높이는 약 2 [　　] 입니다.

5 길이가 1 km보다 긴 것을 찾아 기호를 쓰세요.

> ㉠ 자동차의 길이 　 ㉡ 지리산의 높이
> ㉢ 7층 건물의 높이 　 ㉣ 교실 긴 쪽의 길이

(　　　　)

6 □ 안에 알맞은 거리를 써넣으세요.

(1)
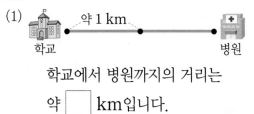

학교에서 병원까지의 거리는
약 [　] km입니다.

(2)

집에서 도서관까지의 거리는
약 [　] km [　　] m입니다.

7 지도를 보고 학교에서 약 600 m 떨어져 있는 장소를 찾아 쓰세요.

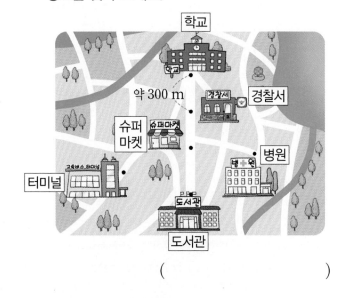

(　　　　)

2 Step 교과 유형 익힘

[10종]

1 mm, 1 km, 길이와 거리를 어림하고 재기

01 ☐ 안에 알맞은 수를 써넣으세요.

(1) 5000 m = ☐ km

(2) 7 km = ☐ m

(3) 5900 m = ☐ km ☐ m

(4) 2 km 400 m = ☐ m

02 크레파스의 길이를 구하세요.

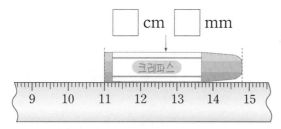

☐ cm ☐ mm

03 같은 길이끼리 선으로 이으세요.

30 km 100 m	•	•	3100 m
3 km 100 m	•	•	30100 m
3 km 10 m	•	•	3010 m

04 ◯ 안에 >, =, <를 알맞게 써넣으세요.

(1) 4 cm 3 mm ◯ 54 mm

(2) 6300 m ◯ 5 km 800 m

05 여러 가지 물건을 자로 잰 길이입니다. ☐ 안에 알맞은 수를 써넣으세요.

지우개	5 cm 6 mm	☐ mm
나뭇잎	☐ cm ☐ mm	34 mm
컵	8 cm 5 mm	☐ mm

06 보기에서 단위를 골라 ☐ 안에 알맞게 써넣으세요.

보기
km   m   cm   mm

(1) 대전에서 부산에 사시는 할아버지 댁까지의 거리는 약 200 ☐ 입니다.

(2) 쌀 한 톨의 길이는 약 5 ☐ 입니다.

(3) 나의 한 뼘은 약 14 ☐ 입니다.

07 ㉮에서 ㉯까지의 길이는 ㉯에서 ㉰까지의 길이보다 몇 km 몇 m 더 짧을까요?

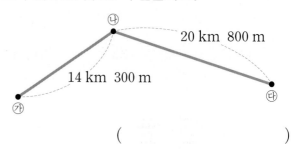

(   )

08 길이가 10 km보다 긴 것을 모두 찾아 기호를 쓰세요.

> ㉠ 서울에서 부산까지의 거리
> ㉡ 학교 운동장에서 교실까지의 거리
> ㉢ 한강의 길이
> ㉣ 병원의 1층 바닥에서 2층 바닥까지의 높이

(   )

09 길이가 가장 긴 것의 기호를 쓰세요.

> ㉠ 8 km 320 m   ㉡ 8100 m
> ㉢ 8508 m   ㉣ 8 km 200 m

(   )

<ins>서술형 문제</ins>

10 기철이네 집에서 도서관까지의 거리는 5090 m 이고, 기철이네 집에서 백화점까지의 거리는 5 km 140 m입니다. 도서관과 백화점 중 기철이네 집에서 더 가까운 곳은 어디인지 풀이 과정을 쓰고 답을 구하세요.

풀이 _____

_____

_____

답 _____

11 길이의 단위를 <u>잘못</u> 사용한 친구 1명을 찾아 ○표 하고, 밑줄 친 부분을 옳게 고치세요.

의사 소통

> 그림을 그리는 데 사용한 색연필은 길이가 <u>10 cm</u>를 넘어.

(   )

> 우리집에서 학교까지 차를 타고 왔어. 거리는 <u>2 mm</u> 정도 되는 것 같아.

(   )

> 내 운동화의 길이는 <u>200 mm</u>였어.

(   )

옳게 고치기

_____

12 마을 지도를 보고 물음에 답하세요.

추론

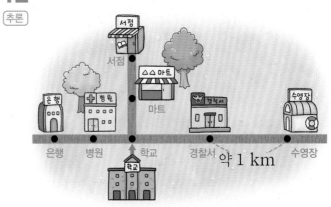

(1) 수영장에서 병원까지의 거리는 약 몇 km 몇 m일까요?

(   )

(2) 학교에서 약 1 km 떨어져 있는 장소를 모두 쓰세요.

(   )

1 Step 교과 개념

개념1 1초 알아보기

- **1초** : 초바늘이 **작은 눈금 한 칸**을 가는 동안 걸리는 시간

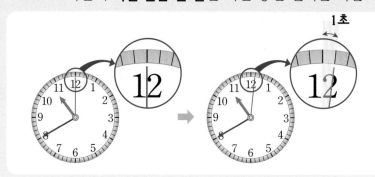

- 작은 눈금 한 칸=1초
- 60초=1분
- 1분 30초=60초+30초
  =90초

- **60초** : 초바늘이 시계를 **한 바퀴** 도는 데 걸리는 시간

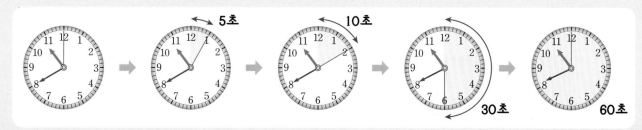

개념2 초 단위까지 시각 읽기

시각을 읽을 때에는 시, 분, 초 단위의 순서로 읽습니다.

① 짧은바늘: 숫자 **2와 3 사이**에 있으므로 **2시**
② 긴바늘: 숫자 **3**을 가리키므로 **15분**
③ 초바늘: 숫자 **4**를 가리키므로 **20초**

➡ **2시 15분 20초**

- **숫자와 시각의 관계**
긴바늘이 가리키는 숫자 ■
⇨ (■×5)분
초바늘이 가리키는 숫자 ■
⇨ (■×5)초

참고 1초 동안 할 수 있는 일: 박수 한 번 치기, 눈 깜박이기, 한 걸음 걷기

개념확인 1 ☐ 안에 알맞은 수를 써넣으세요.

초바늘이 작은 눈금 한 칸을 가는 동안 걸리는 시간은 ☐초입니다.

때 시 | 나눌 분 | 분초 초
時 | 分 | 秒

개념확인 2 ☐ 안에 알맞은 수를 써넣으세요.

(1)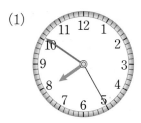
7시 50분 ☐초

(2)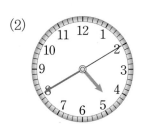
4시 40분 ☐초

3 시계를 보고 물음에 답하세요.

(1) 초바늘이 작은 눈금 한 칸을 가는 동안 걸리는 시간은 몇 초일까요?

(   )

(2) 초바늘이 시계를 한 바퀴 돌려면 작은 눈금 몇 칸을 지나야 할까요?

(   )

4 시계를 보고 시각을 읽으세요.

(1)

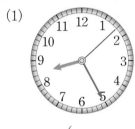

(   )

(2)

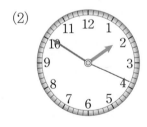

(   )

5 ☐ 안에 알맞은 수를 써넣으세요.

(1) 초바늘이 작은 눈금 60칸을 가는 동안 걸리는 시간은 ☐ 초입니다.

(2) 1분= ☐ 초

6 시계에 초바늘을 그려 넣으세요.

(1)

9시 32분 6초

(2)

1시 40분 23초

7 ☐ 안에 알맞은 수를 써넣으세요.

(1) 90초=60초+ ☐ 초

= ☐ 분 ☐ 초

(2) 2분 20초= ☐ 초+20초

= ☐ 초

8 알맞은 단위에 ○표 하세요.

(1) 줄넘기를 한 번 넘는 데 걸리는 시간은 2 (초 , 분 , 시간)입니다.

(2) 양치질을 하는 데 걸리는 시간은 3 (초 , 분 , 시간)입니다.

2 Step 교과 유형 익힘

01 시계를 보고 시각을 읽으세요.

(   )

02 시계를 보고 시각을 읽으세요.

(1)

(   )

(2)

2:17:37

(   )

03 ☐ 안에 알맞은 수를 써넣으세요.

(1) 5분 20초 = ☐ 초

(2) 270초 = ☐ 분 ☐ 초

04 시계에 초바늘을 그려 넣으세요.

8시 25분 45초

05 1초 동안 할 수 있는 일을 모두 찾아 ○표 하세요.

- 만화 영화 보기   (   )
- 박수 한 번 치기   (   )
- 자리에서 일어나기   (   )
- 100 m 달리기   (   )

06 시각에 맞게 아래의 시계에 초바늘을 그려 넣으세요.

08:20:30

07 시간이 긴 것부터 차례대로 기호를 쓰세요.

> ○ 210초　　○ 151초　　© 2분 9초

(　　　　　　)

08 즉석 밥을 전자레인지에 데우려고 합니다. 데워야 하는 시간은 몇 초일까요?

> 전자레인지를 이용할 때에는 1분 40초 동안 데워 주세요.

(　　　　　　)

09 준서가 집에서 소현이네 집까지 가는 데 205초 걸립니다. 준서네 집에서 소현이네 집까지 가는 데 걸린 시간은 몇 분 몇 초인지 구하세요.

(　　　　　　)

10 네 명의 학생이 1000 m 달리기를 하였습니다. 기록이 빠른 학생부터 차례로 이름을 쓰세요.

이름	기록	이름	기록
지윤	4분 13초	민수	4분 34초
도형	260초	영지	265초

(　　　　　　)

11 [추론] [보기]와 같은 방법으로 □ 안에 알맞은 시간의 단위를 써넣으세요.

> [보기]
> 하루에 잠을 자는 시간: 9 [시간]

(1) 점심 식사를 하는 시간: 30 [　]

(2) 만화 영화 한 편을 보는 시간: 2 [　]

(3) 물 한 모금을 마시는 시간: 4 [　]

12 [창의융합] [보기]에서 알맞은 시간을 골라 일기를 완성하세요.

> [보기]
> 30초　　2시간　　630분

> 오늘 집에서 영화를 보기로 했다.
> 영화가 시작하기 전에 [　] 동안 광고가 나왔다.
> 영화 상영 시간은 [　]이었다.

🖋 **서술형 문제**

13 [정보처리] 철봉에 현주는 2분 40초 동안 매달렸고, 한석이는 150초 동안 매달렸습니다. 철봉에 더 오래 매달린 친구는 누구인지 찾고 그 까닭을 쓰세요.

[답] _____

[까닭] _____
_____
_____

5단원

진도 완료 체크

개념1 시간의 덧셈

• 9시 10분 50초＋3분 5초 계산하기

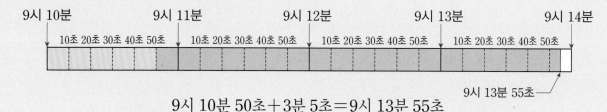

9시 10분 50초＋3분 5초＝9시 13분 55초

$$
\begin{array}{r}
9\text{시 }10\text{분 }50\text{초} \\
+\ 3\text{분 }\ 5\text{초} \\
\hline
55\text{초}
\end{array}
$$
초는 초끼리 계산

$$
\begin{array}{r}
9\text{시 }10\text{분 }50\text{초} \\
+\ 3\text{분 }\ 5\text{초} \\
\hline
13\text{분 }55\text{초}
\end{array}
$$
분은 분끼리 계산

$$
\begin{array}{r}
9\text{시 }10\text{분 }50\text{초} \\
+\ 3\text{분 }\ 5\text{초} \\
\hline
9\text{시 }13\text{분 }55\text{초}
\end{array}
$$
시는 시끼리 계산

• 시간의 덧셈
시각에 시간을 더하면 시각이 됩니다.
시간에 시간을 더하면 시간이 됩니다.

• 6시 15분 55초＋10초 계산하기

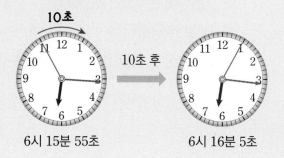

6시 15분 55초   6시 16분 5초

$$
\begin{array}{r}
6\text{시 }15\text{분 }55\text{초} \\
+\ \ 10\text{초} \\
\hline
6\text{시 }16\text{분 }\ 5\text{초}
\end{array}
$$
55＋10＝65이므로
분 단위로
받아올림합니다.

주의 초끼리 더해서 60이거나 60보다 크면 60초＝1분을 이용합니다.

개념확인 1 ☐ 안에 알맞은 수를 써넣으세요.

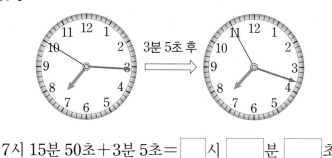

3분 5초 후

7시 15분 50초＋3분 5초＝☐시☐분☐초

$$
\begin{array}{r}
7\text{시 }\ 15\text{분 }\ 50\text{초} \\
+\ \ 3\text{분 }\ \ 5\text{초} \\
\hline
\ \ ☐\text{시 }\ ☐\text{분 }\ ☐\text{초}
\end{array}
$$

어느 교과서로 배우더라도 꼭 알아야 하는 **10종 교과서 기본 문제**

2 시간의 덧셈을 하여 ☐ 안에 알맞은 수를 써넣으세요.

(1)
```
      4 분   30 초
  +   5 분   10 초
  ─────────────────
    ☐ 분   ☐ 초
```

(2)
```
     23 분   15 초
  +   3 분   30 초
  ─────────────────
     26 분   ☐ 초
```

3 시간의 덧셈을 하여 ☐ 안에 알맞은 수를 써넣으세요.

(1)
```
   8시   30 분   10 초
  +       10 분   40 초
  ──────────────────────
   8시   ☐ 분   ☐ 초
```

(2)
```
   3시   10 분   25 초
  +        5 분   10 초
  ──────────────────────
   3시   ☐ 분   ☐ 초
```

4 10초 후의 시각을 구하려고 합니다. ☐ 안에 알맞은 수를 써넣으세요.

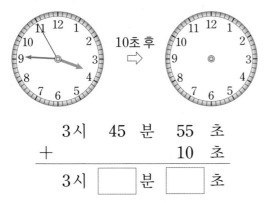

```
   3시   45 분   55 초
  +               10 초
  ──────────────────────
   3시   ☐ 분   ☐ 초
```

5 빈 곳에 알맞은 시간을 써넣으세요.

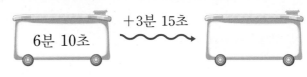

6 계산을 바르게 한 것에 ○표 하세요.

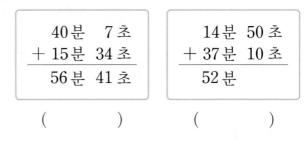

```
     40 분    7 초
  + 15 분   34 초
  ─────────────────
     56 분   41 초
```
```
     14 분   50 초
  + 37 분   10 초
  ─────────────────
     52 분
```

(   )   (   )

7 계산을 하세요.

(1) 2시간 8분 25초 + 3시간 10분 40초

(2) 1시 55분 20초 + 2시간 30분 20초

8 지금 시각은 오후 3시 27분 30초입니다. 시연이가 탈 버스는 4분 50초 후에 도착합니다. 시연이가 탈 버스가 도착하는 시각을 구해 보세요.

```
   3 시   27 분   30 초
  +        4 분   50 초
  ──────────────────────
   ☐ 시   ☐ 분   ☐ 초
```

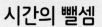
1 Step 교과 개념

개념1 시간의 뺄셈

• 7시 30분 20초 − 1시간 15분 5초 계산하기

7시	30분	20초
− 1시간	15분	5초
		15초

초는 초끼리 계산

7시	30분	20초
− 1시간	15분	5초
	15분	15초

분은 분끼리 계산

7시	30분	20초
− 1시간	15분	5초
6시	15분	15초

시는 시끼리 계산

• 10시 10분 − 15분 계산하기

9시 55분 ← 15분 전 ← 10시 10분

$$\begin{array}{r} 10\text{시 }10\text{분} \\ -\quad 15\text{분} \\ \hline 9\text{시 }55\text{분} \end{array}$$

10시 10분을 9시 70분으로 생각합니다.

9시 70분 − 15분 = 9시 55분

참고 분끼리 뺄 수 없으면 1시간을 60분으로 받아내림합니다.

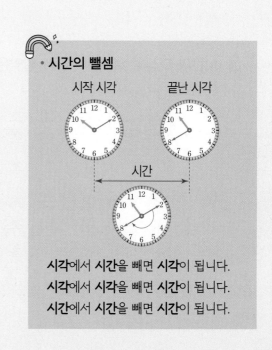

• 시간의 뺄셈

시작 시각	끝난 시각

시간

시각에서 **시간**을 빼면 **시각**이 됩니다.
시각에서 **시각**을 빼면 **시간**이 됩니다.
시간에서 **시간**을 빼면 **시간**이 됩니다.

개념확인 **1** ☐ 안에 알맞은 수를 써넣으세요.

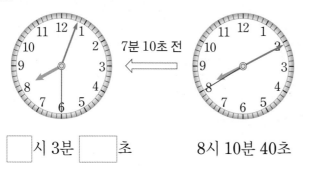

7분 10초 전

☐시 3분 ☐초 ← 8시 10분 40초

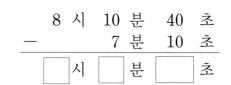

8 시	10 분	40 초
−	7 분	10 초
☐시	☐분	☐초

2 시간의 뺄셈을 하여 □ 안에 알맞은 수를 써넣으세요.

(1)
```
    8 분   40 초
 −  6 분   10 초
   □ 분   □ 초
```

(2)
```
    8 분   50 초
 −  3 분   15 초
   □ 분   □ 초
```

3 시간의 뺄셈을 하여 □ 안에 알맞은 수를 써넣으세요.

(1)
```
   12 시   50 분   40 초
 −  6 시   35 분   20 초
   □ 시간  □ 분   □ 초
```

(2)
```
   10 시   20 분   30 초
 −  4 시   10 분    5 초
   □ 시간  □ 분   □ 초
```

4 15분 전의 시각을 구하려고 합니다. □ 안에 알맞은 수를 써넣으세요.

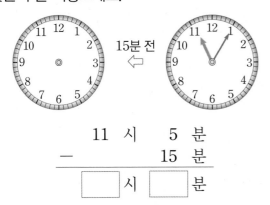

```
   11 시    5 분
 −        15 분
   □ 시   □ 분
```

5 계산을 하세요.

(1)
```
    4 시간   15 분   20 초
 −  2 시간   13 분   25 초
```

(2)
```
   12 시    56 분   58 초
 −  6 시간   45 분   40 초
```

6 지금은 8시 5분입니다. 10분 전의 시각을 시계에 그려 넣으세요.

7 동하와 신영이의 200 m 수영 기록입니다. 동하와 신영이의 기록의 차를 구하세요.

이름	기록
동하	3분 10초
신영	3분 4초

(   )

01 시계의 시각에서 6분 50초 후의 시각을 구하세요.

( )

02 시계의 시각에서 10분 20초 전의 시각을 구하세요.

( )

03 기차가 출발한 시각과 도착한 시각을 보고 서울에서 부산까지 가는 데 걸린 시간은 몇 시간 몇 분인지 구하세요.

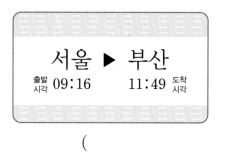

서울 ▶ 부산

출발시각 09:16   11:49 도착시각

( )

04 10시 30분에 표에 있는 음악을 동시에 틀었을 때, 음악이 끝나는 시각을 빈칸에 각각 써넣으세요.

음악 종류	재생 시간	끝나는 시각
동요	3분 10초	
가요	3분 45초	
피아노 연주곡	4분 14초	

05 가영이가 수영을 시작한 시각과 끝낸 시각입니다. 가영이가 수영을 한 시간은 몇 분 몇 초일까요?

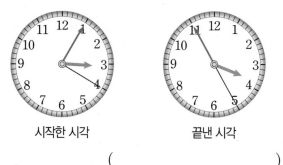

시작한 시각   끝낸 시각

( )

06 소영이는 버스 정류장에 오후 3시 3분에 도착하여 오후 3시 20분에 출발하는 버스를 타려고 합니다. 소영이가 버스를 기다려야 하는 시간은 몇 분일까요?

( )

07 가 버스와 나 버스가 달린 시간입니다. 두 버스가 달린 시간의 차는 몇 분 몇 초일까요?

가 버스	나 버스
2시간 37분 35초	2시간 50분 40초

( )

08 신영이네 집에서 현우네 집까지는 걸어서 25분이 걸립니다. 신영이가 집에서 4시 30분에 출발하여 현우네 집까지 걸어간다면 몇 시 몇 분에 도착할까요?

( )

09 곤충 박물관에서 본 산호랑나비의 우화 과정입니다. 산호랑나비가 우화를 하는 데 걸린 시간을 구하세요.

번데기에서 나비가 나오는 것

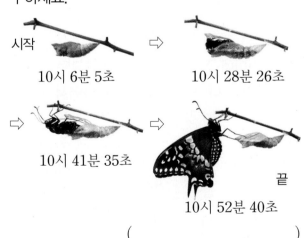

시작
10시 6분 5초   10시 28분 26초

10시 41분 35초

끝
10시 52분 40초

( )

10 영주가 음악을 듣고 난 시각을 다음과 같이 잘못계산했습니다. 물음에 답하세요.

> 음악을 9시 50분부터 2분 45초 동안 들었으니까 음악을 듣고 난 시각은 이렇게 계산할 수 있어요.

```
   9시  50분
+     2분  45초
     12분  35초
```

(1) 영주의 계산이 잘못된 까닭을 쓰세요.

_____

_____

(2) 음악을 듣고 난 시각을 구하세요.

( )

11 문제해결 예준이는 리코더 연습을 하고 글쓰기 연습을 했습니다. 글쓰기 연습을 끝낸 시각이 12시 5분 40초일 때 리코더 연습을 시작한 시각을 구하세요.

리코더 연습	10분 10초
글쓰기 연습	22분 26초

( )

12 문제해결 두 영화 중 어느 영화의 상영 시간이 얼마나 더 긴지 구하세요.

제목	시작 시각	끝난 시각
밀림 모험	14 : 45	16 : 30
북극 탐험	17 : 08	19 : 20

[   ]이 [   ]분 더 깁니다.

유형1 **길이 비교하기**

1 전망대에서 가까운 순서대로 건물의 이름을 쓰세요.

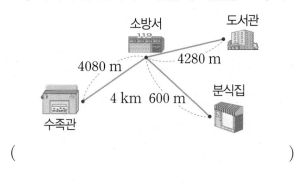

기차역 ─ 7500 m ─ 전망대 ─ 7350 m ─ 수족관

7 km 200 m ─ 병원

( )

Solution 1 km=1000 m임을 이용하여 길이를 비교합니다.

1-1 소방서에서 먼 순서대로 건물의 이름을 쓰세요.

소방서 ─ 도서관
4080 m ─ 4280 m
4 km 600 m
수족관 ─ 분식집

( )

1-2 학교에서 가까운 순서대로 건물의 이름을 쓰세요.

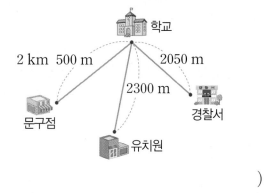

학교
2 km 500 m ─ 2050 m
2300 m
문구점 ─ 유치원 ─ 경찰서

( )

유형2 **더 가까운(먼) 길 찾기**

2 은비네 집에서 도서관에 가는 길은 다음과 같습니다. 병원과 노래방 중에서 어느 곳을 거쳐서 가는 길이 더 가까울까요?

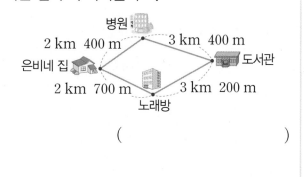

병원
2 km 400 m ─ 3 km 400 m
은비네 집 ─ 도서관
2 km 700 m ─ 3 km 200 m
노래방

( )

Solution 길이의 합을 각각 계산하여 두 가지 길 중에 더 짧은 길을 찾아야 합니다.

2-1 창우네 집에서 수영장에 가는 길은 다음과 같습니다. 놀이터와 분식집 중에서 어느 곳을 거쳐서 가는 길이 더 가까울까요?

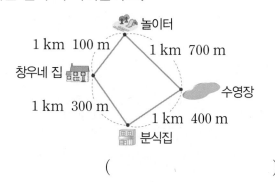

놀이터
1 km 100 m ─ 1 km 700 m
창우네 집 ─ 수영장
1 km 300 m ─ 1 km 400 m
분식집

( )

2-2 현미네 집에서 콘서트장까지 가는 길은 다음과 같습니다. 도서관과 우체국 중에서 어느 곳을 거쳐서 가는 길이 더 멀까요?

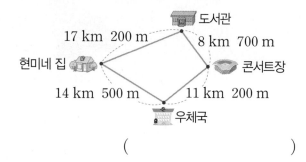

도서관
17 km 200 m ─ 8 km 700 m
현미네 집 ─ 콘서트장
14 km 500 m ─ 11 km 200 m
우체국

( )

유형3 출발한(도착한) 시각 구하기

3 성원이는 집에서 출발한 지 1시간 17분 30초 후인 10시 25분 45초에 미술관에 도착했습니다. 성원이가 집에서 출발한 시각을 구하세요.

( )

Solution 출발한 시각을 구할 때는 시간의 뺄셈, 도착한 시각을 구할 때는 시간의 덧셈을 이용하여 구합니다.

3-1 혜정이는 집에서 출발한 지 1시간 32분 47초 후인 4시 45분 50초에 병원에 도착했습니다. 혜정이가 집에서 출발한 시각을 구하세요.

( )

3-2 은비는 집에서 9시 15분 28초에 출발하여 1시간 20분 25초 후에 도서관에 도착했습니다. 은비가 도서관에 도착한 시각을 구하세요.

( )

3-3 은우가 콘서트장에 도착한 시각은 3시 18분 38초이고, 콘서트는 12분 30초 전에 시작했습니다. 콘서트는 몇 시 몇 분 몇 초에 시작하였을까요?

( )

유형4 낮의 길이 구하기

4 어느 날 해가 뜬 시각은 오전 6시 37분이고 해가 진 시각은 오후 5시 30분입니다. 이날 낮의 길이는 몇 시간 몇 분일까요?

( )

Solution 낮의 길이는 해가 떴다가 질 때까지의 시간입니다. 낮 12시를 기준으로 오전의 낮의 시간과 오후의 낮의 시간을 더하여 구할 수 있습니다.

4-1 어느 날 해가 뜬 시각은 오전 6시 35분이고 해가 진 시각은 오후 6시 15분입니다. 이날 낮의 길이는 몇 시간 몇 분일까요?

( )

4-2 어느 날 해가 뜬 시각은 오전 7시 55분이고 해가 진 시각은 오후 5시 50분입니다. 이날 낮의 길이는 몇 시간 몇 분일까요?

( )

4-3 어느 날 낮의 길이는 12시간 55분이었습니다. 이날 해가 뜬 시각이 오전 6시 16분이었다면 해가 진 시각은 오후 몇 시 몇 분일까요?

( )

3 Step 문제 해결 서술형 문제

유형5

🔔 문제 해결 Key
농장에서 포도밭을 거쳐 보건소까지의 거리를 구합니다.

📖 문제 해결 전략
❶ 농장에서 포도밭까지의 거리 구하기
❷ 포도밭에서 보건소까지의 거리 구하기
❸ 두 거리의 합을 구하기

5 ① 농장에서 포도밭을 거쳐 ② 보건소까지 가는 길은 몇 km 몇 m ③인지 풀이 과정을 보고 ☐ 안에 알맞은 수를 써넣어 답을 구하세요.

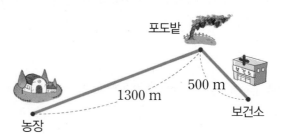

풀이 ❶ 농장에서 포도밭까지의 거리: 1300 m＝1 km ☐ m

❷ 포도밭에서 보건소까지의 거리: ☐ m

❸ 농장에서 보건소까지의 거리: 1 km ☐ m＋500 m

＝☐ km ☐ m

답 _____

5-1 연습 문제

학교에서 경찰서를 거쳐 도서관까지 가는 길은 몇 km 몇 m인지 풀이 과정을 쓰고 답을 구하세요.

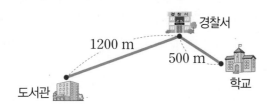

풀이

❶ 학교에서 경찰서까지의 거리 구하기

❷ 경찰서에서 도서관까지의 거리 구하기

❸ 학교에서 도서관까지의 거리 구하기

답 _____

5-2 실전 문제

농장에서 당근밭까지 가는 ㉮ 길과 ㉯ 길 중 어느 길이 몇 m 더 짧은지 풀이 과정을 쓰고 답을 구하세요.

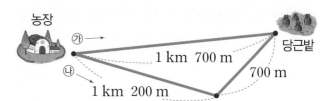

풀이

답 _____ ,

유형6

① 문제 해결 Key
시작한 시각과 끝난 시각의 차를 구합니다.

문제 해결 전략
❶ 달리기를 시작한 시각과 끝낸 시각 알아보기
❷ 달리기를 한 시간 구하기

6 봉주가 달리기를 1시 25분 37초에 시작하여 2시 50분 55초에 끝냈습니다. 봉주가 달리기를 몇 시간 몇 분 몇 초 동안 하였는지 풀이 과정을 보고 ☐ 안에 알맞은 수를 써넣어 답을 구하세요.

달리기를 시작한 시각	1시 25분 37초
달리기를 끝낸 시각	2시 50분 55초

풀이 ❶ 달리기를 시작한 시각은 1시 25분 37초이고,

끝낸 시각은 ☐시 ☐분 ☐초입니다.

❷ 달리기를 ☐시 ☐분 ☐초 − 1시 25분 37초

= ☐시간 ☐분 ☐초 동안 하였습니다.

답 _____

5 단원

진도 완료 체크

6-1 연습 문제

성아네 반에서 학급 회의를 했습니다. 회의는 2시 10분 25초에 시작하여 1시간 30분 30초 동안 했습니다. 회의가 끝난 시각은 몇 시 몇 분 몇 초인지 풀이 과정을 쓰고 답을 구하세요.

풀이

❶ 회의를 시작한 시각과 회의를 한 시간 알아보기

❷ 회의가 끝난 시각 구하기

답 _____

6-2 실전 문제

동훈이와 은비가 만화 영화를 보았습니다. 만화 영화는 7시 30분 30초에 시작하여 9시 47분 40초에 끝났습니다. 만화 영화는 몇 시간 몇 분 몇 초 동안 하였는지 풀이 과정을 쓰고 답을 구하세요.

풀이

답 _____

4 Step 실력UP 문제

01 마트에서 주변에 있는 장소까지의 거리를 어림해 보려고 합니다. 물음에 답하세요.

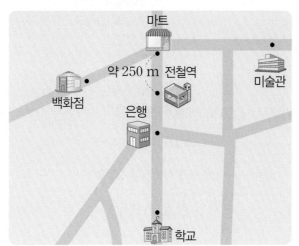

(1) 마트에서 약 500 m 떨어져 있는 장소를 모두 쓰세요.

( )

(2) 마트에서 약 1 km 떨어져 있는 장소를 쓰세요.

( )

서술형 문제

02 지민이가 서울역에서 오후 1시 25분에 출발하여 수원역까지 가는 데 56분이 걸렸습니다. 수원역에 도착한 시각은 오후 몇 시 몇 분인지 식을 쓰고 답을 구하세요.

식 _____

답 _____

서술형 문제

03 소연이와 정우가 각각 피아노 연주를 한 시간입니다. 소연이와 정우의 연주 시간의 차는 몇 초인지 식을 쓰고 답을 구하세요.

| 소연: 1분 54초 | 정우: 2분 7초 |

식 _____

답 _____

04 민결이가 ㉮에서 출발하여 정상에 갈 때에는 2시간 19분이 걸렸고 ㉯에서 출발하여 정상에 갈 때에는 3시간 15분이 걸렸습니다. ㉯에서 출발하는 것이 ㉮에서 출발하는 것보다 얼마나 오래 걸리는지 구하세요.

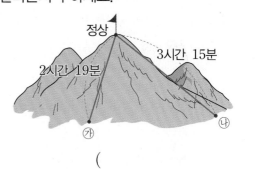

( )

05 정민이네 집에서 도서관까지의 거리는 2 km 550 m입니다. 은행에서 전철역까지의 거리는 몇 km 몇 m일까요?

470 m ? 1 km
정민이네   은행   전철역   도서관
집

( )

06 색 테이프 2장을 그림과 같이 겹쳐지게 이어 붙였습니다. 이은 색 테이프 전체의 길이는 몇 cm 몇 mm일까요?

13 cm 3 mm   10 cm 6 mm

3 cm 8 mm

(   )

07 어느 날 해가 뜬 시각은 오전 6시 35분이었고 해가 진 시각은 오후 7시 11분이었습니다. 이날의 낮의 길이는 몇 시간 몇 분일까요?

(   )

08 지금 시각은 5시 5분 50초입니다. 지금부터 200초 후의 시각은 몇 시 몇 분 몇 초인지 구하세요.

(   )

09 철인 3종 경기에서 5번 선수와 8번 선수의 기록표가 물에 젖어 일부가 지워졌습니다. 출발 시각이 오전 10시일 때 기록표를 보고 물음에 답하세요.

5번 선수	8번 선수
전체 기록 2시간 54분 27초	전체 기록 2시간 58분 49초

5번 선수		8번 선수	
출발 시각	10:00:00	출발 시각	10:00:00
수영 기록	00:41:18	수영 기록	00:42:13
자전거 기록	01:12:03	자전거 기록	
달리기 기록		달리기 기록	01:03:26
도착 시각		도착 시각	12:58:49

(1) 5번 선수의 도착 시각은 오후 몇 시 몇 분 몇 초일까요?

(   )

(2) 5번 선수의 달리기 기록은 몇 시간 몇 분 몇 초일까요?

(   )

(3) 8번 선수의 자전거 기록은 몇 시간 몇 분 몇 초일까요?

(   )

5
단원

진도 완료
체크

10 지현이는 높이가 65 cm 3 mm인 탁자에 올라서서 바닥에서부터 머리끝까지의 길이를 재었더니 221 cm 5 mm였습니다. 지현이가 높이가 49 cm 7 mm인 의자에 올라서서 바닥에서부터 머리끝까지의 길이를 재면 몇 cm 몇 mm가 될까요?

(   )

01 ☐ 안에 알맞은 수를 써넣으세요.

> 1 cm를 10칸으로 똑같이 나누었을 때 작은 눈금 한 칸의 길이를 ☐ mm라고 합니다.

02 시계를 보고 ☐ 안에 알맞은 수를 써넣으세요.

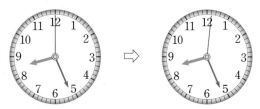

초바늘이 작은 눈금 한 칸을 가는 동안 걸리는 시간은 ☐ 초입니다.

03 알맞은 단위를 찾아 ○표 하세요.
(1) 교통 카드 1장의 두께는 약 1 (mm , cm) 입니다.
(2) 서울에서 제주도까지의 거리는 약 475 (m , km)입니다.

04 초바늘이 시계를 한 바퀴 도는 데 걸리는 시간은 몇 초일까요?

(   )

05 시계를 보고 시각을 읽으세요.

(   )

06 같은 길이끼리 선으로 이으세요.

5 cm 7 mm •		• 4600 m
8 cm 8 mm •		• 5300 m
4 km 600 m •		• 57 mm
5 km 300 m •		• 88 mm

07 형광펜의 길이는 몇 cm 몇 mm일까요?

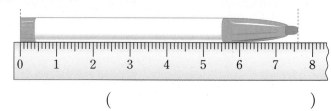

(   )

08 두 시계가 나타내는 시각이 같게 오른쪽의 시계에 초바늘을 그려 넣으세요.

09 ☐ 안에 알맞은 수를 써넣으세요.

(1) 2분 30초 = ☐ 초

(2) 310초 = ☐ 분 ☐ 초

10 계산을 하세요.

(1)　 5분 40초
　 ＋ 3분 15초

(2) 　 4분 45초
　 － 2분 10초

11 성훈이와 영민이의 800 m 달리기 기록입니다. 성훈이와 영민이의 기록의 합과 차를 구하세요.

이름	기록
성훈	3분 13초
영민	4분 24초

합 (　　　　　　　　　)

차 (　　　　　　　　　)

12 ☐ 안에 알맞은 수를 써넣으세요.

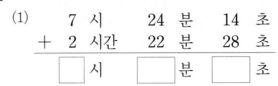

(1) 　　7 시　　24 분　　14 초
　 ＋ 2 시간　22 분　　28 초
　　 ☐ 시　 ☐ 분　 ☐ 초

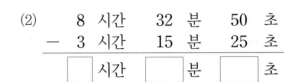

(2) 　　8 시간　32 분　　50 초
　 － 3 시간　15 분　　25 초
　　 ☐ 시간　☐ 분　 ☐ 초

(3) 　　8 시　　57 분　　45 초
　 － 3 시　　42 분　　37 초
　　 ☐ 시간　☐ 분　 ☐ 초

13 길이를 비교하여 ◯ 안에 ＞, ＝, ＜를 알맞게 써넣으세요.

(1) 24 cm 5 mm ◯ 235 mm

(2) 8 km 40 m ◯ 8400 m

14 현우는 하프 마라톤 대회에 출전했습니다. 9시 10분 5초에 출발하여 11시 22분 20초에 결승점에 도착하였을 때 현우가 하프 마라톤을 하는 데 걸린 시간은 몇 시간 몇 분 몇 초일까요?

(　　　　　　　　　)

15 우리나라 산들의 높이입니다. 가장 높은 산과 가장 낮은 산을 차례로 쓰세요.

산	높이
설악산	1 km 707 m
무등산	1187 m
한라산	1 km 950 m
지리산	1915 m
태백산	1567 m
속리산	1 km 58 m

(   ), (   )

16 강일이네 집에서 학교까지 가는 데 15분 10초가 걸립니다. 강일이가 학교에 도착한 시각이 8시 25분 25초일 때 집에서 출발한 시각은 몇 시 몇 분 몇 초일까요?

(   )

17 비행기가 2시 12초에 출발하여 8시간 53분 12초 후에 도착했습니다. 비행기가 도착한 시각은 몇 시 몇 분 몇 초인지 식을 쓰고 답을 구하세요.

식 _____

답 _____

18 어느 공원은 가로가 1 km 376 m, 세로가 1 km 554 m인 직사각형 모양입니다. 이 공원의 가로의 길이와 세로의 길이를 더하면 몇 km 몇 m일까요?

(   )

19 오후 1시를 가리키는 시계가 있습니다. 320분이 지난 후에 시계를 관찰한 다음 320초가 지난 후에 시계를 다시 관찰하였습니다. 마지막에 시계를 관찰했을 때의 시각은 오후 몇 시 몇 분 몇 초일까요?

(   )

20 병원과 서점 중에서 학교에서 더 가까운 곳은 어디이고 얼마나 더 가까운지 구하세요.

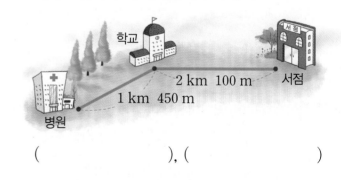

(   ), (   )

1~20번까지의 단원평가
유사 문제 제공

21 성수는 희망 호수 공원으로 가족 나들이를 가려고 합니다. 그림을 보고 물음에 답하세요.

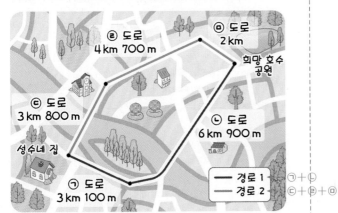

(1) ㉠ 도로와 ㉡ 도로를 거쳐서 가는 경로 1의 거리는 몇 km일까요?

( )

(2) ㉢ 도로와 ㉣ 도로, ㉤ 도로를 거쳐서 가는 경로 2의 거리는 몇 km 몇 m일까요?

( )

(3) 경로 1과 경로 2 중 어느 경로가 더 길까요?

( )

22 해가 뜨고 지는 시각에 대한 기록입니다. 오늘 낮의 길이를 알아보세요.

> • 어제 해가 뜬 시각은 오전 6시 31분 30초였습니다.
> • 오늘 해가 뜬 시각은 어제보다 20초 느립니다.
> • 오늘 해가 지는 시각은 오후 7시 33분 45초입니다.

(1) 오늘 해가 뜬 시각을 구하세요.

( )

(2) 오늘 낮의 길이를 구하세요.

( )

23 올림픽에서 철인 3종 경기의 각 종목별 거리는 수영 1500 m, 자전거 타기 40 km, 달리기 10 km입니다. 전체 거리는 몇 km 몇 m인지 풀이 과정을 쓰고 답을 구하세요.

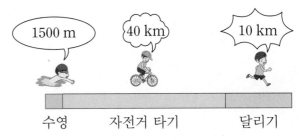

풀이 _____

_____

_____

답 _____

24 하루에 8분씩 느려지는 시계를 화요일 오전 8시에 정확히 맞춰 놓았습니다. 다음 주 화요일 오전 8시에 이 시계는 오전 몇 시 몇 분을 가리키는지 풀이 과정을 쓰고 답을 구하세요.

풀이 _____

_____

_____

답 _____

오답 노트

배점	1~20번	4점	점수
	21~24번	5점	

틀린 문제 저장! 출력!

분수와 소수

동영상 강의

오답노트 만들기

스케줄 확인

웹툰으로 단원 미리보기 6화_ 피자는 모두 나의 것!

 QR코드를 스캔하여 이어지는 내용을 확인하세요.

이전에 배운 내용

3-1 모양 만들기

 모양 2개를 이용하여

모양을 만들 수 있습니다.

3-1 나눗셈

피자 6조각을 3명이 똑같이 나누어 먹을 때 ⇨ 1명이 2조각씩

3-1 1 cm와 1 mm

1 cm를 10칸으로 똑같이 나누었을 때 작은 눈금 한 칸의 길이

쓰기 1 mm

읽기 1 밀리미터

이 단원에서 배울 내용

1 Step 교과 개념	똑같이 나누기
1 Step 교과 개념	분수 알아보기
2 Step 교과 유형 익힘	
1 Step 교과 개념	분모가 같은 분수의 크기 비교
1 Step 교과 개념	단위분수의 크기 비교
2 Step 교과 유형 익힘	
1 Step 교과 개념	소수 알아보기
1 Step 교과 개념	소수의 크기 비교
2 Step 교과 유형 익힘	
3 Step 문제 해결	잘 틀리는 문제 서술형 문제
4 Step 실력 UP 문제	
✩ 단원 평가	

이 단원을 배우면 분수를 알고 크기 비교를 할 수 있고, 소수를 알고 크기 비교를 할 수 있어요.

Step 1 교과 개념

개념1 똑같이 나누기

- **똑같이 둘, 셋, 넷, ...으로 나누기** → 똑같이 나누어진 조각들은 모양과 크기가 같습니다.

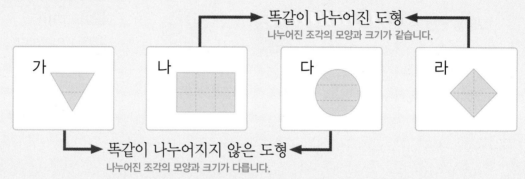

- **똑같이 나누어진 도형 찾기**

예 여러 가지 방법으로 도형을 똑같이 넷으로 나누기

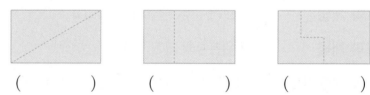

→ 이외에도 똑같이 넷으로 나누는 방법은 여러 가지가 있습니다.

개념확인 **1** 똑같이 둘로 나누어진 도형에 ◯표 하세요.

(   ) (   ) (   )

개념확인 **2** 똑같이 셋으로 나누어진 도형에 ◯표 하세요.

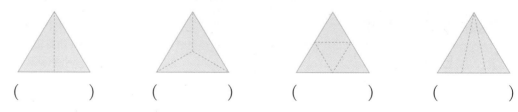

(   ) (   ) (   ) (   )

3 그림을 보고 ☐ 안에 알맞은 기호를 써넣으세요.

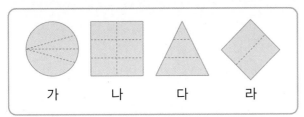

똑같이 나누어진 도형은 ☐, ☐ 입니다.

4 똑같이 몇 조각으로 나누었는지 알아보세요.

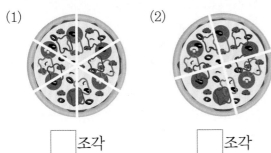

(1) ☐ 조각   (2) ☐ 조각

5 도형을 보고 물음에 답하세요.

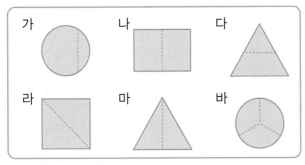

(1) 똑같이 둘로 나누어진 도형을 모두 찾아 기호를 쓰세요.

( )

(2) 똑같이 셋으로 나누어진 도형을 찾아 기호를 쓰세요.

( )

6 점을 이용하여 사각형을 똑같이 넷으로 나누세요.

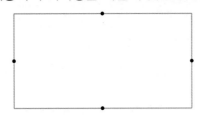

7 도형을 주어진 수만큼 똑같이 나누세요.

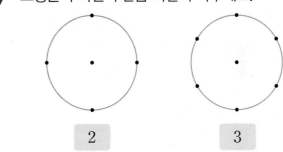

2   3

8 도형을 똑같이 여섯으로 나누세요.

(1)

(2)

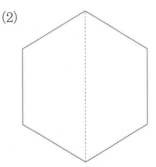

개념1 분수를 쓰고 읽기

• 전체를 똑같이 2로 나눈 것 중의 1을 $\frac{1}{2}$이라 쓰고 **2분의 1**이라고 읽습니다.

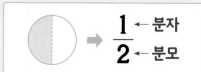

$\frac{1}{2}$ ← 분자
← 분모

• 전체를 똑같이 3으로 나눈 것 중의 2를 $\frac{2}{3}$라 쓰고 **3분의 2**라고 읽습니다.

$\frac{2}{3}$ ← 분자
← 분모

분수에서 가로선 아래에 있는 수가 분모, 가로선 위에 있는 수가 분자예요.

• $\frac{1}{2}$, $\frac{2}{3}$ **와 같은 수**를 **분수**라고 합니다.

개념2 전체에 대한 부분의 크기를 분수로 나타내기

| 파란색 부분 | 흰색 부분 | 빨간색 부분 |

$\frac{1}{3}$ $\frac{1}{3}$ $\frac{1}{3}$ ← 부분
← 전체

프랑스 국기

• 전체에 대한 부분을 나타내는 수가 **분수**입니다.
• 전체를 나타내는 것은 **분모**이고, 부분을 나타내는 것은 **분자**입니다.

개념3 부분을 보고 전체 알아보기

$\frac{1}{6}$

$\frac{1}{6}$ 은 전체를 똑같이 6으로 나눈 것 중의 1이므로

전체는 주어진 부분과 똑같은 부분을 5개 더 붙여서 만듭니다.

개념확인 1 ☐ 안에 알맞은 수를 써넣으세요.

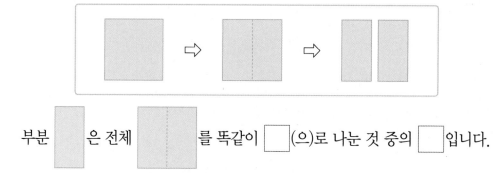

부분 ▢ 은 전체 ▢ 를 똑같이 ☐(으)로 나눈 것 중의 ☐ 입니다.

개념확인 2 ☐ 안에 알맞은 수를 써넣으세요.

전체를 똑같이 5로 나눈 것 중의 3을 $\frac{\square}{\square}$(이)라 쓰고 ☐ 분의 ☐(이)라고 읽습니다.

3 색칠한 부분을 분수로 쓰고 읽으세요.

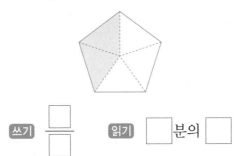

쓰기 ▢／▢   읽기 ▢ 분의 ▢

4 여러 나라의 국기를 보고 분수로 나타내세요.

(1) 우크라이나 국기에서 노란색 부분은 전체의 ▢ 입니다.
└→ 노란색

(2) 프랑스 국기에서 흰색 부분은 전체의 ▢ 입니다.
└→ 흰색

(3) 모리셔스 국기에서 초록색 부분은 전체의 ▢ 입니다.
└→ 초록색

5 색칠한 부분이 전체의 $\frac{2}{4}$ 인 도형을 찾아 ○표 하세요.

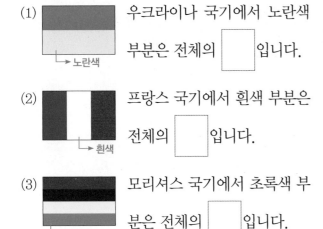

(　　)　　(　　)

6 색칠한 부분을 보고 ▢ 안에 알맞은 수나 말을 써넣으세요.

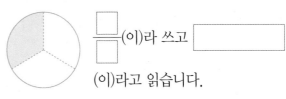

▢／▢ (이)라 쓰고 ▢ (이)라고 읽습니다.

7 ▢ 안에 알맞은 수를 써넣으세요.

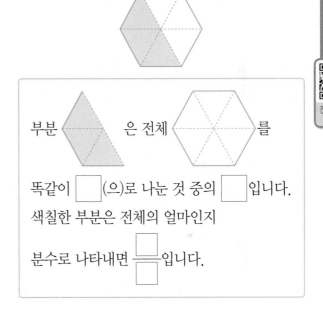

부분 △ 은 전체 ⬡ 를 똑같이 ▢ (으)로 나눈 것 중의 ▢ 입니다. 색칠한 부분은 전체의 얼마인지 분수로 나타내면 ▢／▢ 입니다.

8 색칠한 부분과 색칠하지 않은 부분을 각각 분수로 나타내세요.

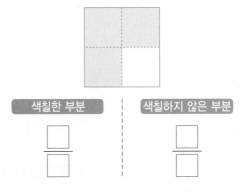

색칠한 부분　　　색칠하지 않은 부분

▢／▢　　　▢／▢

01 주어진 분수만큼 색칠하세요.

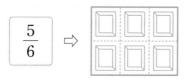

02 도형을 두 가지 방법으로 똑같이 넷으로 나누세요.

03 $\frac{4}{5}$ 만큼 색칠한 것을 모두 찾아 기호를 쓰세요.

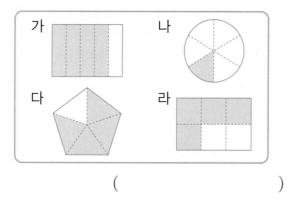

(   )

04 색칠한 부분과 색칠하지 않은 부분을 각각 분수로 나타내세요.

색칠한 부분

색칠하지 않은 부분

05 남은 부분과 먹은 부분을 각각 분수로 나타내세요.

(1)   (2)

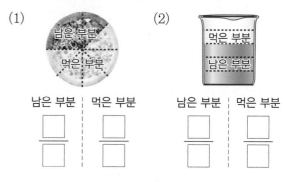

남은 부분 | 먹은 부분   남은 부분 | 먹은 부분

06 주어진 분수만큼 색칠하고 분수를 읽으세요.

(1) $\frac{4}{9}$ (2) $\frac{7}{8}$

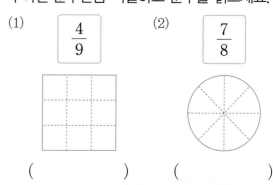

(   )   (   )

07 색칠한 부분을 보고 색칠하지 않은 부분을 분수로 나타내세요.

(1)

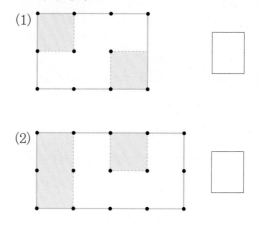

(2)

08 부분을 보고 전체를 완성하고, 그린 부분을 분수로 나타내세요.

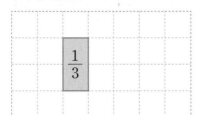

09 보기 와 같이 과자에 있는 선을 따라 선을 그어 과자를 똑같이 둘로 나누려고 합니다. 나누어진 두 곳에 모두 초콜릿 칩이 2개씩 들어가도록 나누어 보세요.

초콜릿 칩

보기

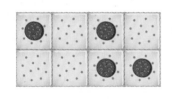

서술형 문제

10 도형이 똑같이 나누어지지 않은 까닭을 쓰세요.

_____

_____

11 전체에 알맞은 도형을 찾아 ○표 하세요.

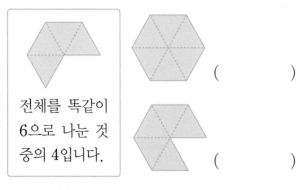

전체를 똑같이
6으로 나눈 것
중의 4입니다.

12 설명하는 분수가 나머지 두 명과 다른 한 친구의 이름을 쓰세요.

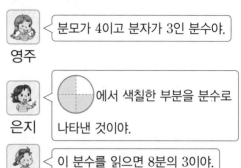

영주 < 분모가 4이고 분자가 3인 분수야.

은지 < 에서 색칠한 부분을 분수로 나타낸 것이야.

민호 < 이 분수를 읽으면 8분의 3이야.

( )

13 희정이가 호두파이를 똑같이 6조각으로 나누어 전체의 $\frac{1}{2}$만큼 먹었습니다. 희정이가 먹은 호두파이는 몇 조각인지 구하세요.

( )

14 규민이는 밭에 채소를 심었습니다. 밭의 $\frac{2}{8}$에는 파를, 밭의 $\frac{5}{8}$에는 상추를 심었을 때, 아무것도 심지 않은 부분은 밭 전체의 얼마인지 구하세요.

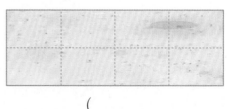

( )

1 Step 교과 개념

개념1 분모가 같은 분수의 크기 비교하기

• 그림을 이용하여 크기 비교하기

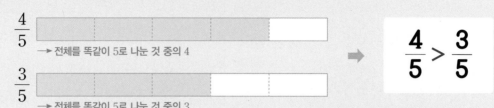

$\dfrac{4}{5}$ → 전체를 똑같이 5로 나눈 것 중의 4

$\dfrac{3}{5}$ → 전체를 똑같이 5로 나눈 것 중의 3

➡ $\dfrac{4}{5} > \dfrac{3}{5}$

$\dfrac{4}{5}$는 $\dfrac{1}{5}$이 **4개**, $\dfrac{3}{5}$은 $\dfrac{1}{5}$이 **3개**이므로 $\dfrac{4}{5}$가 $\dfrac{3}{5}$보다 더 큽니다.

• 분자를 이용하여 크기 비교하기

분자의 크기를 비교하면 **4 > 3**이므로 $\dfrac{4}{5}$가 $\dfrac{3}{5}$보다 더 큽니다.

$$\overset{4 > 3}{\dfrac{4}{5} > \dfrac{3}{5}}$$

방향이 같습니다.

$● > ▲ \Leftrightarrow \dfrac{●}{■} > \dfrac{▲}{■}$

분모가 같은 분수는 분자가 클수록 더 큰 수입니다.

개념확인 1 두 분수의 크기를 비교하여 ☐ 안에 알맞은 수를 써넣고, ◯ 안에 >, =, <를 알맞게 써넣으세요.

$\dfrac{2}{5}$

$\dfrac{4}{5}$

$\dfrac{2}{5}$는 $\dfrac{1}{5}$이 ☐개입니다.

$\dfrac{4}{5}$는 $\dfrac{1}{5}$이 ☐개입니다.

색칠한 부분을 비교하면 $\dfrac{☐}{5}$가 $\dfrac{☐}{5}$보다 더 작습니다. ⇨ $\dfrac{2}{5}$ ◯ $\dfrac{4}{5}$

개념확인 2 분자의 크기를 비교하고, ◯ 안에 >, =, <를 알맞게 써넣으세요.

(1) $\overset{3 ◯ 6}{\dfrac{3}{7} ◯ \dfrac{6}{7}}$

(2) $\overset{5 ◯ 1}{\dfrac{5}{9} ◯ \dfrac{1}{9}}$

3 $\frac{3}{4}$과 $\frac{2}{4}$ 중 어느 분수가 더 큰지 알아보세요.

$\frac{3}{4}$은 $\frac{1}{4}$이 ☐개, $\frac{2}{4}$는 $\frac{1}{4}$이 ☐개이므로

$\frac{3}{4}$은 $\frac{2}{4}$보다 더 (큽니다 , 작습니다).

4 주어진 분수만큼 각각 색칠하고, 두 분수의 크기를 비교하세요.

| $\frac{4}{7}$ | $\frac{1}{7}$ | $\frac{1}{7}$ | $\frac{1}{7}$ | $\frac{1}{7}$ | $\frac{1}{7}$ | $\frac{1}{7}$ | $\frac{1}{7}$ |

| $\frac{6}{7}$ | $\frac{1}{7}$ | $\frac{1}{7}$ | $\frac{1}{7}$ | $\frac{1}{7}$ | $\frac{1}{7}$ | $\frac{1}{7}$ | $\frac{1}{7}$ |

$\frac{4}{7}$는 $\frac{6}{7}$보다 더 (큽니다 , 작습니다).

5 그림을 보고 분수의 크기를 비교하여 ◯ 안에 >, =, <를 알맞게 써넣으세요.

(1)
 $\frac{3}{4}$ ◯ $\frac{1}{4}$

(2)
 $\frac{2}{6}$ ◯ $\frac{4}{6}$

6 주어진 분수만큼 색칠하고, ◯ 안에 >, =, <를 알맞게 써넣으세요.

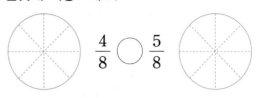

$\frac{4}{8}$ ◯ $\frac{5}{8}$

7 주어진 수를 그림에 나타내고, 크기를 비교해 보세요.

$\frac{1}{5}$이 3개인 수 $\frac{1}{5}$이 2개인 수

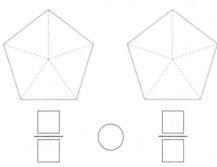

$\frac{☐}{☐}$ ◯ $\frac{☐}{☐}$

8 두 분수의 크기를 비교하여 ◯ 안에 >, =, <를 알맞게 써넣으세요.

(1) $\frac{3}{7}$ ◯ $\frac{5}{7}$

(2) $\frac{2}{8}$ ◯ $\frac{7}{8}$

(3) $\frac{7}{10}$ ◯ $\frac{1}{10}$

6
단원

개념1 단위분수 알아보기

단위분수: 분수 중에서 $\frac{1}{2}$, $\frac{1}{3}$과 같이 **분자가 1인 분수**

개념2 단위분수의 크기 비교하기

• 그림을 이용하여 크기 비교하기

$\frac{1}{2}$ → 전체를 똑같이 2로 나눈 것 중의 1

$\frac{1}{4}$ → 전체를 똑같이 4로 나눈 것 중의 1

$$\frac{1}{2} > \frac{1}{4}$$

전체가 같을 때, 분모가 커지면 전체를 똑같이 분모만큼 나눈 것 중의 하나의 크기는 더 작아져요.

$\frac{1}{2}$이 $\frac{1}{4}$보다 더 길므로 **$\frac{1}{2}$**이 **$\frac{1}{4}$**보다 더 큽니다.

• 분모를 이용하여 크기 비교하기

분모의 크기를 비교하면 **2<4**이므로 **$\frac{1}{2}$**이 **$\frac{1}{4}$**보다 더 큽니다.

$$\frac{1}{2} > \frac{1}{4}$$
$$2 < 4$$

방향이 반대입니다.

$$● < ▲ \Leftrightarrow \frac{1}{●} > \frac{1}{▲}$$

단위분수는 분모가 작을수록 더 큰 수입니다.

개념확인 1 단위분수를 모두 찾아 ○표 하세요.

$\frac{1}{9}$	$\frac{7}{8}$	$\frac{2}{4}$	$\frac{1}{2}$	$\frac{6}{9}$
$\frac{5}{6}$	$\frac{1}{10}$	$\frac{8}{11}$	$\frac{1}{5}$	$\frac{4}{7}$

개념확인 2 그림을 보고 알맞은 말에 ○표 하세요.

$\frac{1}{3}$

$\frac{1}{2}$

$\frac{1}{3}$은 $\frac{1}{2}$보다 더 (큽니다 , 작습니다).

3 수직선을 보고 $\frac{1}{5}$과 $\frac{1}{3}$의 크기를 비교하세요.

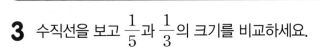

$\frac{1}{5}$ ◯ $\frac{1}{3}$

4 $\frac{1}{3}$과 $\frac{1}{4}$만큼 각각 색칠하고, 더 큰 분수를 쓰세요.

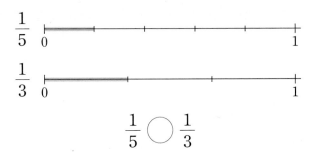

(   )

5 분자가 1인 분수의 크기를 비교하려고 합니다. 물음에 답하세요.

(1) 주어진 분수만큼 색칠하거나 ☐ 안에 알맞은 분수를 써넣으세요.

1

$\frac{1}{2}$

$\frac{1}{4}$

(2) 위 (1)의 수를 큰 수부터 순서대로 쓰세요.

1, ☐ , ☐ , $\frac{1}{4}$, ☐

6 ◯ 안에 >, =, <를 알맞게 써넣고, 알맞은 말에 ◯표 하세요.

(1) $\frac{1}{7}$과 $\frac{1}{9}$의 분모의 크기를 비교하면

7 ◯ 9입니다.

(2) 단위분수는 분모가 (작을수록 , 클수록) 더 큰 수이므로 $\frac{1}{7}$ ◯ $\frac{1}{9}$입니다.

7 주어진 분수를 그림에 나타내고, ◯ 안에 >, =, <를 알맞게 써넣으세요.

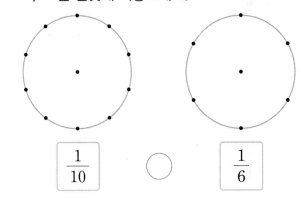

$\frac{1}{10}$ ◯ $\frac{1}{6}$

8 두 분수의 크기를 비교하여 ◯ 안에 >, =, <를 알맞게 써넣으세요.

(1) $\frac{1}{2}$ ◯ $\frac{1}{6}$

(2) $\frac{1}{4}$ ◯ $\frac{1}{5}$

(3) $\frac{1}{7}$ ◯ $\frac{1}{8}$

01 똑같이 나누어 주어진 분수만큼 색칠하고 ◯ 안에 >, =, <를 알맞게 써넣으세요.

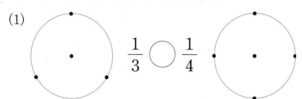

(1) $\dfrac{1}{3}$ ◯ $\dfrac{1}{4}$

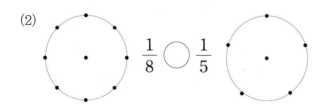

(2) $\dfrac{1}{8}$ ◯ $\dfrac{1}{5}$

02 두 분수의 크기를 비교하여 ◯ 안에 >, =, < 를 알맞게 써넣으세요.

(1) $\dfrac{6}{7}$ ◯ $\dfrac{4}{7}$ 　　(2) $\dfrac{7}{8}$ ◯ $\dfrac{6}{8}$

(3) $\dfrac{1}{8}$ ◯ $\dfrac{1}{7}$ 　　(4) $\dfrac{1}{6}$ ◯ $\dfrac{1}{4}$

03 두 분수의 크기를 비교하여 빈칸에 더 작은 분수를 써넣으세요.

(1)
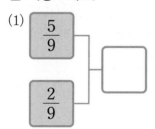

(2)
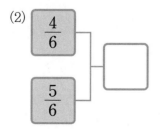

04 $\dfrac{1}{9}$ 보다 크고 $\dfrac{1}{5}$ 보다 작은 단위분수를 모두 써 보세요.

(　　　　　　　　　)

05 가장 큰 분수에 ◯표, 가장 작은 분수에 △표 하세요.

$\dfrac{6}{13}$	$\dfrac{7}{13}$	$\dfrac{4}{13}$	$\dfrac{5}{13}$	$\dfrac{8}{13}$

🖋 서술형 문제

06 미연이와 태우는 초콜릿을 나누어 먹었습니다. 미연이는 전체의 $\dfrac{1}{3}$ 을, 태우는 전체의 $\dfrac{1}{6}$ 을 먹었습니다. 누가 초콜릿을 더 많이 먹었는지 풀이 과정을 쓰고 답을 구하세요.

풀이 _____

_____

_____

답 _____

07 분모가 7인 분수 중에서 $\dfrac{2}{7}$보다 크고 $\dfrac{6}{7}$보다 작은 분수를 모두 찾아 ○표 하세요.

$\dfrac{1}{7}$	$\dfrac{4}{7}$	$\dfrac{2}{7}$	$\dfrac{6}{7}$	$\dfrac{5}{7}$

08 각 모둠이 같은 크기의 피자를 먹고 있습니다. 각 모둠이 먹은 피자의 양을 분수로 나타내고, 많이 먹은 순서대로 모둠을 쓰세요.

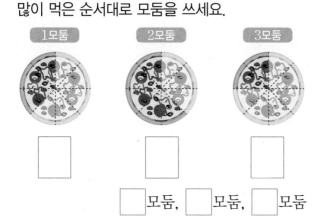

1모둠   2모둠   3모둠

☐ ☐ ☐

☐ 모둠, ☐ 모둠, ☐ 모둠

09 수 카드 중 2장을 한 번씩만 사용하여 분모가 9인 분수를 만들려고 합니다. 만들 수 있는 분수 중에서 가장 큰 분수와 가장 작은 분수를 각각 구하세요.

3 7 5 9

가장 큰 분수 (   )

가장 작은 분수 (   )

10 _{추론} 2부터 9까지의 수 중에서 ☐ 안에 들어갈 수 있는 수를 모두 쓰세요.

$$\dfrac{1}{6} < \dfrac{1}{\square}$$

(   )

11 _{문제 해결} 가장 큰 분수를 찾아 기호를 쓰세요.

㉠ $\dfrac{1}{9}$이 7개인 분수

㉡ $\dfrac{5}{9}$

㉢ $\dfrac{5}{9}$보다 크고 $\dfrac{7}{9}$보다 작은 분수

(   )

12 _{문제 해결} 알맞은 단위분수를 ☐ 안에 써넣고, 큰 분수부터 순서대로 쓰세요.

• ☐ 은/는 4분의 1이라고 읽습니다.

• 전체의 절반은 ☐ 입니다.

• 전체를 똑같이 5로 나눈 것 중의 1은 ☐ 입니다.

(   )

6 단원

개념1 소수 알아보기

0.1, 0.2, 0.3과 같은 수를 **소수**라 하고 '.'을 **소수점**이라고 합니다.

> 전체를 똑같이 10으로 나눈 것 중의 1은 $\frac{1}{10}$이고 $\frac{1}{10}=0.1$이에요.

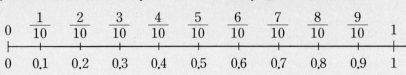

분수		$\frac{1}{10}$	$\frac{2}{10}$	$\frac{3}{10}$	$\frac{4}{10}$	$\frac{5}{10}$	$\frac{6}{10}$	$\frac{7}{10}$	$\frac{8}{10}$	$\frac{9}{10}$
소수	쓰기	0.1	0.2	0.3	0.4	0.5	0.6	0.7	0.8	0.9
	읽기	영 점 일	영 점 이	영 점 삼	영 점 사	영 점 오	영 점 육	영 점 칠	영 점 팔	영 점 구

개념2 1보다 큰 소수 알아보기

> 1과 **0.6**만큼을 1.6이라 쓰고 **일 점 육**이라고 읽습니다.

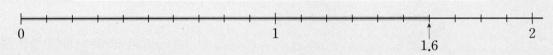

• 길이를 소수로 나타내기

$$1\,mm = \frac{1}{10}\,cm = 0.1\,cm$$

1 cm 6 mm에서 **6 mm**는 **0.6 cm**이므로
1 cm 6 mm=1.6 cm입니다.

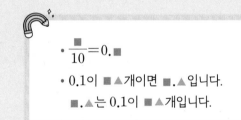

> • $\frac{■}{10} = 0.■$
> • 0.1이 ■▲개이면 ■.▲입니다.
> • ■.▲는 0.1이 ■▲개입니다.

개념확인 1 ☐ 안에 알맞은 수나 말을 써넣으세요.

(1) 분수 $\frac{1}{10}$을 소수로 ☐(이)라 쓰고 ☐(이)라고 읽습니다.

(2) 분수 $\frac{5}{10}$를 소수로 ☐(이)라 쓰고 ☐(이)라고 읽습니다.

개념확인 2 보기 에서 알맞은 수나 말을 찾아 ☐ 안에 써넣으세요.

보기
소수	영 점 칠
0.7	소수점

$\frac{7}{10}$을 ☐(이)라 쓰고 ☐(이)라고 읽습니다.

0.7과 같은 수를 ☐(이)라 하고 '.'을 ☐(이)라고 합니다.

어느 교과서로 배우더라도 꼭 알아야 하는 **10종 교과서 기본 문제**

3 □ 안에 알맞은 분수 또는 소수를 써넣으세요.

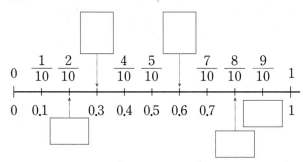

4 같은 것끼리 이으세요.

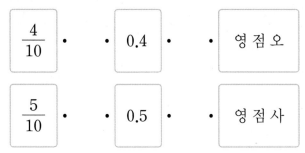

5 □ 안에 알맞은 수나 말을 써넣으세요.

색칠한 부분을 소수로 나타내면 □ (이)라 쓰고 □ (이)라고 읽습니다.

6 그림을 보고 색칠한 부분을 분수와 소수로 나타 내세요.

분수	
소수	

7 그림을 보고 □ 안에 알맞은 수를 써넣으세요.

(1) 색 테이프의 길이는 4 cm보다 □ mm 더 깁니다.

(2) 6 mm는 소수로 □ cm입니다.

(3) 색 테이프의 길이는 소수로 □ cm입 니다.

8 색칠한 부분을 소수로 나타내세요.

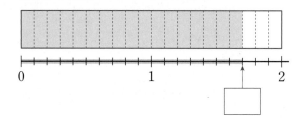

9 분수를 소수로, 소수를 분수로 나타내세요.

(1) $\frac{9}{10}$ = □   (2) 0.5 = □

10 □ 안에 알맞은 소수를 써넣으세요.

(1) 7 mm = □ cm

(2) 5 cm 3 mm = □ cm

개념1 소수의 크기 비교하기

• 그림을 이용하여 비교하기

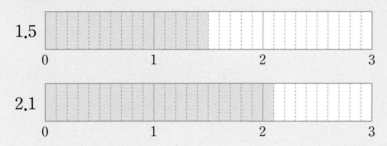

색칠한 칸이 많을수록
더 큰 수입니다.
➡ **1.5 < 2.1**

• 0.1의 개수로 비교하기

1.5는 0.1이 15개입니다.
2.1은 0.1이 21개입니다.
➡ 15개 < 21개이므로 **1.5 < 2.1**입니다.

• 소수의 크기 비교하는 방법

① **소수점 왼쪽에 있는 수의 크기를 먼저** 비교합니다.
➡ **소수점 왼쪽에 있는 수가 큰 소수가 더 큰 수입니다.**

$$2.3 > 1.4$$
$$2 > 1$$

② **소수점 왼쪽에 있는 수의 크기가 같으면**
소수점 오른쪽에 있는 수의 크기를 비교합니다.
➡ **소수점 오른쪽에 있는 수가 큰 소수가 더 큰 수입니다.**

$$0.3 < 0.7$$
$$3 < 7$$

개념확인 1 수직선을 보고 ◯ 안에 >, =, <를 알맞게 써넣으세요.

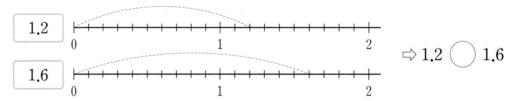

⇨ 1.2 ◯ 1.6

개념확인 2 ☐ 안에 알맞은 수를 써넣으세요.

(1) 0.5는 0.1이 ☐ 개이고, 0.2는 0.1이 ☐ 개이므로 0.5 > 0.2입니다.

(2) 1.7은 0.1이 ☐ 개이고, 2.7은 0.1이 ☐ 개이므로 1.7 < 2.7입니다.

3 그림을 이용하여 0.7과 0.6의 크기를 비교하려고 합니다. 물음에 답하세요.

(1) 0.7만큼 색칠하세요.

(2) 0.6만큼 색칠하세요.

(3) 0.7과 0.6의 크기를 비교하여 ◯ 안에 >, =, <를 알맞게 써넣으세요.

$$0.7 \bigcirc 0.6$$

4 0.1의 개수로 0.6과 0.4의 크기를 비교하려고 합니다. 물음에 답하세요.

(1) 0.6은 0.1이 몇 개일까요?

( )

(2) 0.4는 0.1이 몇 개일까요?

( )

(3) 0.6과 0.4 중에서 어느 소수가 더 클까요?

( )

5 ☐ 안에 알맞은 수를 써넣으세요.

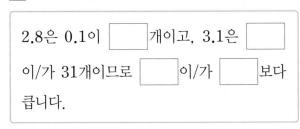

2.8은 0.1이 ☐ 개이고, 3.1은 ☐ 이/가 31개이므로 ☐ 이/가 ☐ 보다 큽니다.

6 ☐ 안에 알맞은 소수를 써넣고, 크기를 비교하여 ◯ 안에 >, =, <를 알맞게 써넣으세요.

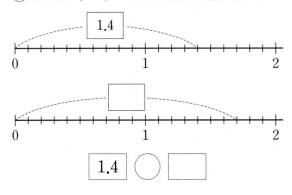

$$1.4 \bigcirc \boxed{}$$

7 그림에 소수만큼 색칠하고 ◯ 안에 >, =, <를 알맞게 써넣으세요.

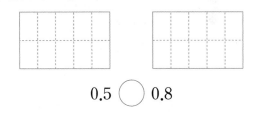

$$0.5 \bigcirc 0.8$$

8 색칠한 부분을 소수로 나타내고 ◯ 안에 >, =, <를 알맞게 써넣으세요.

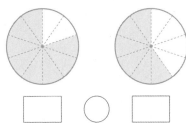

$$\boxed{} \bigcirc \boxed{}$$

9 두 소수의 크기를 비교하여 ◯ 안에 >, =, <를 알맞게 써넣으세요.

(1) $1.1 \bigcirc 1.5$

(2) $2.1 \bigcirc 1.9$

Step 2

[10종]

교과 유형 익힘

01 □ 안에 알맞은 수를 써넣으세요.

(1) 0.3은 0.1이 □ 개입니다.

(2) 0.1이 9개이면 □ 입니다.

(3) $\frac{1}{10}$ 이 □ 개이면 0.8입니다.

02 지현이가 계량컵을 만들고 있습니다. □ 안에 알맞은 분수 또는 소수를 써넣으세요.

03 관계있는 것끼리 이으세요.

2 cm 8 mm	·	· 55 mm ·	· 5.5 cm
5 cm 5 mm	·	· 89 mm ·	· 2.8 cm
8 cm 9 mm	·	· 28 mm ·	· 8.9 cm

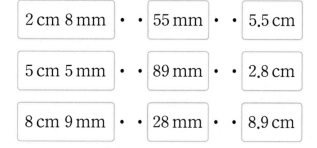

04 소수를 수직선에 나타내고 ○ 안에 >, =, < 를 알맞게 써넣으세요.

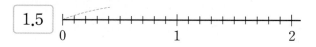

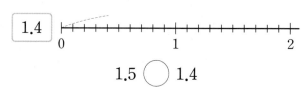

1.5 ○ 1.4

05 두 수의 크기를 비교하여 ○ 안에 >, =, < 를 알맞게 써넣으세요.

(1) 4.4 ○ 3.3

(2) 5.2 ○ 0.1이 54개인 수

(3) 4.7 ○ 4.9

06 색 테이프를 원석이는 0.8 m, 재일이는 1.4 m 가지고 있습니다. 더 긴 색 테이프를 가진 사람은 누구일까요?

( )

07 □ 안에 알맞은 소수를 써넣으세요.

```
0        1 km      2 km      3 km
├┼┼┼┼┼┼┼┼┼┼┼┼┼┼┼┼┼┼┼┼┼┼┼┼┤
         ↑         ↑         ↑
      □ km      □ km      □ km
```

08 가장 큰 수와 가장 작은 수를 각각 찾아 기호를 쓰세요.

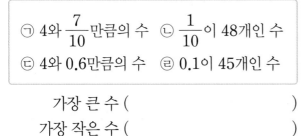

> ㉠ 4와 $\dfrac{7}{10}$만큼의 수   ㉡ $\dfrac{1}{10}$이 48개인 수
>
> ㉢ 4와 0.6만큼의 수   ㉣ 0.1이 45개인 수

가장 큰 수 (   )

가장 작은 수 (   )

09 리본 1 m를 똑같이 10조각으로 나누어 그중 희정이가 4조각, 성호가 6조각을 사용했습니다. 희정이와 성호가 사용한 리본의 길이는 각각 몇 m인지 소수로 나타내세요.

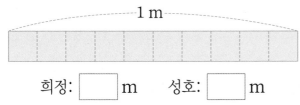

희정: ☐ m   성호: ☐ m

🖉 서술형 문제

10 윤호네 집에서 병원, 학교, 도서관까지의 거리입니다. 가장 먼 곳은 어디일지 풀이 과정을 쓰고 답을 구하세요.

> 병원: 4.2 km
> 학교: 0.8 km
> 도서관: 1.5 km

풀이 _____

_____

_____

답 _____

11 주스가 몇 컵인지 소수로 나타내세요.

문제
해결

☐ 컵

12 나비의 길이를 cm로 나타내고, 길이가 긴 나비부터 차례대로 기호를 쓰세요.

창의
융합

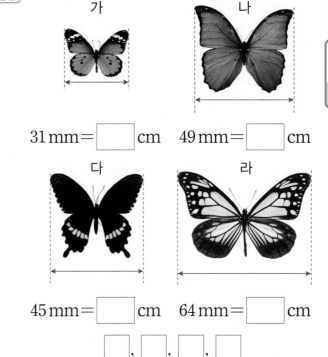

가   나

31 mm = ☐ cm   49 mm = ☐ cm

다   라

45 mm = ☐ cm   64 mm = ☐ cm

☐ , ☐ , ☐ , ☐

13 ☐ 안에 들어갈 수 있는 수를 모두 찾아 ○표 하세요.

문제
해결

(1) 0.☐ < 0.8

(1 , 2 , 3 , 4 , 5 , 6 , 7 , 8 , 9)

(2) 4.5 < 4.☐

(1 , 2 , 3 , 4 , 5 , 6 , 7 , 8 , 9)

유형1 소수의 크기 비교

1 큰 수부터 차례대로 기호를 쓰세요.

> ㉠ 5.7
>
> ㉡ $\frac{1}{10}$이 54개인 수
>
> ㉢ 0.1이 50개인 수

( )

Solution 주어진 수들을 모두 소수로 나타낸 후 크기를 비교합니다.

1-1 작은 수부터 차례대로 기호를 쓰세요.

> ㉠ $\frac{1}{10}$이 34개인 수
>
> ㉡ 3과 0.8만큼의 수
>
> ㉢ 0.1이 42개인 수

( )

1-2 큰 수부터 차례대로 기호를 쓰세요.

> ㉠ 팔 점 일
>
> ㉡ 8과 0.6만큼의 수
>
> ㉢ 0.1이 76개인 수
>
> ㉣ $\frac{1}{10}$이 80개인 수

( )

유형2 ☐ 안의 수 구하기

2 1부터 9까지의 수 중에서 ☐ 안에 들어갈 수 있는 수를 모두 구하세요.

> $\frac{1}{7} < \frac{1}{\square} < \frac{1}{4}$

( )

Solution 분모가 같은 분수는 분자가 클수록 더 큰 수이고 단위분수는 분모가 작을수록 더 큰 수입니다.

2-1 ☐ 안에 들어갈 수 있는 두 자리 수를 모두 구하세요.

> $\frac{1}{15} < \frac{1}{\square} < \frac{1}{9}$

( )

2-2 2부터 9까지의 수 중에서 ☐ 안에 들어갈 수 있는 수를 모두 구하세요.

> $\frac{1}{\square} > \frac{1}{6}$

( )

2-3 2부터 9까지의 수 중에서 ㉠과 ㉡의 ☐ 안에 공통으로 들어갈 수 있는 수를 모두 구하세요.

> ㉠ $\frac{\square}{7} < \frac{6}{7}$ ㉡ $\frac{1}{\square} > \frac{1}{4}$

( )

유형3 수 카드로 소수 만들기

3 4장의 수 카드 **3**, **2**, **1**, **5** 중에서 2장을 뽑아 ■.▲ 형태의 소수를 만들려고 합니다. 물음에 답하세요.

(1) 만들 수 있는 소수 중에서 가장 큰 수를 구하세요.

( )

(2) 만들 수 있는 소수 중에서 가장 작은 수를 구하세요.

( )

Solution ■.▲ 형태의 가장 큰 소수: ■에 가장 큰 수, ▲에 두 번째로 큰 수를 놓습니다.
■.▲ 형태의 가장 작은 소수: ■에 가장 작은 수, ▲에 두 번째로 작은 수를 놓습니다.

3-1 4장의 수 카드 **5**, **3**, **6**, **4** 중에서 2장을 뽑아 ■.▲ 형태의 소수를 만들려고 합니다. 만들 수 있는 소수 중에서 가장 큰 수와 가장 작은 수를 각각 구하세요.

가장 큰 수 ( )
가장 작은 수 ( )

3-2 5장의 수 카드 **9**, **5**, **3**, **6**, **8** 중에서 2장을 뽑아 ■.▲ 형태의 소수를 만들려고 합니다. 만들 수 있는 소수 중에서 가장 큰 수와 두 번째로 큰 수를 각각 구하세요.

가장 큰 수 ( )
두 번째로 큰 수 ( )

유형4 남은 양의 크기 비교하기

4 똑같은 빵을 현애는 전체의 $\frac{5}{6}$만큼 먹었고, 홍관이는 전체의 $\frac{4}{5}$만큼 먹었습니다. 남은 빵이 더 많은 사람은 누구일까요?

( )

Solution 남은 부분을 분수로 나타낸 뒤 크기를 비교합니다. 분자가 1인 분수는 분모가 작을수록 더 큰 수입니다.

4-1 똑같은 음료수를 현철이는 전체의 $\frac{7}{8}$만큼 마셨고, 해주는 전체의 $\frac{8}{9}$만큼 마셨습니다. 남은 음료수가 더 많은 사람은 누구인지 알아보세요.

(1) 현철이가 마시고 남은 음료수는 전체의 몇 분의 몇일까요?

( )

(2) 해주가 마시고 남은 음료수는 전체의 몇 분의 몇일까요?

( )

(3) 두 사람 중 남은 음료수가 더 많은 사람은 누구일까요?

( )

4-2 은정이와 상미는 똑같은 도화지를 한 장씩 사서 은정이는 전체의 $\frac{2}{3}$를, 상미는 전체의 $\frac{3}{4}$을 사용했습니다. 남은 도화지가 더 많은 사람은 누구일까요?

( )

6단원

3 Step 문제 해결 [서술형 문제]

문제 풀이

유형5

① 문제 해결 Key
단위분수의 크기를 비교하여 더 큰 수를 찾습니다.

📖 문제 해결 전략
❶ 두 사람이 가지고 있는 철사의 길이 비교하기

❷ 더 긴 철사를 가지고 있는 사람 구하기

5 철사를 ❶은지는 $\frac{1}{4}$ m를, 민호는 $\frac{1}{5}$ m를 가지고 있습니다. ❷가지고 있는 철사의 길이가 더 긴 사람은 누구인지 풀이 과정을 보고 빈 곳에 알맞게 써넣어 답을 구하세요.

 내 철사의 길이는 $\frac{1}{4}$ m야. 은지

 민호 내 철사의 길이는 $\frac{1}{5}$ m야!

풀이 ❶ 분자가 ☐ 일 때에는 분모가 작을수록 더 큰 수이므로 두 사람이 가지고 있는 철사의 길이를 비교하면 $\frac{1}{4}$ ◯ $\frac{1}{5}$ 입니다.

❷ 따라서 가지고 있는 철사의 길이가 더 긴 사람은 ☐ 입니다.

답 _____

5-1 [연습 문제]

지영이와 주혁이가 주스를 마셨습니다. 지영이는 전체의 $\frac{1}{7}$ 을, 주혁이는 전체의 $\frac{1}{10}$ 을 마셨습니다. 주스를 더 많이 마신 사람은 누구인지 풀이 과정을 쓰고 답을 구하세요.

풀이

❶ 두 사람이 마신 주스의 양 비교하기

❷ 주스를 더 많이 마신 사람 구하기

답 _____

5-2 [실전 문제]

집에 있는 호두 중에서 유리는 $\frac{1}{8}$ 을, 지성이는 $\frac{1}{5}$ 을 먹었습니다. 호두를 더 많이 먹은 사람은 누구인지 풀이 과정을 쓰고 답을 구하세요.

풀이

답 _____

유형6

🕐 문제 해결 Key
- (정사각형의 네 변의 길이의 합)=(한 변)×4
- 1 mm=0.1 cm

📖 문제 해결 전략
① 정사각형의 네 변의 길이의 합 구하기

② 길이를 소수로 나타내기

6 ①한 변이 12 mm인 정사각형의 네 변의 길이의 합을 ②소수로 나타내면 몇 cm 인지 풀이 과정을 보고 ☐ 안에 알맞은 수를 써넣어 답을 구하세요.

12 mm

풀이 ❶ 정사각형은 네 변의 길이가 모두 같으므로 정사각형의 네 변의 길이의 합은 12×☐=☐ (mm)입니다.

❷ 따라서 정사각형의 네 변의 길이의 합을 소수로 나타내면 48 mm=☐ cm입니다.

답 _____

6 단원

6-1 연습 문제

오른쪽 정사각형의 네 변의 길이의 합은 몇 cm인지 소수로 나타내려고 합니다. 풀이 과정을 쓰고 답을 구하세요.

23 mm

풀이

❶ 정사각형의 네 변의 길이의 합 구하기

❷ 길이를 소수로 나타내기

답 _____

6-2 실전 문제

오른쪽 정사각형의 네 변의 합은 몇 cm인지 소수로 나타내려고 합니다. 풀이 과정을 쓰고 답을 구하세요.

16 mm

풀이

답 _____

01 준서와 성하는 곶감을 한 상자씩 가지고 있습니다. 곶감을 준서는 전체의 0.3만큼을, 성하는 전체의 0.5만큼을 먹었습니다. 누가 곶감을 더 많이 먹었는지 알아보세요.

(1) 준서와 성하가 먹은 곶감만큼 각각 색칠하세요.

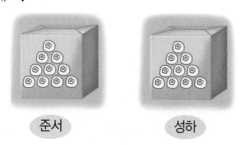

준서   성하

(2) 곶감을 더 많이 먹은 사람은 누구일까요?

( )

02 옛날 이집트 사람들은 호루스의 눈의 각 부분을 다음과 같이 분수로 생각했습니다. 가장 작은 분수와 두 번째로 작은 분수를 찾아 쓰세요.

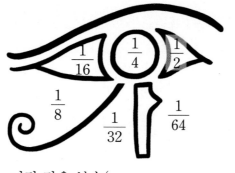

가장 작은 분수( )

두 번째로 작은 분수 ( )

[03~04] 승호네 반 친구들은 미술 시간에 철사를 사용하여 만들기 수업을 했습니다. 그림을 보고 승호네 반 친구들이 철사를 적게 사용한 순서를 알아보세요.

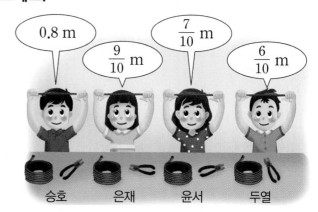

승호   은재   윤서   두열

03 은재, 윤서, 두열이가 사용한 철사의 길이는 각각 몇 m인지 소수로 나타내세요.

은재 ( )
윤서 ( )
두열 ( )

🖉 서술형 문제

04 철사를 적게 사용한 사람부터 순서대로 이름을 쓰려고 합니다. 풀이 과정을 쓰고 답을 구하세요.

풀이 _____

_____

_____

_____

답 _____

05 연필 세 자루의 길이를 잰 것입니다. 긴 연필부터 순서대로 cm 단위로 길이를 써 보세요.

| 6 cm 1 mm | 8.7 cm | 85 mm |

☐ cm, ☐ cm, ☐ cm

06 예실이는 물을 0.6 L 마셨고, 현정이는 물을 $\frac{5}{10}$ L 마셨습니다. 물을 더 많이 마신 사람은 누구일까요?

(   )

07 슬기와 보람이는 독서 골든벨 대회를 위해 똑같은 동화책을 읽고 있습니다. 슬기는 전체의 $\frac{9}{15}$ 를 읽었고, 보람이는 전체의 $\frac{14}{15}$ 를 읽었습니다. 슬기가 더 읽어야 하는 양은 보람이가 더 읽어야 하는 양의 몇 배인지 알아보세요.

(1) 슬기가 더 읽어야 하는 양을 분수로 나타내면 얼마일까요?

(   )

(2) 보람이가 더 읽어야 하는 양을 분수로 나타내면 얼마일까요?

(   )

(3) 슬기가 더 읽어야 하는 양은 보람이가 더 읽어야 하는 양의 몇 배일까요?

(   )

📝 서술형 문제

08 1부터 9까지의 수 중에서 ☐ 안에 공통으로 들어갈 수 있는 수는 무엇인지 풀이 과정을 쓰고 답을 구하세요.

$$3.4 < 3.\square < 3.8$$
$$4.6 < 4.\square < 4.9$$

풀이 _____

_____

_____

_____

답 _____

6 단원

진도 완료 체크

09 2부터 9까지의 수 중에서 ☐ 안에 들어갈 수 있는 수는 모두 몇 개일까요?

$$\frac{1}{5} > \frac{1}{\square}$$

(   )

10 주어진 조건을 모두 만족하는 소수 ■.▲를 구하세요.

㉠ 0.1과 0.9 사이의 소수입니다.

㉡ $\frac{5}{10}$ 보다 큰 수입니다.

㉢ 0.7보다 작은 수입니다.

(   )

01 ☐ 안에 알맞은 수를 써넣으세요.

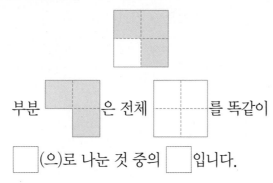

부분 ☐ 은 전체 ☐ 를 똑같이

☐ (으)로 나눈 것 중의 ☐ 입니다.

02 그림을 보고 ☐ 안에 알맞게 써넣으세요.

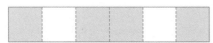

색칠한 부분은 전체를 똑같이 6으로 나눈 것

중의 ☐ 이므로 $\dfrac{☐}{☐}$(이)라 쓰고

☐ (이)라고 읽습니다.

03 ☐ 안에 알맞은 분수 또는 소수를 써넣으세요.

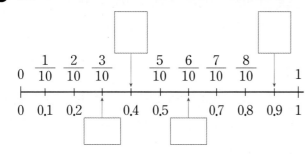

04 $\dfrac{6}{8}$ 만큼 색칠하세요.

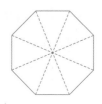

05 ☐ 안에 알맞은 수를 써넣으세요.

(1) 0.5는 0.1이 ☐ 개입니다.

(2) 0.1이 ☐ 개이면 0.8입니다.

(3) $\dfrac{1}{☐}$ 이 6개이면 0.6입니다.

06 ☐ 안에 알맞은 소수를 써넣으세요.

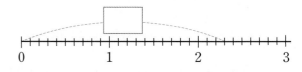

07 ☐ 안에 알맞은 소수를 써넣으세요.

(1) 4 mm = ☐ cm

(2) 38 mm = ☐ cm

(3) 99 mm = ☐ cm

08 오른쪽 그림을 보고 색칠한 부분을 분수와 소수로 나타내세요.

분수 (   )
소수 (   )

09 두 분수의 크기를 비교하여 ◯ 안에 >, =, < 를 알맞게 써넣으세요.

(1) $\dfrac{1}{5}$ ◯ $\dfrac{4}{5}$ (2) $\dfrac{1}{9}$ ◯ $\dfrac{1}{6}$

10 같은 것끼리 이으세요.

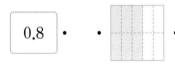

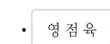

0.8 •   • 영 점 팔

0.3 •   • 영 점 육

0.6 •   • 영 점 삼

11 사각형을 똑같이 여섯으로 나누세요.

12 전체에 알맞은 도형을 모두 고르세요.
·······································(   )

전체를 똑같이 4로 나눈 것 중의 3입니다.

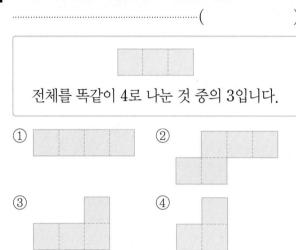

13 호진이는 한 시간 동안 다음과 같이 영어 공부를 했습니다. 가장 오랫동안 공부한 것은 무엇일까요?

듣기	말하기	쓰기
$\dfrac{6}{12}$	$\dfrac{4}{12}$	$\dfrac{2}{12}$

(   )

14 케이크를 똑같이 10조각으로 나누었습니다. 정희는 그중 8조각을 먹고 혜원이는 2조각을 먹었습니다. 정희와 혜원이가 먹은 케이크의 양을 각각 소수로 나타내세요.

정희 (   )
혜원 (   )

15 가장 큰 분수에 ○표, 가장 작은 분수에 △표 하세요.

$$\frac{6}{14} \qquad \frac{1}{14} \qquad \frac{7}{14} \qquad \frac{11}{14} \qquad \frac{10}{14}$$

16 안나는 피자 한 판을 주문하여 그중 $\frac{1}{8}$ 을 먹었습니다. 남은 피자는 먹은 피자의 몇 배일까요?

(   )

17 학교에서 더 가까운 집은 광희네 집과 수민이네 집 중 누구네 집일까요?

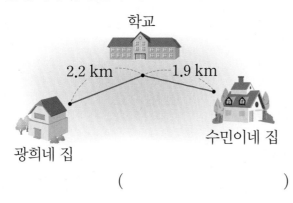

학교

2.2 km   1.9 km

광희네 집   수민이네 집

(   )

18 주혁이가 이번 주 일요일에 한 일입니다. 가장 오랫동안 한 일은 무엇일까요?

달리기	수영	독서
1.3시간	2.1시간	1.8시간

(   )

19 가장 큰 수를 찾아 기호를 쓰세요.

ㄱ 0.1이 78개인 수
ㄴ 칠 점 오
ㄷ 7과 0.1만큼의 수

(   )

20 다음 수 카드 중 한 장을 분자로 하고, 분모가 13인 분수를 만들려고 합니다. 만들 수 있는 분수 중에서 가장 큰 분수와 가장 작은 분수를 각각 구하세요.

9 11 5 8

가장 큰 분수 (   )

가장 작은 분수 (   )

1~20번까지의 단원평가
유사 문제 제공

문제 생성기

과정 중심 평가 문제

21 연희의 색연필의 길이는 8.1 cm, 진수의 색연필의 길이는 78 mm입니다. 누구의 색연필이 더 긴지 알아보려고 합니다. 물음에 답하세요.

(1) 진수의 색연필의 길이는 몇 cm인지 소수로 나타내세요.

(   )

(2) 연희와 진수 중 누구의 색연필이 더 길까요?

(   )

과정 중심 평가 문제

22 재민이네 밭에 심은 채소를 나타낸 것입니다. 가장 넓은 부분에 심은 채소는 무엇이고, 밭 전체의 몇 분의 몇인지 알아보려고 합니다. 물음에 답하세요.

옥수수		배추
토마토	무	

(1) 가장 넓은 부분에 심은 채소는 무엇일까요?

(   )

(2) 가장 넓은 부분에 심은 채소는 밭 전체의 몇 분의 몇일까요?

(   )

과정 중심 평가 문제

23 1부터 9까지의 수 중에서 ☐ 안에 들어갈 수 있는 수는 모두 몇 개인지 풀이 과정을 쓰고 답을 구하세요.

$$6.5 > 6.\boxed{}$$

풀이 _____

_____

_____

_____

답 _____

과정 중심 평가 문제

24 조건에 알맞은 분수는 모두 몇 개인지 풀이 과정을 쓰고 답을 구하세요.

- $\dfrac{1}{9}$ 보다 큰 분수입니다.
- 분자는 1입니다.
- 분모는 1보다 큽니다.

풀이 _____

_____

_____

_____

답 _____

6 단원

진도 완료 체크

오답 노트

배점	1~20번	4점	점수
	21~24번	5점	

틀린 문제 저장! 출력!

우등생 세미나

납치된 삼장법사 구하기

불경을 찾으러 가던 삼장법사와 제자들은 요괴를
만나게 되었어요. 손오공, 저팔계, 사오정은 삼장법사를
지키기 위해 열심히 싸웠습니다.

1 손오공은 분신을 만들어 요괴들을 물리쳤지만 요괴들은
삼장법사와 저팔계, 사오정을 납치해 갔습니다. 손오공은 급히
요괴의 뒤를 쫓았어요.
그런데 손오공 앞에 똑같이 생긴 네 개의 동굴이 나타났습니다.
요괴가 사는 동굴은 계산 결과가 가장 큰 동굴이라고 합니다.
요괴가 사는 동굴은 다음 중 몇째 동굴일까요?

(   )

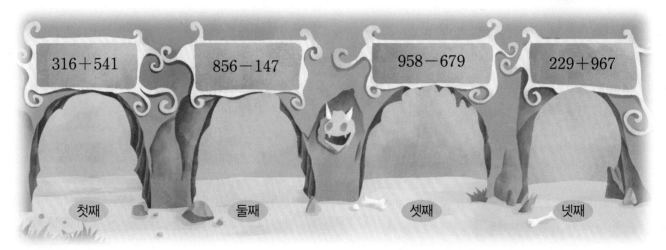

$316+541$	$856-147$	$958-679$	$229+967$
첫째	둘째	셋째	넷째

2 손오공은 드디어 요괴가 사는 곳 앞까지 도착했어요. 하지만 요괴는 손오공을 무서워
하여 최신 암호 장치로 문을 잠가 놓았어요. 다음 ☐ 안에 알맞은 숫자를 찾
아야만 문을 열 수 있답니다. ☐ 안에 알맞은 숫자를 써넣으세요.

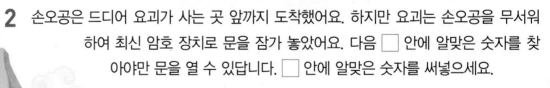

손오공은 드디어 문을 열고 들어갔어요.
놀란 요괴는 바로 항복을 하고 말았습니다.
손오공은 삼장법사를 무사히 구출해
다시 불경을 찾으러 길을 떠났습니다.

정답 : 1. 넷째 동굴   2. (왼쪽에서부터) 9, 4

164 우등생 해법수학 3-1

초등 문해력
독해가 힘이다
문장제 수학편

짱어있기
문해력 어휘 백과
조건과 구하려는 것

🔍 문해력을 키우면 정답이 보인다

초등 문해력 독해가 힘이다
문장제 수학편 (초등 1~6학년 / 단계별)

짧은 문장 연습부터 긴 문장 연습까지 문장을 읽고 이해하며 해결하는 연습을 하여
수학 문해력을 길러주는 문장제 연습 교재

뭘 좋아할지 몰라 다 준비했어♥
전과목 교재

전과목 시리즈 교재

●무등생 해법시리즈
– 국어/수학	1~6학년, 학기용
– 사회/과학	3~6학년, 학기용
– 봄·여름/가을·겨울	1~2학년, 학기용
– SET(전과목/국수, 국사과)	1~6학년, 학기용

●똑똑한 하루 시리즈
– 똑똑한 하루 독해	예비초~6학년, 총 14권
– 똑똑한 하루 글쓰기	예비초~6학년, 총 14권
– 똑똑한 하루 어휘	예비초~6학년, 총 14권
– 똑똑한 하루 한자	예비초~6학년, 총 14권
– 똑똑한 하루 수학	1~6학년, 학기용
– 똑똑한 하루 계산	예비초~6학년, 총 14권
– 똑똑한 하루 도형	예비초~6학년, 총 8권
– 똑똑한 하루 사고력	1~6학년, 학기용
– 똑똑한 하루 사회/과학	3~6학년, 학기용
– 똑똑한 하루 봄/여름/가을/겨울	1~2학년, 총 8권
– 똑똑한 하루 안전	1~2학년, 총 2권
– 똑똑한 하루 Voca	3~6학년, 학기용
– 똑똑한 하루 Reading	초3~초6, 학기용
– 똑똑한 하루 Grammar	초3~초6, 학기용
– 똑똑한 하루 Phonics	예비초~초등, 총 8권

●독해가 힘이다 시리즈
– 초등 문해력 독해가 힘이다 비문학편	3~6학년
– 초등 수학도 독해가 힘이다	1~6학년, 학기용
– 초등 문해력 독해가 힘이다 문장제수학편	1~6학년, 총 12권

영어 교재

●초등영어 교과서 시리즈
파닉스(1~4단계)	3~6학년, 학년용
영단어(1~4단계)	3~6학년, 학년용

●LOOK BOOK 영단어	3~6학년, 단행본
●원서 읽는 LOOK BOOK 영단어	3~6학년, 단행본

국가수준 시험 대비 교재

●해법 기초학력 진단평가 문제집	2~6학년·중1 신입생, 총 6권

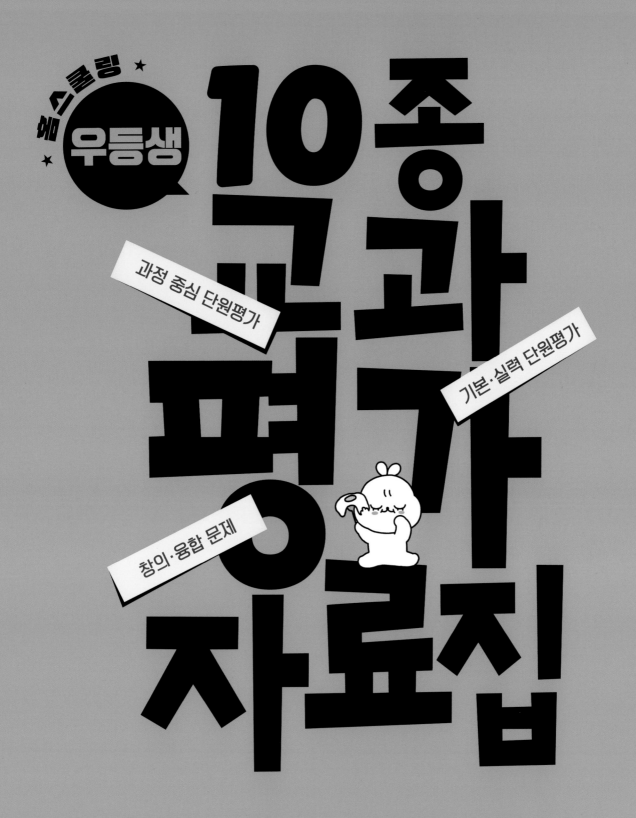

천재교육

홈스쿨링
우등생 10종 교과 평가 자료집

과정 중심 단원평가

기본·실력 단원평가

창의·융합 문제

초등 수학 3·1

10종 교과 평가 자료집
포인트 3가지

▶ 지필 평가, 구술 평가 대비

▶ 서술형 문제로 과정 중심 평가 대비

▶ 기본·실력 단원평가로 학교 시험 대비

10종 교과

평가 자료집

3-1

[01~02] 계산을 하세요.

01
하

```
   3 4 7
 + 5 2 1
```

02
하

```
   5 4 8
 - 2 5 2
```

03 빈 곳에 두 수의 합을 써넣으세요.
하

577	485

04 그림을 보고 □ 안에 알맞은 수를 써넣으세요.
하

05 빈 곳에 알맞은 수를 써넣으세요.
하

647   −259   +471

[06~07] 계산 결과를 비교하여 ◯ 안에 >, =, <를 알맞게 써넣으세요.

06 358+431 ◯ 965−143
중

07 297+268 ◯ 963−398
중

08 각각의 수를 몇백 몇십으로 어림하여 덧셈하면 합은 몇백 몇십일까요?
중

426	544

(   )

09 계산 결과를 찾아 선으로 이으세요.
중

456+233	•		•	689
782−364	•		•	529
675−146	•		•	418

10 □ 안에 알맞은 수를 써넣으세요.
중

```
   4 7 6
 + 2 3 □
 ───────
   7 1 4
```

11 356＋231을 보기 와 같은 방법으로 계산하
중 세요.

보기
264＋315를 백의 자리부터 더해 주는 방법
으로 계산합니다.
200＋300, 60＋10, 4＋5를 계산하면
579가 됩니다.

356＋231을 백의 자리부터 더해 주는 방법
으로 계산합니다.

300＋[ ], 50＋[ ], 6＋[ ]을

계산하면 [ ]이 됩니다.

12 추론
중 □ 안에 알맞은 수를 써넣으세요.

```
    [ ] 6 9
  -  2 8 7
    2 8 [ ]
```

13 빈칸에 알맞은 수를 써넣으세요.
중

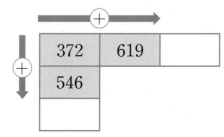

14 다음 중 가장 큰 수와 가장 작은 수의 차를 구하
중 세요.

| 399 | 568 | 184 |

( )

서술형 문제

15 어떤 수에서 148을 뺐더니 525가 되었습니다.
중 어떤 수는 얼마인지 풀이 과정을 쓰고 답을 구하
세요.

풀이 _____

_____

_____

답 _____

16 계산한 값이 큰 순서대로 기호를 쓰세요.
중

㉠ 942－358   ㉡ 425＋197
㉢ 723－172   ㉣ 249＋363

( )

17 준서는 우표를 418장 모으려고 합니다. 지금까지
중 245장을 모았다면 앞으로 몇 장을 더 모아야 할
까요?

( )

18 계산 결과가 630에 가장 가까운 것은 어느 것일
중 까요? ……………………………… ( )

① 308＋331   ② 229＋399
③ 438＋183   ④ 812－191
⑤ 958－369

19 사각형 안에 있는 수끼리 합을 구하세요.
(중)

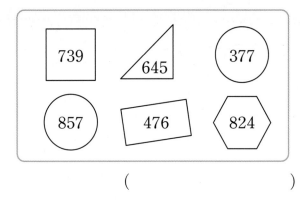

( )

정보 처리
20 범수네 모둠의 줄넘기 횟수입니다. 줄넘기를 가장
(중) 많이 한 사람은 가장 적게 한 사람보다 몇 회 더
했을까요?

이름	횟수(회)
범수	376
가을	248
잔디	189
준이	358

( )

21 다음 삼각형의 세 변의 길이의 합은 몇 cm일
(중) 까요?

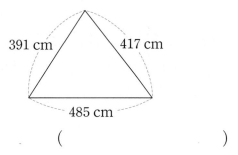

( )

22 어떤 수에서 168을 빼야 할 것을 잘못하여 더했
(상) 더니 521이 되었습니다. 바르게 계산하면 얼마
일까요?

( )

창의 · 융합
23 어느 수영장은 하루에 입장할 수 있는 사람이
(상) 600명입니다. 어느 날 오전에 여자 234명, 남자
189명이 입장하였다면 오후에 입장할 수 있는
사람은 몇 명일까요?

( )

창의 · 융합
24 지우가 용돈 기입장에 들어온 돈과 나간 돈을 쓴
(상) 것입니다. 9일에 들어온 돈은 얼마일까요?

날짜	들어온 돈	나간 돈	남은 돈
5일	290원	·	798원
9일	?	·	?
18일	·	350원	586원

( )

문제 해결
25 다음 수 카드 중 3장을 뽑아 한 번씩만 사용하여
(상) 만들 수 있는 세 자리 수 중에서 십의 자리가 8인
가장 큰 수와 십의 자리가 8인 가장 작은 수의
합과 차를 각각 구하세요.

| 8 | 0 | 4 | 6 |

합 ( )

차 ( )

점수

실력 단원평가 지필 평가 대비

01 계산을 하세요. [5점]
하
925 − 386

02 빈 곳에 두 수의 합을 써넣으세요. [5점]
하

| 487 | 132 |

03 계산 결과가 더 큰 것의 기호를 쓰세요. [5점]
중

ㄱ 472 + 658
ㄴ 879 + 293

(   )

[04~05] 계산 결과를 비교하여 ◯ 안에 >, =, < 를 알맞게 써넣으세요. [각 5점]

04 564 − 419 ◯ 943 − 798
하

05 386 + 867 ◯ 754 + 653
하

06 ☐ 안에 알맞은 수를 써넣으세요. [5점]
중

```
   7 1 2
 − 3 7 ☐
 ─────
   3 3 7
```

📃 **서술형 문제**

07 계산에서 잘못된 부분을 찾아 바르게 고치고, 잘못된 까닭을 설명하세요. [5점]
중

```
   7 2 5
 − 1 9 8   ⇨
 ─────
   6 2 7
```

까닭 _____

_____

📃 **서술형 문제**

08 다음 3장의 수 카드를 한 번씩 사용하여 만들 수 있는 세 자리 수 중에서 가장 큰 수와 가장 작은 수의 합은 얼마인지 식을 쓰고 답을 구하세요.
중
[5점]

| 5 | 7 | 9 |

식 _____

답 _____

창의·융합

09 경은이는 아랍에미리트 두바이에 있는 건물인 부르즈할리파와 63빌딩의 높이를 알아보았습니다. 부르즈할리파의 높이와 63빌딩의 높이의 차를 구하면 몇 m일까요? [5점]
중

부르즈할리파   63빌딩
(828 m)   (249 m)

(   )

10 효빈이는 줄넘기를 어제는 296회 했고 오늘은
중 415회 했습니다. 오늘은 어제보다 몇 회 더 했을
까요? [5점]

(   )

11 다음 중 계산 결과가 가장 큰 것은 어느 것일까요?
중 [5점] ····································· (   )

① 225+413   ② 997-316

③ 203+443   ④ 812-173

⑤ 559+167

12 다음 수 중에서 가장 큰 수와 가장 작은 수의 합과
중 나머지 수와의 차를 구하세요. [5점]

| 559 | 498 | 387 |

(   )

13 ☐ 안에 알맞은 수를 써넣으세요. [10점]
중

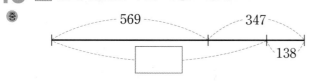

[14~15] ☐ 안에 알맞은 수를 써넣으세요. [각 5점]

14
상
```
    6  5  ☐
+   2  ☐  3
─────────
    9  4  1
```

15
상
```
    7  2  ☐
-   4  8  9
─────────
    2  ☐  9
```

문제 해결

16 어떤 수에 568을 더해야 할 것을 잘못하여 586
상 을 더하였더니 935가 되었습니다. 바르게 계산
하면 얼마일까요? [10점]

(   )

정보 처리

17 우람이는 집에서 출발하여 광장을 지나 백화점
상 에 가려고 합니다. 집에서 출발하여 195 m를
갔다면 앞으로 몇 m를 더 가야 할까요? [10점]

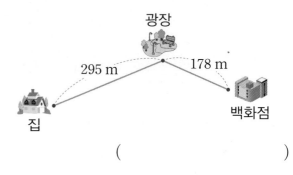

(   )

1 구술 평가 발표를 통해 이해 정도를 평가

다음은 세윤이가 $722-235$를 계산한 것입니다. 잘못된 부분을 찾아 틀린 까닭을 쓰고, 바르게 고치세요. [10점]

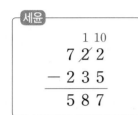

세윤
$$\begin{array}{r} \overset{1\ 10}{7\cancel{2}2} \\ -\ 2\ 3\ 5 \\ \hline 5\ 8\ 7 \end{array}$$

까닭 _____

_____

_____

바른 계산

2 지필 평가 종이에 답을 쓰는 형식의 평가

천재 초등학교에서 운동회가 열렸습니다. 청군이 346명, 백군이 327명일 때 청군과 백군은 모두 몇 명인지 식을 쓰고 답을 구하세요. [10점]

식 _____

답 _____

3 지필 평가

오늘 놀이공원에 입장한 사람 수가 오전에는 254명, 오후에는 529명이었습니다. 오늘 하루 동안 놀이공원에 입장한 사람은 모두 몇 명인지 식을 쓰고 답을 구하세요. [10점]

식 _____

답 _____

4 지필 평가

정수네 학교 홈페이지에 어제와 오늘 방문자가 784명입니다. 오늘 417명이 방문하였다면 어제 방문한 사람은 몇 명인지 식을 쓰고 답을 구하세요.

[10점]

식 _____

답 _____

1 단원

5 수호네 마을 어른들의 직업을 조사하여 나타낸 표입니다. 직업이 서비스업인 사람은 직업이 농업인 사람보다 몇 명 더 많은지 풀이 과정을 쓰고 답을 구하세요. [15점]

직업	농업	어업	서비스업	제조업	사무업
사람 수	156	97	301	180	274

풀이 _____

_____

_____

_____

답 _____

지필 평가

6 미진이는 872 m를 달렸고, 주희는 미진이보다 194 m를 적게 달렸습니다. 병호는 주희보다 179 m를 적게 달렸다면 병호가 달린 거리는 몇 m 인지 풀이 과정을 쓰고 답을 구하세요. [15점]

풀이 _____

_____

_____

_____

답 _____

지필 평가

7 어떤 수에 496을 더해야 할 것을 잘못하여 뺐더니 246이 되었습니다. 바르게 계산하면 얼마인지 알아보세요. [30점]

(1) 어떤 수를 ☐라 하고 잘못 계산한 식을 쓰시오. [5점]

식 _____

(2) 어떤 수는 얼마인지 풀이 과정을 쓰고 답을 구하시오. [15점]

풀이 _____

_____

_____

_____

답 _____

(3) 바르게 계산하면 얼마인지 식을 쓰고 답을 구하시오. [10점]

식 _____

답 _____

창의·융합 문제

[1~3] 대화를 읽고 음식의 열량에 대해 알아보고 물음에 답하세요. 창의·융합 문제 해결

햄버거	치킨	감자튀김	피자	밥
1개 617 킬로칼로리	1조각 186 킬로칼로리	1봉지 285 킬로칼로리	1조각 390 킬로칼로리	한 공기 286 킬로칼로리

└ 열량의 단위로 kcal로 표시합니다.

1 햄버거 1개와 치킨 1조각을 먹으면 열량은 얼마일까요?

(   )

2 피자 1조각은 밥 한 공기보다 열량이 몇 킬로칼로리 더 높을까요?

(   )

3 배드민턴을 30분 동안 하면 173 킬로칼로리를 쓸 수 있습니다. 감자튀김을 1봉지 먹고 배드민턴을 30분 동안 했을 때 감자튀김을 먹어서 생긴 열량 중 아직 몸에 남아 있는 열량은 몇 킬로칼로리일까요?

(   )

01 직각삼각형을 찾아 기호를 쓰세요.
하

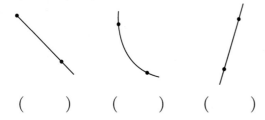

(　　　　　　)

02 직선을 찾아 ○표 하세요.
하

(　　) (　　) (　　)

03 점 ㄹ에서 시작하여 한쪽으로 끝없이 늘인 곧은 선입니다. 도형의 이름을 쓰세요.
하

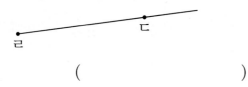

(　　　　　　)

04 다음은 정사각형입니다. □ 안에 알맞은 수를 써넣으세요.
하

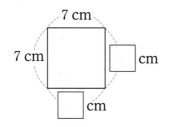

05 도형의 이름을 쓰세요.
중

(1) 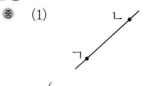   (2)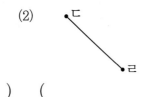

(　　　) (　　　)

06 삼각자를 이용하여 그린 각입니다. 각의 변 중 하나를 바르게 읽은 것을 찾아 ○표 하세요.
중

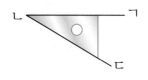

(직선 ㄱㄴ , 변 ㄴㄷ , 변 ㄱㄷ)

07 각 ㄹㅂㅁ을 그리세요.
중

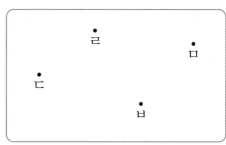

08 각이 있는 도형을 찾아 ○표 하세요.
중

  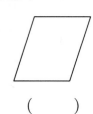

(　　) (　　) (　　)

창의·융합
09 포도나무는 포도가 햇빛을 잘 받을 수 있도록 줄기를 양쪽으로 펼쳐서 키운다고 합니다. 표시한 각과 같은 각을 무엇이라고 할까요?
중

(　　　　　　)

10 다음 도형에서 찾을 수 있는 각은 모두 몇 개인지 쓰세요.
⑧

(1) 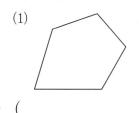　　(2)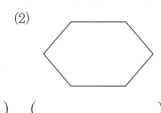

(　　　　) (　　　　)

11 다음 도형이 선분이 아닌 까닭을 쓰세요.
⑧

_____

_____

12 직각을 그리기 위해서는 점 ㄱ에서 시작하여 어느 점을 지나가게 반직선을 그어야 할까요?
⑧
·····················(　　)

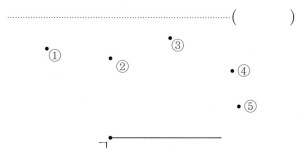

13 도형에서 직각삼각형을 찾아 색칠하세요.
⑧

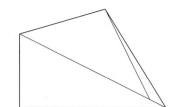

14 점 종이에 그어진 선분을 한 변으로 하는 정사각형을 그리세요.
⑧

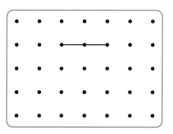

15 직사각형에 대한 설명으로 잘못된 것을 찾아 기호를 쓰세요.
⑧

> ㉠ 네 각이 모두 직각입니다.
> ㉡ 네 변의 길이가 모두 같습니다.
> ㉢ 직각인 각이 있습니다.

(　　　　)

2 단원

[16~18] 도형을 보고 물음에 답하세요.

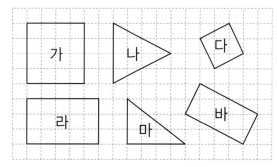

16 정사각형을 모두 찾아 기호를 쓰세요.
⑧
(　　　　)

17 직사각형을 모두 찾아 기호를 쓰세요.
⑧
(　　　　)

18 직각삼각형을 찾아 기호를 쓰세요.
⑧
(　　　　)

19 다음은 직사각형입니다. ☐ 안에 알맞은 수를 써 넣으세요.

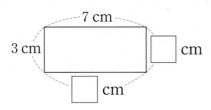

20 직각이 있는 도형을 모두 찾아 기호를 쓰세요.

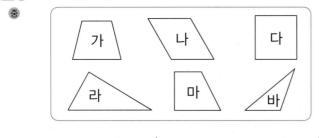

( )

추론

21 정사각형 모양의 종이를 점선을 따라 접었더니 완전히 겹쳐졌습니다. 겹쳐 놓은 도형에서 찾을 수 있는 직각은 모두 몇 개일까요?

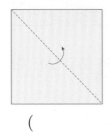

( )

22 한 변이 6 cm인 정사각형의 네 변의 길이의 합은 몇 cm일까요?

( )

23 직사각형 모양의 종이를 점선을 따라 자르면 직사각형은 모두 몇 개 생길까요?

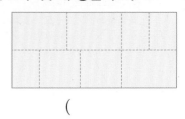

( )

창의·융합

24 현지는 도형판 위에 고무줄을 이용하여 사각형 4개를 만들었습니다. 만든 사각형의 공통점을 찾아 빈 곳에 써넣으세요.

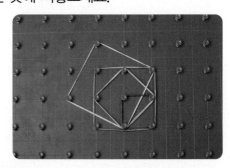

현지 ▷ 모두 정사각형이야.

서술형 문제

25 오른쪽 도형에서 찾을 수 있는 크고 작은 직사각형은 모두 몇 개인지 풀이 과정을 쓰고 답을 구하세요.

풀이 _____

_____

_____

답 _____

01
하
선분 ㄷㄱ을 그으세요. [5점]

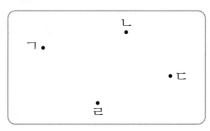

02
하
오른쪽 각의 꼭짓점을 찾아 쓰세요. [5점]

(   )

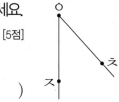

03
하
☐ 안에 알맞은 수를 써넣으세요. [5점]

직각삼각형은 변과 꼭짓점이 각각 ☐ 개이고

직각이 ☐ 개인 삼각형입니다.

[04~05] 도형을 보고 물음에 답하세요.

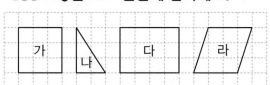

04
중
빈칸에 알맞은 수를 써넣으세요. [5점]

도형	가	나	다	라
직각의 수(개)				

05
중
정사각형을 찾아 기호를 쓰세요. [5점]

(   )

06
중
도형에서 선분은 모두 몇 개일까요? [5점]

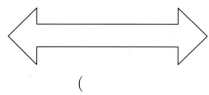

(   )

추론

07
중
5개의 점을 이용하여 그을 수 있는 선분 중 한 점이 ㄱ인 선분은 모두 몇 개일까요? [5점]

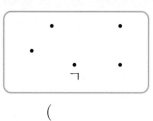

(   )

08
중
직사각형을 모두 찾아 기호를 쓰세요. [5점]

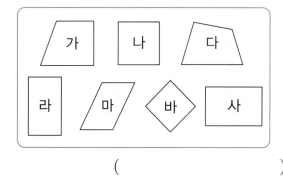

(   )

09
중
점 종이에 그어진 선을 이용하여 직각삼각형을 완성하세요. [5점]

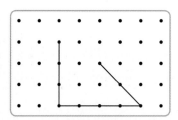

• 정답 61쪽

10 점 ㄴ을 꼭짓점으로 하는 각은 모두 몇 개일까요?
중
[5점]

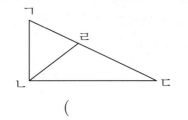

( )

11 그림에서 직각은 모두 몇 개 있을까요? [10점]
중

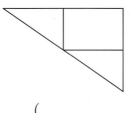

( )

창의·융합
12 오른쪽 직사각형 모양의 종이 를 점선을 따라 모두 자를 때 만들어지는 직각삼각형은 몇 개일까요? [10점]
중

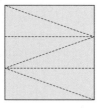

( )

13 보기 의 모양 조각을 이용하여 색칠된 부분을 겹 치지 않게 덮으려면 보기 의 모양 조각이 몇 개 필요할까요? [10점]
상

보기
   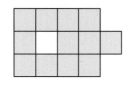

( )

문제 해결
[14~15] 오른쪽 도형을 보고 물음에 답하세요.

14 작은 직사각형 2개로 이루어진 직사각형은 모두 몇 개일까요? [5점]
상

( )

15 크고 작은 직사각형은 모두 몇 개일까요? [5점]
상

( )

📝 서술형 문제
16 네 변의 길이의 합이 30 cm인 직사각형이 있습 니다. □ 안에 알맞은 수는 얼마인지 풀이 과정 을 쓰고 답을 구하세요. [10점]
상

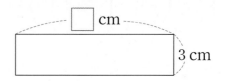

풀이

답

과정 중심 단원평가 지필·구술 평가 대비

점수

2. 평면도형

구술 평가 발표를 통해 이해 정도를 평가

1 다음 도형이 각이 아닌 까닭을 설명하세요. [10점]

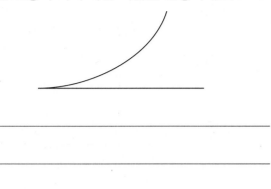

_____

_____

_____

지필 평가 종이에 답을 쓰는 형식의 평가

3 모눈종이에 모양과 크기가 서로 다른 직사각형을 2개 그리고, 그린 두 직사각형의 같은 점을 쓰시오. [10점]

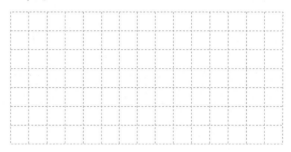

같은 점 _____

_____

_____

구술 평가

2 다음 도형이 정사각형이 아닌 까닭을 설명하세요.
[10점]

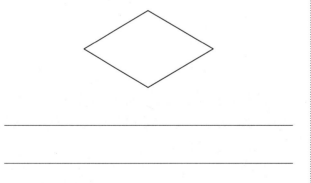

_____

_____

_____

지필 평가

4 직각의 개수가 가장 많은 도형은 어느 것인지 풀이 과정을 쓰고 답을 구하세요. [10점]

가   나

다   라

풀이

_____

_____

답

• 정답 62쪽

지필 평가

5 오른쪽 도형이 정사각형이 아닌 까닭을 쓰고 한 꼭짓점을 움직여 정사각형이 되도록 그리세요. [10점]

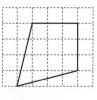

까닭 _____

_____

_____

답

지필 평가

6 크기가 다른 두 정사각형을 이어 붙여서 만든 도형입니다. 선분 ㄱㄴ의 길이는 몇 cm인지 풀이 과정을 쓰고 답을 구하세요. [15점]

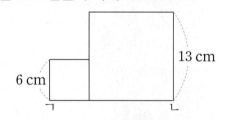

풀이 _____

_____

_____

답 _____

지필 평가

7 종이를 점선을 따라 잘랐을 때 직각삼각형은 모두 몇 개가 생기는지 풀이 과정을 쓰고 답을 구하세요. [15점]

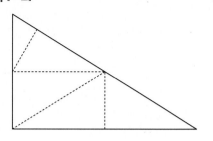

풀이 _____

_____

_____

_____

답 _____

지필 평가

8 다음 도형에서 찾을 수 있는 크고 작은 직사각형은 모두 몇 개인지 풀이 과정을 쓰고 답을 구하세요. [20점]

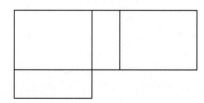

풀이 _____

_____

_____

_____

답 _____

창의·융합 문제

[1~2] 픽셀아트는 작은 점(또는 도형)을 이용해서 그림을 꾸미는 것입니다. 다음은 모눈종이에 색종이를 사용하여 자동차를 꾸민 픽셀아트입니다. 물음에 답하세요. 창의·융합 문제 해결

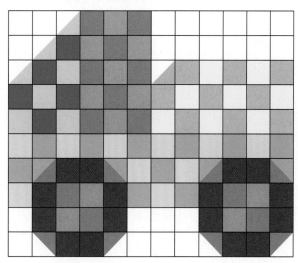

1 직각삼각형 모양의 색종이는 모두 몇 개 사용했을까요?

(   )

2 정사각형 모양의 색종이는 모두 몇 개 사용했을까요?

(   )

3 다음 흐름에 따라 출력된 값은 얼마일까요? 정보 처리

시작	1회	2회
• •	• • • •	• • • • • •
점 2개를 일정한 간격으로 찍은 후에 시작합니다.	한 회마다 점을 오른쪽에 2개씩 추가합니다.	2회에 있는 점 6개로 그릴 수 있는 직사각형의 개수를 출력합니다.

(   )

01 그림을 보고 □ 안에 알맞은 수를 써넣으세요.
하

□ ÷ 3 = □

02 나눗셈식을 보고 □ 안에 알맞은 말을 써넣으세요.
하

15 ÷ 3 = 5

5는 15를 3으로 나눈 □입니다.

03 64 ÷ 8의 몫을 구할 때 필요한 곱셈구구는 어느 것일까요? ·····( )
하

① 8단 곱셈구구   ② 7단 곱셈구구
③ 6단 곱셈구구   ④ 5단 곱셈구구
⑤ 4단 곱셈구구

04 □ 안에 알맞은 수를 써넣으세요.
중

(1) 4 × □ = 24 ↔ 24 ÷ 4 = □

(2) 7 × □ = 49 ↔ 49 ÷ 7 = □

05 32 ÷ 4의 몫을 구할 때 필요한 곱셈식은 어느 것일까요? ·····( )
중

① 4 × 2 = 8   ② 4 × 3 = 12
③ 4 × 4 = 16   ④ 4 × 8 = 32
⑤ 4 × 9 = 36

06 □ 안에 알맞은 수를 써넣으세요.
중

(1) 24 − 8 − 8 − 8 = 0
⇨ □ ÷ 8 = □

(2) 32 − 8 − 8 − 8 − 8 = 0
⇨ □ ÷ 8 = □

[07~08] 그림을 보고 물음에 답하세요.

07
중

딸기 21개를 세 접시에 똑같이 나누어 놓으려고 합니다. 한 접시에 몇 개씩 놓아야 할까요?
( )

08
중

딸기 21개를 한 명에게 3개씩 나누어 주려고 합니다. 몇 명에게 나누어 줄 수 있을까요?
( )

09 나눗셈의 몫을 잘못 구한 것을 찾아 기호를 쓰세요.

┌─────────────────────────────────┐
│ ㉠ 12÷4＝3   ㉡ 20÷4＝5 │
│ ㉢ 81÷9＝8   ㉣ 63÷9＝7 │
└─────────────────────────────────┘

( )

10 나눗셈의 몫을 구하세요.

(1) 48÷6

(2) 54÷9

11 ☐ 안에 알맞은 수를 써넣으세요.

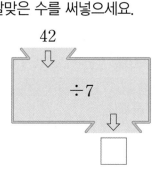

12 몫의 크기를 비교하여 ○ 안에 ＞, ＝, ＜를 알맞게 써넣으세요.

(1) 35÷5 ◯ 36÷6

(2) 14÷2 ◯ 49÷7

13 곱셈식을 나눗셈식으로 나타내세요.

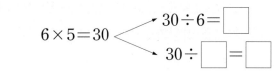

14 나눗셈의 몫이 가장 큰 것은 어느 것일까요?
....................................( )

① 14÷7   ② 18÷9

③ 28÷4   ④ 40÷5

⑤ 24÷8

15 다음 세 수를 한 번씩 이용하여 나눗셈식을 2개 만드세요.

┌─────────────────────────┐
│   45, 5, 9   │
└─────────────────────────┘

_____

_____

16 빈 곳에 알맞은 수를 써넣으세요.

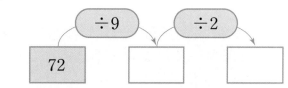

17 ☐ 안의 수가 나머지 넷과 다른 하나는 어느 것일까요? ....( )

① 12÷2＝☐   ② 42÷☐＝7

③ 54÷☐＝9   ④ 16÷2＝☐

⑤ 18÷3＝☐

3
단
원

• 정답 63쪽

18 몫이 같은 것끼리 선으로 이으세요.
중

$12 \div 3$	•		•	$25 \div 5$
$18 \div 2$	•		•	$27 \div 3$
$40 \div 8$	•		•	$16 \div 4$

19 공책 35권을 7묶음이 되도록 똑같이 나누려고
중 합니다. 한 묶음에 공책을 몇 권씩 묶을 수 있을까요?

( )

창의·융합
20 한 팀에 8명씩 구성하여 피구를 하려고 합니다.
중 학생이 32명이면 피구 팀은 모두 몇 팀일까요?

( )

21 과수원에서 사과를 연정이는 36개, 성희는 18개
중 땄습니다. 연정이와 성희가 딴 사과를 상자 9개에 똑같이 나누어 담으려고 합니다. 한 상자에 사과를 몇 개씩 담을 수 있을까요?

( )

문제 해결
22 사탕이 한 봉지에 6개씩 4봉지 있습니다. 이 사탕
중 을 한 상자에 8개씩 담으려고 합니다. 상자는 모두 몇 개 필요할까요?

( )

추론
23 세 장의 수 카드를 한 번씩만 사용하여 몫이 가장
상 큰 나눗셈식을 만들고 몫을 쓰세요.

| 14 | 7 | 2 |

식 $\boxed{} \div \boxed{} = \boxed{}$

( )

서술형 문제
24 나눗셈을 이용하여 몫을 구하는 문제를 만들고
상 답을 구하세요.

| $36 \div 4$ |

문제 _____

_____

_____

답 _____

25 규리네 모둠은 땅콩 28개를 4개씩 똑같이 나누어
상 가지고, 솔이네 모둠은 땅콩 72개를 8개씩 똑같이 나누어 가졌습니다. 땅콩을 나누어 가진 학생은 모두 몇 명일까요?

( )

01 뺄셈식을 나눗셈식으로 나타내세요. [5점]

$$28-7-7-7-7=0$$

(   )

[02~03] $12÷4=3$을 여러 가지로 나타내세요.

[각 5점]

02 구슬 12개를 4묶음으로 똑같이 나누려고 합니다. 한 묶음에 구슬을 몇 개씩 놓을 수 있는지 ○를 그리세요.

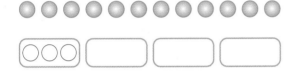

[의사 소통]

03 나눗셈식 $12÷4=3$을 나타낸 문장을 보고 □ 안에 알맞은 수를 써넣으세요.

구슬 □ 개를 학생 □ 명에게 똑같이 나누어 주면 한 학생이 □ 개씩 가질 수 있습니다.

04 그림을 보고 곱셈식과 나눗셈식으로 나타내세요.

[5점]

[곱셈식] _____

[나눗셈식] _____

05 □ 안에 알맞은 수를 써넣으세요. [5점]

$$□ × 5 = 30 \longleftrightarrow 30 ÷ 5 = □$$

06 나눗셈의 몫을 구한 다음 나눗셈식을 2개의 곱셈식으로 나타내세요. [5점]

$$28 ÷ 4 = □$$

_____

_____

07 나눗셈의 몫이 큰 것부터 차례로 기호를 쓰세요.

[5점]

㉠ $72÷9$	㉡ $27÷3$
㉢ $36÷6$	㉣ $56÷8$

(   )

08 나눗셈의 몫을 구할 때 필요한 곱셈구구의 단이 다른 것은 어느 것일까요? [5점] ······ (   )

① $18÷9$ ② $54÷9$

③ $63÷9$ ④ $64÷8$

⑤ $81÷9$

• 정답 64쪽

서술형 문제

09 나눗셈 42÷7을 곱셈식을 이용하여 몫을 구하는 방법을 설명하고 몫을 구하세요. [5점]
중

설명 _____

_____

_____

몫 (   )

10 다음 나눗셈의 몫보다 큰 수를 모두 찾아 ○표 하세요. [5점]
중

$$45÷9$$

(4 , 5 , 6 , 7 , 8)

11 ☐ 안에 들어갈 수 있는 수 중에서 가장 큰 것은 어느 것일까요? [5점] ·······(   )
중
① 48÷8=☐   ② 27÷3=☐
③ 49÷☐=7   ④ 63÷☐=9
⑤ 56÷☐=7

추론

12 어떤 수를 2로 나누었더니 몫이 6이 되었습니다. 어떤 수는 얼마일까요? [5점]
중
(   )

[13~14] ☐ 안에 알맞은 수를 써넣으세요. [각 5점]

13 36÷4=☐×3
중

14 40÷☐=30÷6
중

15 정사각형 모양의 꽃밭이 있습니다. 꽃밭의 네 변의 길이의 합이 24 m라면 한 변의 길이는 몇 m일까요? [5점]
중
(   )

16 혜주네 집에 있는 소와 닭의 다리 수를 세어 보니 모두 42개였습니다. 소가 6마리라면 닭은 몇 마리일까요? [5점]
상
(   )

17 다음 중 두 수를 골라 한 번씩만 사용하여 몫이 6이 되는 나눗셈식 2개를 만드세요. [10점]
상

| 3   4   7   8   12   18   40   42 |

☐÷☐=6, ☐÷☐=6

창의·융합

18 개미는 겨울에 먹을 양식 72개를 한 줄에 8개씩 놓았습니다. 그중에서 3줄을 베짱이에게 나누어 주었다면 남아 있는 양식은 몇 개일까요? [10점]
상

(   )

3 단원

지필 평가 종이에 답을 쓰는 형식의 평가

1 구슬 15개를 접시 3개에 똑같이 나누어 담으려고 합니다. 접시 1개에 구슬을 몇 개씩 담을 수 있는지 접시 위에 ○를 그려 답을 구하세요. [10점]

답 _____

지필 평가

2 볼펜 45자루를 필통 9개에 똑같이 나누어 넣으려고 합니다. 필통 한 개에 볼펜을 몇 자루씩 넣어야 하는지 식을 쓰고 답을 구하세요. [10점]

식 _____

답 _____

지필 평가

3 준형이네 가족은 친척과 함께 여행을 가려고 합니다. 준형이네 가족과 친척이 모두 12명일 때 3명씩 자동차를 타고 가려면 자동차는 몇 대가 필요한지 곱셈식과 나눗셈식을 쓰고 답을 구하세요. [10점]

곱셈식 _____

나눗셈식 _____

답 _____

지필 평가

4 바둑돌을 이용하여 곱셈식과 나눗셈식을 각각 2개씩 만드세요. [10점]

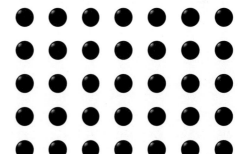

곱셈식 _____

_____

나눗셈식 _____

_____

• 정답 65쪽

5 구술 평가 발표를 통해 이해 정도를 평가

다음 식을 이용하여 문제를 만들고 답을 구하세요. [15점]

$$32 \div 8$$

문제 _____

_____

_____

_____

답 _____

6 지필 평가

'쌈'은 바늘을 묶어 세는 단위로 한 쌈은 바늘 24개입니다. 바늘 한 쌈을 바늘꽂이 3개에 똑같이 나누어 꽂으려고 합니다. 바늘꽂이 한 개에 바늘을 몇 개씩 꽂아야 하는지 풀이 과정을 쓰고 답을 구하세요. [15점]

풀이 _____

_____

_____

_____

답 _____

7 지필 평가

호선이는 한 봉지에 9개씩 들어 있는 초콜릿 4봉지를 친구 6명에게 똑같이 나누어 주려고 합니다. 한 명에게 몇 개씩 나누어 줄 수 있는지 풀이 과정을 쓰고 답을 구하세요. [15점]

풀이 _____

_____

_____

_____

답 _____

8 지필 평가

주연이가 공원에 있는 두발자전거와 세발자전거의 바퀴 수를 세었더니 모두 39개였습니다. 두발자전거가 9대였다면 세발자전거는 몇 대인지 풀이 과정을 쓰고 답을 구하세요. [15점]

풀이 _____

_____

_____

_____

답 _____

3단원

창의 · 융합 문제

[1~2] 다음은 여러 나라의 국기입니다. 국기 속의 별의 수를 세어 물음에 답하세요. 창의·융합 문제 해결

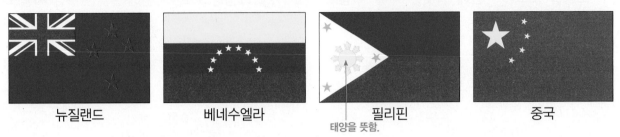

뉴질랜드　　　　　베네수엘라　　　　필리핀　　　　　중국

태양을 뜻함.

1 뉴질랜드, 베네수엘라, 필리핀 국기 속의 별은 모두 몇 개일까요? (단, 필리핀 국기의 태양은 세지 않습니다.)

(　　　　　　　　　)

2 위 1에서 구한 세 국기 속의 별의 수의 합을 중국 국기 속의 별의 수로 나눈 몫을 구하세요.

(　　　　　　　　　)

정보 처리

3 다음의 화살표 방향으로 규칙에 따라 차례대로 계산하여 간다면 목적지에 도착했을 때의 수는 얼마일까요?

규칙

⇨: 8을 더합니다.　　　⇩: 4로 나눕니다.　　　⇧: 5로 나눕니다.

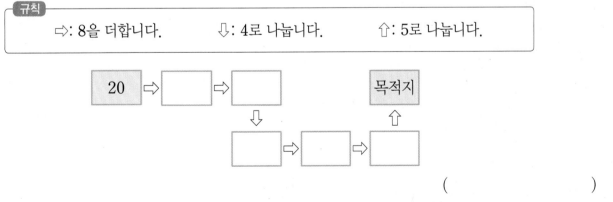

(　　　　　　　　　)

01 수 모형을 보고 □ 안에 알맞은 수를 써넣으세요.

$$20 \times \boxed{} = \boxed{}$$

02 다음과 같이 곱셈식으로 나타내세요.

22의 3배 ⇨ $22 \times 3 = 66$

31의 3배 ⇨ _____

03 계산을 하세요.

(1)   5 1
    ×   7

(2)   3 2
    ×   4

(3) 51×6

(4) 41×4

04 □ 안에 알맞은 수를 써넣으세요.

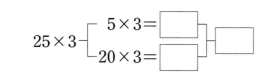
25×3 ⎰ $5 \times 3 = \boxed{}$
       ⎱ $20 \times 3 = \boxed{}$

05 그림을 보고 □ 안에 알맞은 수를 써넣으세요.

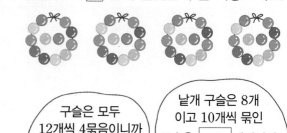

구슬은 모두 12개씩 4묶음이니까 $\boxed{} \times \boxed{}$ 로 나타낼 수 있어.

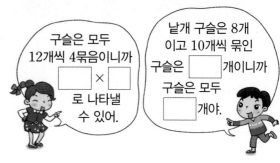

낱개 구슬은 8개이고 10개씩 묶인 구슬은 $\boxed{}$ 개이니까 구슬은 모두 $\boxed{}$ 개야.

06 곱이 같은 것끼리 선으로 이으세요.

31×6 •	• 14×7
16×5 •	• 20×4
49×2 •	• 62×3

07 빈 곳에 알맞은 수를 써넣으세요.

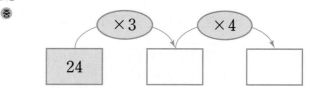

24 → ×3 → □ → ×4 → □

08 빈칸에 알맞은 수를 써넣으세요.

×	×	
25	4	100
2	19	

09 곱의 크기를 비교하여 ○ 안에 >, =, <를 알 맞게 써넣으세요.

| 42 × 4 | ○ | 61 × 3 |

10 곱이 가장 큰 것을 찾아 기호를 쓰세요.

㉠ 51 × 8   ㉡ 92 × 3   ㉢ 41 × 6

(   )

창의 · 융합

11 직사각형 모양의 꽃밭이 있습니다. 가로는 세로 의 3배입니다. 이 꽃밭의 가로는 몇 m일까요?

19 m

(   )

12 한 개에 80원짜리 사탕을 4개 샀습니다. 사탕 4개의 가격은 얼마일까요?

(   )

13 현진이네 반 학생 23명에게 빵을 4개씩 나누어 주려고 합니다. 준비해야 할 빵은 모두 몇 개일 까요?

(   )

14 다음 곱셈식에서 잘못된 부분을 찾아 바르게 고치 세요.

```
    7 6
  ×   3
  2 1 8
```
⇨

문제 해결

15 연필 한 타는 12자루입니다. 선생님께서 연필 5타 를 학생들에게 모두 나누어 주셨습니다. 선생님 께서 학생들에게 나누어 준 연필은 모두 몇 자루 일까요?

(   )

16 ㉠+㉡의 값을 구하세요.

㉠ 27 × 3   ㉡ 26 × 8

(   )

17 시우가 곶감을 한 봉지에 36개씩 담았더니 3봉지 가 되었습니다. 그림을 보고 시우가 담은 곶감의 수를 구하는 곱셈식을 쓰고 계산하세요.

곱셈식 _____

18 선생님께서 한 상자에 25개씩 들어 있는 토마토
중 5상자를 차에 실으셨습니다. 토마토는 모두 몇 개
인지 두 가지 방법으로 구하세요.

방법1 _____

방법2 _____

19 유나네 반에는 6칸으로 만들어진 책꽂이가 한 개
중 있습니다. 유나는 책꽂이 한 칸에 책을 21권씩
모두 꽂았습니다. 이 책꽂이에 꽂은 책은 모두 몇
권일까요?

(_____)

20 ☐ 안에 알맞은 수를 써넣으세요.
중

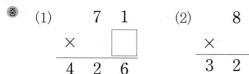

(1)
```
    7 1
  ×   ☐
  ─────
  4 2 6
```

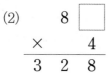

(2)
```
    8 ☐
  ×   4
  ─────
  3 2 8
```

📜 서술형 문제

21 형민이는 색종이를 13장씩 4묶음 가지고 있고,
중 수영이는 16장씩 3묶음 가지고 있습니다. 색종
이를 누가 몇 장 더 많이 가지고 있는지 풀이 과
정을 쓰고 답을 구하세요.

풀이 _____

_____

_____

답 _____ , _____

22 ☐ 안에 들어갈 수 있는 세 자리 수는 모두 몇 개
중 일까요?

$$66 \times 2 < \boxed{} < 45 \times 3$$

(_____)

추론

23 1부터 9까지 수 중에서 ☐ 안에 들어갈 수 있는
상 수를 모두 구하세요.

$$24 \times 3 > 16 \times \boxed{}$$

(_____)

24 세 장의 수 카드를 한 번씩만 사용하여 곱이 가장
상 큰 (몇십몇)×(몇)의 곱셈식을 만들고 곱을 구하
세요.

```
 7    2    9
```

_____

📜 서술형 문제

25 동생은 8살입니다. 아버지의 나이는 동생 나이의
상 5배이고, 어머니는 아버지보다 4살 더 적습니다.
할머니의 나이가 어머니 나이의 2배라면 할머니
는 몇 살인지 풀이 과정을 쓰고 답을 구하세요.

풀이 _____

_____

_____

답 _____

4
단원

01 수직선을 보고 ☐ 안에 알맞은 수를 써넣으세요. [5점]

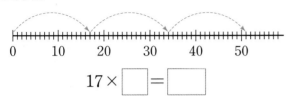

$$17 \times \boxed{} = \boxed{}$$

02 ☐ 안에 알맞은 수를 써넣으세요. [5점]

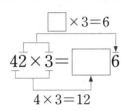

03 28×3의 곱을 두 가지 방법으로 계산하려고 합니다. ☐ 안에 알맞은 수를 써넣으세요. [8점]

(1)
```
    2 8
×     3
┌─────┐
└─────┘
    6 0
┌─────┐
└─────┘
```

(2)
```
    2 8
×     3
┌─────┐
└─────┘
    2 4
┌─────┐
└─────┘
```

04 다음 중에서 곱이 가장 큰 것은 어느 것일까요? [5점] ·······(   )

① 20×8   ② 41×3
③ 58×2   ④ 26×4
⑤ 38×2

05 빈 곳에 알맞은 수를 써넣으세요. [5점]

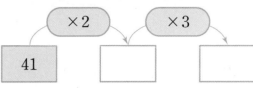

06 곱이 큰 것부터 차례로 기호를 쓰세요. [5점]

㉠ 17×3	㉡ 41×2
㉢ 34×2	㉣ 26×3

(   )

07 윤호의 나이는 13살이고, 이모의 나이는 윤호 나이의 3배입니다. 할아버지의 나이가 이모 나이의 2배라면 할아버지는 몇 살일까요? [5점]

(   )

📄 서술형 문제

08 잘못 계산한 곳을 찾아 까닭을 쓰고, 바르게 계산하세요. [5점]

```
    2 5
×     3
─────
    6 5
```
⇨

까닭 _____

_____

_____

09 어떤 수에 3을 곱해야 할 것을 잘못하여 뺐더니 60이 되었습니다. 바르게 계산하면 얼마일까요?
중 [5점]

(   )

추론
10 1부터 9까지의 수 중에서 □ 안에 들어갈 수 있
중 는 수를 모두 구하세요. [8점]

$$17 \times 6 < 31 \times \square < 40 \times 4$$

(   )

11 ◆★◉＝◆×◉×◉×◉라고 약속할 때 다
중 음을 계산하세요. [8점]

$$19 ★ 2$$

(   )

추론
12 오른쪽 곱셈식에서 ○ 안에
상 어떤 수를 넣어야 그 곱이
500에 가장 가까울까요? [8점]

$$\begin{array}{r} 6\ 1 \\ \times\ \ \bigcirc \\ \hline \square \end{array}$$

(   )

문제 해결
13 어떤 두 자리 수의 십의 자리 숫자와 일의 자리
상 숫자를 바꾼 후 5를 곱하였더니 65가 되었습니다.
어떤 두 자리 수를 구하세요. [8점]

(   )

추론
14 그림과 같이 골목길의 양쪽에 5 m 간격으로 화
상 분이 하나씩 놓여 있습니다. 골목길 양쪽에 놓인
화분의 수를 세어 보니 모두 30개였습니다. 골목
길의 한쪽의 길이는 몇 m일까요? (단, 골목길의
처음과 끝에는 화분이 놓이지 않았습니다.) [10점]

5m 5m 5m …… 5m 5m 5m

(   )

📝 서술형 문제
15 선웅이네 반 전체 학생은 32명이고, 그중에서 남
상 학생은 18명입니다. 색연필을 여학생에게는 2자
루씩, 남학생에게는 3자루씩 나누어 주려고 합니
다. 색연필은 모두 몇 자루 필요한지 풀이 과정
을 쓰고 답을 구하세요. [10점]

풀이 _____

_____

_____

_____

답 _____

4 단원

지필 평가 종이에 답을 쓰는 형식의 평가

1 연필 1타는 12자루입니다. 준호는 문구점에서 연필을 6타 샀습니다. 준호가 산 연필은 모두 몇 자루인지 식을 쓰고 답을 구하세요. [10점]

식 _____

답 _____

지필 평가

2 곱셈식에서 ☐ 안에 알맞은 수는 얼마인지 풀이 과정을 쓰고 답을 구하세요. [10점]

풀이 _____

_____

_____

답 _____

지필 평가

3 범진이는 윗몸 일으키기를 20회씩 3일 동안 했고 팔 굽혀 펴기를 15회씩 4일 동안 했습니다. 범진이가 윗몸 일으키기와 팔 굽혀 펴기를 한 횟수는 모두 몇 회인지 풀이 과정을 쓰고 답을 구하세요. [10점]

풀이 _____

_____

_____

_____

답 _____

지필 평가

4 1부터 9까지의 수 중에서 ☐ 안에 들어갈 수 있는 수는 무엇인지 풀이 과정을 쓰고 들어갈 수 있는 수를 모두 구하세요. [10점]

$$52 \times 2 \quad \bigcirc\!\!>\quad 19 \times \boxed{}$$

풀이 _____

_____

_____

_____

답 _____

4 단원

• 정답 69쪽

지필 평가

5 영주네 학교 3학년 학생은 한 반에 24명씩 4개 반이 있습니다. 영주는 연필 100자루를 가지고 있습니다. 3학년 학생들에게 연필을 1자루씩 나누어 주면 연필이 몇 자루 남는지 풀이 과정을 쓰고 답을 구하세요. [15점]

풀이 _____

_____

_____

답 _____

지필 평가

6 과일 가게에 귤이 25개씩 6상자 있습니다. 오늘 그중 88개를 팔았다면 남은 귤은 몇 개인지 풀이 과정을 쓰고 답을 구하세요. [15점]

풀이 _____

_____

_____

답 _____

지필 평가

7 동화책을 혜진이는 33쪽씩 5일 동안 읽었고, 용태는 28쪽씩 6일 동안 읽었습니다. 두 사람 중 누가 몇 쪽 더 많이 읽었는지 풀이 과정을 쓰고 답을 구하세요. [15점]

풀이 _____

_____

_____

답 _____, _____

지필 평가

8 형은 12살이고 아버지의 연세는 형 나이의 3배 입니다. 할아버지의 연세가 아버지 연세의 2배라면 할아버지의 연세는 몇 세인지 풀이 과정을 쓰고 답을 구하세요. [15점]

풀이 _____

_____

_____

답 _____

창의·융합 문제

[1~2] 네이피어의 막대를 이용하여 곱을 구하려고 합니다. 물음에 답하세요. 문제 해결

영국의 수학자, 네이피어는 곱셈을 쉽게 계산할 수 있는 네이피어의 막대를 만들었습니다.
네이피어의 막대는 아래처럼 각 막대에 1부터 9까지 수들의 곱셈표가 그려져 있습니다.

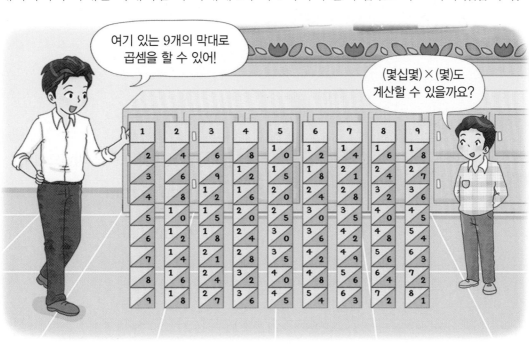

〈네이피어의 막대로 42×7을 계산하기〉

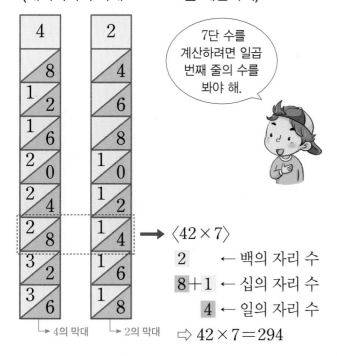

→ 〈42×7〉
  2   ← 백의 자리 수
  8+1 ← 십의 자리 수
  4   ← 일의 자리 수
⇨ 42×7=294

1 42와 6의 곱을 구하려고 합니다. ☐ 안에 알맞은 수를 써넣으세요.

  2   ← 백의 자리 수
  ☐ + ☐   ← 십의 자리 수
    ☐   ← 일의 자리 수
⇨ 42×6= ☐

2 42와 9의 곱을 구하려고 합니다. ☐ 안에 알맞은 수를 써넣으세요.

  ☐   ← 백의 자리 수
  ☐ + ☐   ← 십의 자리 수
    ☐   ← 일의 자리 수
⇨ 42×9= ☐

4. 곱셈 **33**

01 오른쪽 시각을 읽으세요.

(   )

02 오른쪽 시계에 초바늘을 그려 넣으세요.

2시 35분 54초

03 막대의 길이는 몇 cm 몇 mm일까요?

(   )

04 보기 에서 알맞은 단위를 골라 □ 안에 써넣으세요.

보기

| km | m | cm | mm |

(1) 우리 동네에 있는 3층짜리 건물의 높이는 약 14 □ 입니다.

(2) 서울에서 인천에 사시는 할아버지 댁까지의 거리는 약 42 □ 입니다.

(3) 수학 익힘 책의 두께는 약 5 □ 입니다.

(4) 나의 한 뼘은 약 16 □ 입니다.

05 □ 안에 알맞은 수를 써넣으세요.

(1) 7분 6초 = □ 초

(2) 138초 = □ 분 □ 초

06 □ 안에 알맞은 수를 써넣으세요.

(1) 8 cm 5 mm = □ mm

(2) 6 km 400 m = □ m

07 ○ 안에 >, =, <를 알맞게 써넣으세요.

(1) 38 mm ○ 5 cm 2 mm

(2) 4 km 800 m ○ 4080 m

[08~09] 계산을 하세요.

08
$$\begin{array}{r} 9\,\text{시} \quad 12\,\text{분} \quad 16\,\text{초} \\ +\ 2\,\text{시간} \quad 8\,\text{분} \quad 19\,\text{초} \\ \hline \end{array}$$

09
$$\begin{array}{r} 8\,\text{시} \quad 25\,\text{분} \quad 32\,\text{초} \\ -\ 5\,\text{시} \quad 10\,\text{분} \quad 25\,\text{초} \\ \hline \end{array}$$

10 길이가 1 km보다 긴 것을 찾아 기호를 쓰세요.
(중)

> ㉠ 한라산의 높이
> ㉡ 5층 건물의 높이
> ㉢ 내 방 긴 쪽의 길이

( )

📝 서술형 문제

11 시계를 보고 3시간 2분 5초 전의 시각은 몇 시
(중) 몇 분 몇 초인지 식을 쓰고 답을 구하세요.

3시간 2분 5초 **전**

식 _____

_____

답 _____

정보 처리

12 4명의 어린이가 200 m 수영 경기를 하였습니다.
(중) 기록이 빠른 어린이부터 차례로 이름을 쓰세요.

나리	2분 57초	범준	168초
도원	2분 45초	희주	198초

( )

13 □ 안에 알맞은 시간의 단위를 써넣으세요.
(중)

> • 현장 체험 학습을 다녀온 시간: 6시간
> • 100 m 달리기 기록: 20 □
> • 머리를 감은 시간: 10 □

14 계산을 바르게 한 것에 ○표 하세요.
(중)

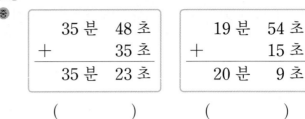

```
  35 분  48 초          19 분  54 초
+       35 초        +       15 초
─────────────        ─────────────
  35 분  23 초          20 분   9 초
```

( )   ( )

15 시계를 보고 □ 안에 알맞은 수를 써넣으세요.
(중)

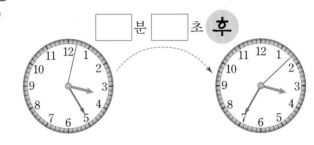

□ 분 □ 초 **후**

16 학교에서 도서관까지의 거리는 약 500 m입니다.
(중) 학교에서 경찰서까지의 거리는 약 얼마일까요?

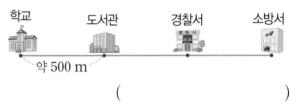

학교   도서관   경찰서   소방서

약 500 m

( )

17 ㉮에서 ㉯를 거쳐 ㉰까지 가는 거리는 몇 km
(중) 몇 m일까요?

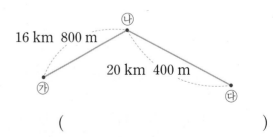

16 km 800 m   20 km 400 m

㉮   ㉯   ㉰

( )

• 정답 70쪽

추론

18 원규의 시계는 민주의 시계보다 3분 27초 빠릅
중 니다. 민주의 시계가 3시 52분 5초를 가리킬 때
원규의 시계는 몇 시 몇 분 몇 초를 가리킬까요?

( )

19 소현이의 한 걸음은 약 50 cm입니다. 다음 거리
중 를 가려면 약 몇 걸음을 걸어야 하는지 구하세요.

| 1 m | 약 ☐ 걸음 |
| 1 km | 약 ☐ 걸음 |

5 단원

20 진규네 모둠이 학급 신문을 만들기 시작한 시각과
중 끝낸 시각입니다. 학급 신문을 만드는 데 걸린
시간은 몇 시간 몇 분 몇 초인지 구하세요.

시작한 시각   끝낸 시각

( )

서술형 문제

21 은지는 철사를 98 mm 사용하였고, 진이는 은
중 지보다 2 cm 9 mm 더 사용하였습니다. 진이
가 사용한 철사의 길이는 몇 mm인지 풀이 과정
을 쓰고 답을 구하세요.

풀이 _____

_____

_____

답 _____

22 진규는 집에서 25 km 800 m 떨어져 있는 공
중 원까지 가는 데 24 km 300 m는 지하철을 타
고 가고, 나머지는 걸어서 갔습니다. 진규가 걸어
서 간 거리는 몇 km 몇 m일까요?

( )

23 다음과 같이 색 테이프 2장을 겹쳐서 이어 붙였
상 습니다. 이어 붙인 색 테이프의 전체 길이는 몇
mm일까요?

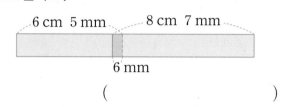

6 cm 5 mm   8 cm 7 mm

6 mm

( )

창의 · 융합

24 태연이네 반 어린이들이 달리기를 한 결과입니
상 다. 병호의 기록은 몇 분 몇 초일까요?

• 태연이의 기록은 3분 57초입니다.
• 진수는 태연이보다 40초 더 빠릅니다.
• 병호는 진수보다 1분 15초 더 늦습니다.

( )

25 난희가 어머니의 심부름을 다녀왔습니다. 심부름
상 을 하러 나갔을 때의 시각을 구하세요.

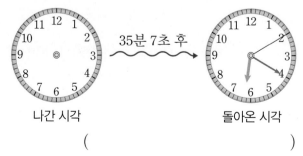

나간 시각   돌아온 시각

35분 7초 후

( )

01 연필의 길이는 몇 cm 몇 mm일까요? [5점]
하

(　　　　　　)

[02~03] ☐ 안에 알맞은 수를 써넣으세요. [각 5점]

02 4 km 263 m = ☐ m
하

03 198초 = ☐ 분 ☐ 초
하

04 빈 곳에 알맞은 시간을 써넣으세요. [5점]
중

−4분 36초　　　+3분 40초

(　　　　) 6분 30초 (　　　　)

05 두 막대의 길이의 차는 몇 mm일까요? [5점]
중

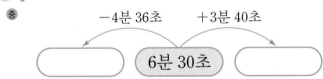
2 cm 7 mm
4 cm 1 mm

(　　　　　　)

06 한 뼘의 길이가 서연이는 11 cm 9 mm이고
중 동생은 8 cm 4 mm입니다. 두 사람의 한 뼘의
길이의 합은 몇 mm일까요? [5점]

(　　　　　　)

07 정호가 축구를 시작한 시각과 끝낸 시각입니다.
중 정호가 축구를 한 시간을 구하세요. [5점]

시작한 시각　　　　　끝낸 시각

(　　　　　　)

08 길이가 가장 긴 것과 가장 짧은 것의 차를 구하
중 세요. [5점]

3706 m	3 km 200 m
4 km 70 m	4120 m

(　　　　　　)

09 현재 시각은 7시 45분 25초입니다. 50초 후는
중 몇 시 몇 분 몇 초일까요? [5점]

(　　　　　　)

10 집에서 세탁소까지의 거리는 몇 km 몇 m일까요?
중 [5점]

( )

추론

11 미선이는 철수네 집에 다녀왔습니다. 미선이네
중 집에서 철수네 집까지의 거리가 1 km 480 m
라면 미선이가 다녀온 거리는 모두 몇 km 몇
m일까요? [5점]

( )

창의·융합

12 3일 동안 내린 비의 양이 다음과 같습니다. 3일
중 동안 내린 비는 모두 몇 cm 몇 mm일까요? [5점]

	첫째 날	둘째 날	셋째 날
비의 양	21 mm	67 mm	39 mm

( )

🖍 서술형 문제

13 준수가 도서관에 도착한 시각은 몇 시 몇 분 몇 초
중 인지 풀이 과정을 쓰고 답을 구하세요. [10점]

풀이 _____

_____

_____

_____

답 _____

14 서영이는 집에서 출발하여 학교와 놀이터를 거
상 쳐 집으로 돌아왔습니다. 서영이가 움직인 거리
는 모두 몇 km 몇 m일까요? [10점]

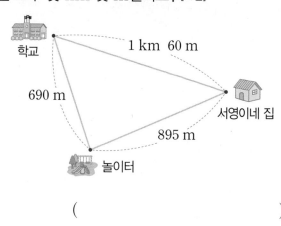

( )

15 ㉮에서 ㉣까지의 거리는 몇 km 몇 m인지 구하
상 세요. [10점]

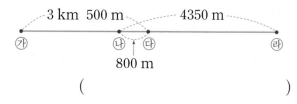

( )

문제 해결

16 예림이네 집에서 서우네 집까지 가는 길은 가, 나
상 2가지가 있습니다. 가와 나 중 어느 길로 가는 것
이 몇 m 더 가까울까요? [10점]

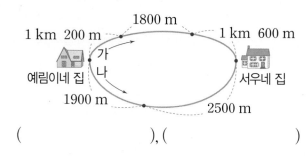

( ), ( )

5 단원

지필 평가 종이에 답을 쓰는 형식의 평가

1 수연이는 1시 24분부터 책을 읽기 시작하여 2시간 30분 동안 읽었습니다. 수연이가 책 읽기를 끝낸 시각은 몇 시 몇 분인지 식을 쓰고 답을 구하세요.

[10점]

식 _____

_____

답 _____

지필 평가

2 훌라후프를 지효는 3분 48초 동안 돌렸고, 호영이는 230초 동안 돌렸습니다. 훌라후프를 더 오래 돌린 사람은 누구인지 풀이 과정을 쓰고 답을 구하세요. [10점]

풀이 _____

_____

_____

_____

답 _____

지필 평가

3 발 길이가 가장 긴 학생은 누구인지 풀이 과정을 쓰고 답을 구하세요. [10점]

이름	발 길이
소라	21 cm 8 mm
정근	212 mm
민지	20 센티미터 5 밀리미터

풀이 _____

_____

_____

_____

_____

답 _____

지필 평가

4 서울에서 8시 30분에 출발하여 부산까지 가는데 고속열차로 2시간 20분이 걸렸습니다. 부산에 도착한 시각은 몇 시 몇 분인지 풀이 과정을 쓰고 답을 구하세요. [10점]

풀이 _____

_____

_____

_____

답 _____

5 단원

• 정답 72쪽

지필 평가

5 지현이와 현철이의 달리기 대회 기록입니다. 두 선수의 기록의 차는 몇 분 몇 초인지 풀이 과정을 쓰고 답을 구하세요. [15점]

이름	기록
지현	56분 44초
현철	23분 17초

풀이 _____

_____

_____

_____

답 _____

지필 평가

6 영화가 시작한 시각과 끝난 시각입니다. 영화 상영 시간은 몇 시간 몇 분 몇 초인지 풀이 과정을 쓰고 답을 구하세요. [15점]

 ⇨

〈시작한 시각〉 　　　　 〈끝난 시각〉

풀이 _____

_____

_____

_____

답 _____

지필 평가

7 민준이가 박물관에 도착한 시각은 9시 16분 20초였고, 박물관을 나온 시각은 11시 45분 50초였습니다. 민준이가 박물관을 관람한 시간은 몇 시간 몇 분 몇 초인지 풀이 과정을 쓰고 답을 구하세요. [15점]

풀이 _____

_____

_____

_____

답 _____

지필 평가

8 3시를 가리키는 시계가 있습니다. 280초가 지난 후에 시계를 봤을 때의 시각은 몇 시 몇 분 몇 초인지 풀이 과정을 쓰고 답을 구하세요. [15점]

풀이 _____

_____

_____

_____

답 _____

창의·융합 문제

[1~2] 아리랑은 우리나라를 대표하는 민요입니다. 이 노래에는 '나를 버리고 가시는 임은 십 리도 못 가서 발병 난다.'와 같은 노랫말이 있습니다. 물음에 답하세요. 창의·융합 추론

옛날의 길이 단위를 알아볼까요?

지금은 cm, m, km 등으로 길이를 잽니다. 그럼 이 단위가 없었을 때 우리 조상들은 어떻게 길이를 쟀을까요?

옛날에는 자, 치, 푼이라는 단위를 사용해서 길이를 재었습니다.

1자는 약 30 cm 3 mm이고, 1치는 약 3 cm이고, 1푼은 약 3 mm입니다. 한 치는 어른 손가락의 한 마디를 기준으로 만들어졌다고 전해집니다.

그럼 '자'보다 큰 단위는 없었을까요?

자보다 큰 길이 단위로는 '길'이라는 단위를 사용했고 '길'보다 큰 단위로는 '리'가 있었습니다.

1 1리가 약 392 m일 때 10리는 약 몇 km 몇 m일까요?

약 (   )

2 1리가 약 392 m일 때 1000리는 약 몇 km일까요?

약 (   )

5
단원

[01~03] 국기를 보고 물음에 답하세요.

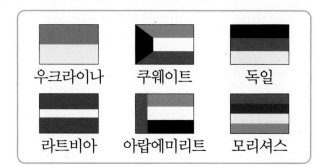

01 똑같이 둘로 나누어진 국기는 어느 나라의 국기
일까요?

(   )

02 똑같이 셋으로 나누어진 국기는 어느 나라의 국기
일까요?

(   )

03 똑같이 넷으로 나누어진 국기는 어느 나라의 국기
일까요?

(   )

04 전체를 똑같이 6으로 나눈 것 중의 2를 색칠하
세요.

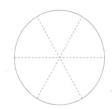

05 □ 안에 알맞은 수를 써넣으세요.

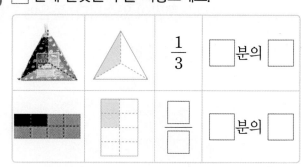

[06~07] 주어진 분수만큼 색칠하세요.

06 $\dfrac{2}{4}$

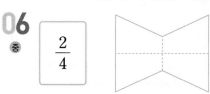

07 $\dfrac{9}{10}$

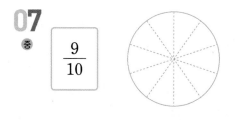

08 민하와 희정이는 $\dfrac{1}{4}$을 다음과 같이 도화지에 색칠
하였습니다. 바르게 색칠한 사람은 누구일까요?

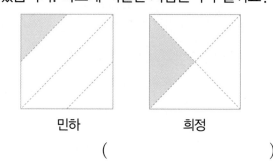

민하   희정

(   )

09 색칠한 부분과 색칠하지 않은 부분을 차례로 분수로 나타내세요.

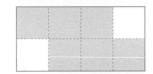

10 그림에 분수만큼 색칠하고 ◯ 안에 >, =, <를 알맞게 써넣으세요.

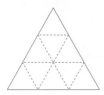 $\dfrac{5}{9}$ $\dfrac{8}{9}$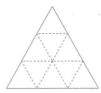

[11~12] 두 분수의 크기를 비교하여 ◯ 안에 >, =, <를 알맞게 써넣으세요.

11 $\dfrac{7}{11}$ ◯ $\dfrac{8}{11}$

12 $\dfrac{1}{7}$ ◯ $\dfrac{1}{8}$

13 분수의 크기를 비교하여 작은 수부터 차례로 쓰세요.

$$\dfrac{1}{3}, \ \dfrac{1}{14}, \ \dfrac{1}{9}, \ \dfrac{1}{19}, \ \dfrac{1}{99}$$

( )

14 전체에 대한 색칠한 부분의 크기를 분수와 소수로 나타내세요.

분수	
소수	

15 관계있는 것끼리 선으로 이으세요.

$\dfrac{2}{10}$ •　　• 0.5 •　　• 영 점 구

$\dfrac{5}{10}$ •　　• 0.2 •　　• 영 점 이

$\dfrac{9}{10}$ •　　• 0.9 •　　• 영 점 오

16 ☐ 안에 알맞은 수를 써넣으세요.

(1) 1.2 cm = ☐ mm

(2) 99 mm = ☐ cm

17 케이크를 똑같이 10조각으로 나누었습니다. 그 중 형은 4조각을 먹고 동생은 3조각을 먹었습니다. 형과 동생이 먹은 케이크는 전체의 얼마인지 각각 소수로 나타내세요.

형 ( )

동생 ( )

18 관계있는 것끼리 선으로 이으세요.
중

51 mm	·	·	5.1 cm
38 mm	·	·	9.7 cm
97 mm	·	·	3.8 cm

19 두 수의 크기를 비교하여 ○ 안에 >, =, <를
중 알맞게 써넣으세요.

5.8 ○ 0.1이 58개인 수

서술형 문제

20 $\frac{7}{14}$보다 크고 $\frac{12}{14}$보다 작은 분수 중 분모가 14인
중 분수는 무엇인지 풀이 과정을 쓰고 답을 모두 구
하세요.

풀이 _____

_____

_____

_____

답 _____

의사 소통

21 연필의 길이를 자로 재었습니다. 자의 눈금을 바
중 르게 읽지 못한 친구는 누구일까요?

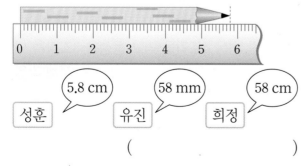

성훈 (5.8 cm)   유진 (58 mm)   희정 (58 cm)

(_____)

문제 해결

[22~23] 윤호와 친구들이 동굴에 들어가려고 합
니다. 동굴로 들어가는 길은 4가지가 있습니다. 그림
을 보고 물음에 답하세요.

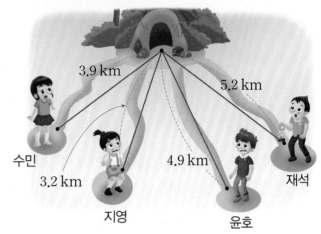

22 가장 가까운 길로 동굴 입구를 찾은 사람은 누구
상 일까요?

(_____)

23 가장 먼 길로 동굴 입구를 찾은 사람은 누구일까요?
상
(_____)

24 서원이는 가래떡을 똑같이 7조각으로 나누어 그
상 중 한 조각을 먹었습니다. 남은 가래떡을 분수로
나타내세요.

(_____)

추론

25 조건에 맞는 분수를 모두 쓰세요.
상

- 단위분수입니다.
- $\frac{1}{6}$보다 작은 분수입니다.
- 분모는 9보다 작습니다.

(_____)

[01~02] 크기를 비교하여 ○ 안에 >, =, <를 알맞게 써넣으세요. [각 5점]

01 하 $\dfrac{4}{8}$ ○ $\dfrac{3}{8}$

02 하 $\dfrac{1}{3}$ ○ $\dfrac{1}{6}$

03 중 □ 안에 알맞은 수를 써넣으세요. [5점]

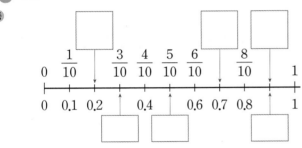

[04~05] □ 안에 알맞은 수를 써넣으세요. [각 5점]

04 중 $9\,mm = □\,cm$

05 중 $0.5\,cm = □\,mm$

06 중 0.7보다 큰 수를 모두 찾아 쓰세요. [5점]

| 2.7 | $\dfrac{2}{10}$ | 0.9 | $\dfrac{7}{10}$ | 1.3 |

(　　　　　　　　)

07 중 수의 크기를 비교하여 작은 수부터 차례로 기호를 쓰세요. [5점]

ㄱ 2와 0.3만큼인 수　　ㄴ 1
ㄷ 0.1이 6개인 수　　ㄹ 0.9

(　　　　　　　　)

08 중 분수의 크기를 비교하여 작은 수부터 차례로 쓰세요. [5점]

$\dfrac{1}{20}, \dfrac{9}{20}, \dfrac{17}{20}, \dfrac{3}{20}, \dfrac{15}{20}$

(　　　　　　　　)

09 중 수영장과 야구장 중에서 집에서 더 가까운 곳은 어디일까요? [5점]

(　　　　　　　　)

📝 서술형 문제

10 5 cm 6 mm=5.6 cm인 것을 설명하세요. [5점]
중

_____

_____

_____

_____

11 1부터 9까지의 수 중에서 ☐ 안에 들어갈 수 있
중 는 수는 모두 몇 개일까요? [5점]

$$0.6 < 0.\boxed{}$$

(　　　　　)

추론

12 1부터 9까지의 수 중에서 ☐ 안에 들어갈 수 있
중 는 수를 모두 쓰세요. [5점]

$$\frac{1}{8} < \frac{1}{\boxed{}} < \frac{1}{3}$$

(　　　　　)

문제 해결

13 유진이는 한 시간 동안 다음과 같이 영어 공부를
중 했습니다. 가장 적게 공부한 것은 무엇일까요?

[5점]

듣기	말하기	쓰기
$\frac{7}{12}$	$\frac{3}{12}$	$\frac{2}{12}$

(　　　　　)

14 준수, 재은, 지연이가 먹은 파이의 양을 분수로
상 나타낸 것입니다. 그림에 알맞게 색칠하고 크기
를 비교하세요. [5점]

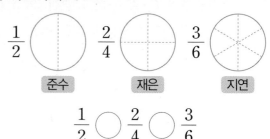

$\frac{1}{2}$　$\frac{2}{4}$　$\frac{3}{6}$

준수　　　재은　　　지연

$$\frac{1}{2} \bigcirc \frac{2}{4} \bigcirc \frac{3}{6}$$

문제 해결

15 정후는 은행에 저금을 하려고 합니다. 가 은행에
상 서는 이자를 저금액의 $\frac{1}{12}$만큼, 나 은행에서는
이자를 저금액의 $\frac{1}{14}$만큼 준다고 합니다. 어느
은행에 저금을 하는 것이 더 좋을까요? [10점]

(　　　　　)

16 안나는 떡을 똑같이 10조각으로 나누어 어제 0.4
상 만큼 먹고 오늘은 전체 떡의 $\frac{3}{10}$만큼 먹었습니다.
어제와 오늘 중 언제 먹은 떡이 더 많을까요? [10점]

(　　　　　)

📝 서술형 문제

17 피자를 한 판 사서 똑같이 8조각으로 나눈 후 지영
상 이는 2조각을 먹고, 동생은 3조각을 먹었습니다.
남은 피자의 양을 분수로 나타내는 풀이 과정을
쓰고 답을 구하세요. [10점]

풀이 _____

_____

_____

답 _____

구술 평가 발표를 통해 이해 정도를 평가

1 소희와 민호는 $\frac{1}{4}$을 다음과 같이 나타내었습니다. 소희와 민호 중 누가 바르게 나타내었는지 까닭을 설명하고 이름을 쓰세요. [10점]

| 소희 | 민호 |

까닭 _____

_____

_____

답 _____

지필 평가 종이에 답을 쓰는 형식의 평가

2 종훈이는 케이크를 똑같이 10조각으로 나눈 것 중의 2조각을 먹었습니다. 종훈이가 먹은 케이크는 전체의 얼마인지 소수로 나타내는 풀이 과정을 쓰고 답을 구하세요. [10점]

풀이 _____

_____

_____

답 _____

구술 평가

3 $\frac{1}{4}$과 $\frac{1}{5}$ 중 어느 분수가 더 큰지 그림을 그려 비교하고 답을 구하세요. [10점]

풀이

답 _____

지필 평가

4 서진이는 파전 한 판의 $\frac{1}{6}$을 먹었습니다. 남은 파전은 먹은 파전의 몇 배인지 풀이 과정을 쓰고 답을 구하세요. [10점]

풀이 _____

_____

_____

답 _____

• 정답 76쪽

지필 평가

5 재석이네 마을에 어제는 14 mm의 눈이 내렸고, 오늘은 어제보다 21 mm의 눈이 더 내렸습니다. 오늘 내린 눈은 몇 cm인지 소수로 나타내는 풀이 과정을 쓰고 답을 구하세요. [15점]

풀이 _____

_____

_____

답 _____

지필 평가

6 민주네 집에서 병원까지의 거리는 4.5 km이고, 은행까지의 거리는 3.8 km입니다. 병원과 은행 중 어느 곳이 더 가까운지 풀이 과정을 쓰고 답을 구하세요. [15점]

풀이 _____

_____

_____

답 _____

지필 평가

7 꽃밭의 $\dfrac{5}{11}$에는 장미가, $\dfrac{2}{11}$에는 백합이, $\dfrac{4}{11}$에는 튤립이 심어져 있습니다. 가장 많이 심어진 꽃은 무엇인지 풀이 과정을 쓰고 답을 구하세요. [15점]

풀이 _____

_____

_____

_____

답 _____

지필 평가

8 1부터 9까지의 수 중에서 ☐ 안에 들어갈 수 있는 수는 모두 몇 개인지 풀이 과정을 쓰고 답을 구하세요. [15점]

$$\dfrac{3}{10} < 0.\boxed{} < 0.1이\ 8개인\ 수$$

풀이 _____

_____

_____

_____

답 _____

진도 완료 체크

6 단원

2022년 3·4학년, 2023년 5·6학년
수학, 과학, 사회 교과서가 검정교과서로 바뀝니다.

천재교육

교과서가
바뀐다고요?

교과서가 바뀐다니, 이게 무슨 일이죠?

아, 이제 국정교과서 대신 검정교과서를 쓴대요!

국정, 검정… 무슨 말인지 모르겠어요 @_@

검정교과서를 쓰게 되면...

🔍 학교와 재학생의 수준에 알맞은 교과서를 선생님이
   직접 선택!

🔍 국정교과서와 비교해 풍부한 학습활동이 가능해지고
   실생활 연계 강화!

🔍 개인의 선택권과 다양성을 존중하는 첫 걸음!

교과서가 다양해져서 고민이시라고요?
걱정하지 마세요!
어떤 교과서를 쓰더라도 **우등생**이 있으니까요.

천재교육

평가
자료집

수학 전문 교재

● 연산 학습

빅터연산	예비초~6학년, 총 20권
창의융합 빅터연산	예비초~4학년, 총 16권

● 개념 학습

개념클릭 해법수학	1~6학년, 학기용

● 수준별 수학 전문서

해결의법칙(개념/유형/응용)	1~6학년, 학기용

● 단원평가 대비

수학 단원평가	1~6학년, 학기용

● 단기완성 학습

초등 수학전략	1~6학년, 학기용

● 상위권 학습

최고수준 S 수학	1~6학년, 학기용
최고수준 수학	1~6학년, 학기용
최강 TOT 수학	1~6학년, 학년용

● 경시대회 대비

해법 수학경시대회 기출문제	1~6학년, 학기용

예비 중등 교재

● 해법 반편성 배치고사 예상문제	6학년
● 해법 신입생 시리즈(수학/영어)	6학년

맞춤형 학교 시험대비 교재

● 열공 전과목 단원평가	1~6학년, 학기용(1학기 2~6년)

한자 교재

● 한자능력검정시험 자격증 한번에 따기	8~3급, 총 9권
● 씽씽 한자 자격시험	8~5급, 총 4권
● 한자 전략	8~5급II, 총 12권

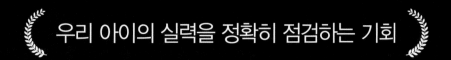

우리 아이의 실력을 정확히 점검하는 기회

40년의 역사
전국 초·중학생 213만 명의 선택

HME 학력평가
해법수학 · 해법국어

응시 학년	수학	초등 1학년 ~ 중학 3학년
	국어	초등 1학년 ~ 초등 6학년
응시 횟수	수학	연 2회 (6월 / 11월)
	국어	연 1회 (11월)

주최 **천재교육** | 주관 **한국학력평가 인증연구소** | 후원 **서울교육대학교**

*응시 날짜는 변동될 수 있으며, 더 자세한 내용은 HME 홈페이지에서 확인 바랍니다.

천재교육

우등생

정답은 정확하게
풀이는 자세하게

꼼꼼 풀이집

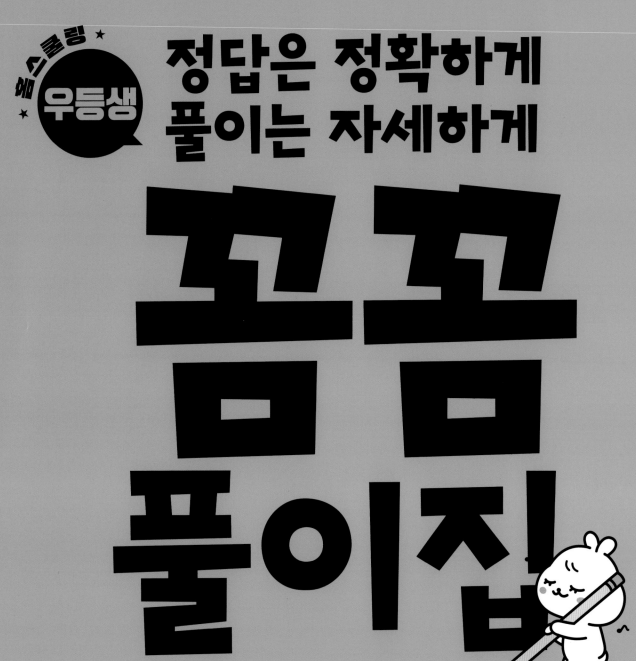

정답

문제의 풀이 중에서 이해가 되지 않는 부분은
우등생 홈페이지(home.chunjae.co.kr)
일대일 문의에 올려주세요.

초등 수학 | 3·1

꼼꼼 풀이집
포인트 3가지

▶ 참고, 주의, 다른 풀이 등과 함께 친절한 해설 제공

▶ 단계별 배점과 채점 기준을 제시하여 서술형 문항 완벽 대비

▶ 틀린 과정을 분석하여 과정 중심 평가 완벽 대비

정답과 풀이

3-1

1단원 | 덧셈과 뺄셈

Step 1 교과 개념 8~9쪽

1 예 400, 500, 900

2

$$
\begin{array}{r}
\overset{\boxed{1}}{} \\
1\ 3\ 8 \\
+\ 1\ 3\ 6 \\
\hline
4 \\
\end{array}
\Rightarrow
\begin{array}{r}
\overset{\boxed{1}}{} \\
1\ 3\ 8 \\
+\ 1\ 3\ 6 \\
\hline
\boxed{2}\ \boxed{7}\ 4 \\
\end{array}
$$

3 285   **4** 80, 800, 891

5 400, 90, 9, 499

6 (1)
$$
\begin{array}{r}
\overset{\boxed{1}}{} \\
5\ 0\ 8 \\
+\ 4\ 7\ 3 \\
\hline
\boxed{9}\ \boxed{8}\ \boxed{1} \\
\end{array}
$$
(2)
$$
\begin{array}{r}
\overset{\boxed{1}}{} \\
6\ 2\ 5 \\
+\ 3\ 3\ 6 \\
\hline
\boxed{9}\ \boxed{6}\ \boxed{1} \\
\end{array}
$$

7 (1) 495 (2) 885 (3) 659 (4) 775

8 예 700쯤   **9** 358, 591

2 일의 자리: 8+6=14이므로 십의 자리로 받아올림합니다.
십의 자리: 1+3+3=7
백의 자리: 1+1=2

3 일 모형 10개는 십 모형 1개로 바꿀 수 있습니다.
백 모형: 1+1=2(개)
십 모형: 십 모형 7개와 일 모형 10개를 합한 것 1개
⇨ 8개
일 모형: 2+3=5(개)

4 '='의 오른쪽에 있는 수를 모두 더하면
1+10+80+800=891입니다.

5 같은 자리의 수끼리 더합니다.

6 일의 자리에서 십의 자리로 받아올림합니다.

7 (3)
$$
\begin{array}{r}
1\ 1\ 7 \\
+\ 5\ 4\ 2 \\
\hline
6\ 5\ 9 \\
\end{array}
$$
(4)
$$
\begin{array}{r}
\overset{1}{} \\
6\ 4\ 7 \\
+\ 1\ 2\ 8 \\
\hline
7\ 7\ 5 \\
\end{array}
$$

8 415는 400쯤, 277은 300쯤으로 어림하면
400+300=700이므로 두 수의 합을 어림하면 700쯤
입니다.

9
$$
\begin{array}{r}
1\ 2\ 7 \\
+\ 2\ 3\ 1 \\
\hline
3\ 5\ 8 \\
\end{array},\qquad
\begin{array}{r}
\overset{1}{} \\
4\ 3\ 6 \\
+\ 1\ 5\ 5 \\
\hline
5\ 9\ 1 \\
\end{array}
$$

Step 1 교과 개념 10~11쪽

1
$$
\begin{array}{r}
\overset{\boxed{1}\ \boxed{1}}{} \\
5\ 7\ 7 \\
+\ 5\ 6\ 9 \\
\hline
\boxed{1}\ \boxed{1}\ \boxed{4}\ \boxed{6} \\
\end{array}
$$

2 434

3 100, 1410

4 (1)
$$
\begin{array}{r}
\overset{\boxed{1}\ \boxed{1}}{} \\
5\ 7\ 6 \\
+\ 8\ 3\ 9 \\
\hline
\boxed{1}\ \boxed{4}\ \boxed{1}\ \boxed{5} \\
\end{array}
$$
(2)
$$
\begin{array}{r}
\overset{\boxed{1}\ \boxed{1}}{} \\
2\ 4\ 9 \\
+\ 9\ 8\ 1 \\
\hline
\boxed{1}\ \boxed{2}\ \boxed{3}\ \boxed{0} \\
\end{array}
$$

5 (1) 770 (2) 1010 (3) 1125 (4) 1734

6 100, 1000

7 1002

1 일의 자리: 7+9=16이므로 받아올림합니다.
십의 자리: 1+7+6=14이므로 받아올림합니다.
백의 자리: 1+5+5=11

2 일 모형 10개는 십 모형 1개로, 십 모형 10개는 백 모형
1개로 바꿉니다.

3 '='의 오른쪽에 있는 수를 모두 더합니다.
10+100+300+1000=1410

4 일의 자리부터 차례로 받아올림하여 계산합니다.

5 (3)
$$
\begin{array}{r}
2\ 5\ 4 \\
+\ 8\ 7\ 1 \\
\hline
5 \\
\end{array}
\Rightarrow
\begin{array}{r}
\overset{1}{} \\
2\ 5\ 4 \\
+\ 8\ 7\ 1 \\
\hline
2\ 5 \\
\end{array}
\Rightarrow
\begin{array}{r}
\overset{1}{} \\
2\ 5\ 4 \\
+\ 8\ 7\ 1 \\
\hline
1\ 1\ 2\ 5 \\
\end{array}
$$
(4)
$$
\begin{array}{r}
\overset{1}{} \\
8\ 7\ 6 \\
+\ 8\ 5\ 8 \\
\hline
4 \\
\end{array}
\Rightarrow
\begin{array}{r}
\overset{1\ 1}{} \\
8\ 7\ 6 \\
+\ 8\ 5\ 8 \\
\hline
3\ 4 \\
\end{array}
\Rightarrow
\begin{array}{r}
\overset{1\ 1}{} \\
8\ 7\ 6 \\
+\ 8\ 5\ 8 \\
\hline
1\ 7\ 3\ 4 \\
\end{array}
$$

6 ㉠: 십의 자리의 계산 7+6=13에서 백의 자리로 받아
올림하여 나타낸 것입니다.
㉡: 백의 자리의 계산 1+5+6=12에서 천의 자리로 받
아올림하여 나타낸 것입니다.

7 수 모형이 나타내는 수: 755
⇨ 755+247=1002

01 471

02 (위에서부터) 816, 611, 773, 654

03 ╳   **04** 7

05 1246   **06** <

07 방법1 예 백의 자리부터 더해 주는 방법이 있습니다.
$200+300, 70+10, 5+2$를 계산하면
5587이 됩니다. ▶5점

방법2 예 일의 자리부터 더해 주는 방법이 있습니다.
$5+2, 70+10, 200+300$을 계산하면
5587이 됩니다. ▶5점

08 321명   **09** 701개

10 (1) 410 (2) 104 (3) 514

11 (1) 1, 1, 1 (2) (위에서부터) 6, 8, 3, 1

12
```
  1
 1 2 8
+3 3 8
-------
 4 6 6
```
▶5점
예 일의 자리에서 받아올림한 수를 십의
자리에서 계산하지 않았습니다. ▶5점

13 655

---

01 173과 298의 합을 구합니다.
```
  1 1
  1 7 3
+ 2 9 8
-------
  4 7 1
```

02
```
   1 1        1 1         1 1          1
  5 7 8      1 9 5       5 7 8       2 3 8
+ 2 3 8    + 4 1 6     + 1 9 5     + 4 1 6
-------    -------     -------     -------
  8 1 6 ,    6 1 1 ,     7 7 3 ,     6 5 4
```

03
```
   1         1 1          1 1
  5 2 4      4 8 8       3 8 3
+ 1 9 5    + 2 5 4     + 2 7 9
-------    -------     -------
  7 1 9 ,    7 4 2 ,     6 6 2
```

04 일의 자리의 계산에서 □+4는 1이 될 수 없으므로
□+4=11이고 □=7입니다.

05 사각형 안에 있는 수는 655와 591입니다.
⇨ $655+591=1246$

06 $753+263=1016$, $375+809=1184$

08 어른 수와 어린이 수를 더합니다.
```
  1 1
  1 7 5
+ 1 4 6
-------
  3 2 1
```

09 작년에 수확한 파인애플 수에 125를 더합니다.
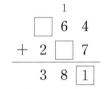
```
  1 1
  5 7 6
+ 1 2 5
-------
  7 0 1
```

10 (1) 가장 큰 수를 백의 자리에 쓰고, 가장 작은 수를 일의
자리에 쓰면 410입니다.
(2) 가장 작은 수는 0인데 백의 자리에 0을 쓸 수 없으므
로 백의 자리에 두 번째로 작은 수인 1을 씁니다.
(3) $410+104=514$

11 (1)
```
        1
    □ 6 4
  + 2 □ 7
  -------
    3 8 □
```
일의 자리의 계산: $4+7=11$이므로 받아올림합니다.
십의 자리의 계산: $1+6+□=8$이므로 $7+□=8$,
□=1입니다.
백의 자리의 계산: $□+2=3$이므로 □=1입니다.

(2)
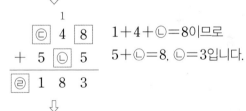
```
  ⓒ 4 ㉠
+ 5 ⓛ 5
-------
  ② 1 8 3
```
㉠+5는 3이 될 수 없으므로
㉠+5=13이고 ㉠=8입니다.
십의 자리로 받아올림이 있습니다.

⇩

```
     1
  ⓒ 4 8
+ 5 ⓛ 5
-------
  ② 1 8 3
```
$1+4+ⓛ=8$이므로
$5+ⓛ=8$, ⓛ=3입니다.

⇩

```
  ⓒ 4 8
+ 5 3 5
-------
  ② 1 8 3
```
ⓒ+5는 1이 될 수 없으므로
ⓒ+5=11이고 ⓒ=6입니다.
②은 백의 자리에서 받아올림한
수이므로 1입니다.

💚 **학부모 지도 가이드**
받아올림을 생각하여 □ 안에 알맞은 수를 추론해 보고
문제를 해결하게 합니다.

12 십의 자리의 계산: $1+2+3=6$

13 $367+289=656$
$367+289>□$이므로 □는 656보다 작아야 합니다.
따라서 □ 안에 들어갈 수 있는 수 중에서 가장 큰 세 자
리 수는 655입니다.

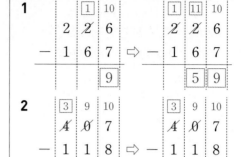

1 교과 개념　14~15쪽

1 예 270, 120, 150

2

$$
\begin{array}{r}
3\,\overset{5}{\cancel{6}}\,\overset{10}{2}\\
-\ 1\ 2\ 5\\
\end{array}
\ \Rightarrow\
\begin{array}{r}
3\,\overset{5}{\cancel{6}}\,\overset{10}{2}\\
-\ 1\ 2\ 5\\
\hline
2\ 3\ 7\\
\end{array}
$$

3

$$
\begin{array}{r}
2\,\overset{6}{\cancel{7}}\,\overset{10}{5}\\
-\ 1\ 2\ 8\\
\end{array}
\ \Rightarrow\
\begin{array}{r}
2\,\overset{6}{\cancel{7}}\,\overset{10}{5}\\
-\ 1\ 2\ 8\\
\hline
1\ 4\ 7\\
\end{array}
$$

4 4, 20, 500, 524　　**5** 300, 10, 2, 312

6 (1) 531　(2) 131　(3) 409　(4) 334

7 212　　**8** 509

9 (위에서부터) 231, 416, 344

---

1 273 → 270으로 어림, 121 → 120으로 어림
⇨ 270−120=150이므로 273−121은 150쯤으로 어림할 수 있습니다.

2 십 모형 1개를 일 모형 10개로 바꾸고 백 모형 1개, 십 모형 2개, 일 모형 5개를 뺍니다.

3 일의 자리의 계산: 5에서 8을 뺄 수 없으므로 십의 자리에서 받아내림합니다.

4 50에서 10만큼을 일의 자리로 받아내림하여 계산합니다.
일의 자리의 계산: 11−7=4

5 같은 자리의 수끼리 계산한 다음 더합니다.

6 (1) 일의 자리의 계산: 4−3=1
십의 자리의 계산: 5−2=3
백의 자리의 계산: 8−3=5

(3)

$$
\begin{array}{r}
7\,\overset{6}{}\,\overset{10}{4}\\
-\ 3\ 6\ 5\\
\hline
9\\
\end{array}
\ \Rightarrow\
\begin{array}{r}
7\ 7\ 4\\
-\ 3\ 6\ 5\\
\hline
0\ 9\\
\end{array}
\ \Rightarrow\
\begin{array}{r}
7\ 7\ 4\\
-\ 3\ 6\ 5\\
\hline
4\ 0\ 9\\
\end{array}
$$

7 수 모형이 나타내는 수: 344
⇨ 344−132=212

8

$$
\begin{array}{r}
9\,\overset{5}{\cancel{6}}\,\overset{10}{2}\\
-\ 4\ 5\ 3\\
\hline
5\ 0\ 9\\
\end{array}
$$

9

$$
\begin{array}{r}
3\ 3\ 6\\
-\ 1\ 0\ 5\\
\hline
2\ 3\ 1,\\
\end{array}
\quad
\begin{array}{r}
7\,\overset{4}{\cancel{5}}\,\overset{10}{2}\\
-\ 3\ 3\ 6\\
\hline
4\ 1\ 6,\\
\end{array}
\quad
\begin{array}{r}
4\ 4\ 9\\
-\ 1\ 0\ 5\\
\hline
3\ 4\ 4\\
\end{array}
$$

1 교과 개념　16~17쪽

1

$$
\begin{array}{r}
2\,\overset{1}{\cancel{2}}\,\overset{10}{6}\\
-\ 1\ 6\ 7\\
\hline
9\\
\end{array}
\ \Rightarrow\
\begin{array}{r}
\overset{1}{\cancel{2}}\,\overset{11}{\cancel{2}}\,\overset{10}{6}\\
-\ 1\ 6\ 7\\
\hline
5\ 9\\
\end{array}
$$

2

$$
\begin{array}{r}
\overset{3}{\cancel{4}}\,\overset{9}{\cancel{0}}\,\overset{10}{7}\\
-\ 1\ 1\ 8\\
\hline
9\\
\end{array}
\ \Rightarrow\
\begin{array}{r}
\overset{3}{\cancel{4}}\,\overset{9}{\cancel{0}}\,\overset{10}{7}\\
-\ 1\ 1\ 8\\
\hline
2\ 8\ 9\\
\end{array}
$$

3 (1) 389　(2) 688　(3) 249　(4) 226

4 688　　**5** 484

6 500　　**7** 169

8 178, 47

---

2 십의 자리 숫자가 0이므로 백의 자리에서 받아내림해야 합니다. 백의 자리 숫자 위에 1만큼 작은 수를 쓰고, 십의 자리 숫자 위에 9를, 일의 자리 숫자 위에 10을 씁니다.

3 받아내림한 수와 남은 수를 쓰면서 계산합니다.

$$
(1)\
\begin{array}{r}
\overset{4}{\cancel{5}}\,\overset{13}{\cancel{4}}\,\overset{10}{8}\\
-\ 1\ 5\ 9\\
\hline
3\ 8\ 9\\
\end{array}
\qquad
(3)\
\begin{array}{r}
\overset{4}{\cancel{5}}\,\overset{9}{\cancel{0}}\,\overset{10}{6}\\
-\ 2\ 5\ 7\\
\hline
2\ 4\ 9\\
\end{array}
$$

4

$$
\begin{array}{r}
8\ 2\,\overset{1}{}\overset{10}{7}\\
-\ 1\ 3\ 9\\
\hline
8\\
\end{array}
\ \Rightarrow\
\begin{array}{r}
8\,\overset{7}{\cancel{2}}\,\overset{11}{}\overset{10}{7}\\
-\ 1\ 3\ 9\\
\hline
8\ 8\\
\end{array}
\ \Rightarrow\
\begin{array}{r}
8\,\overset{7}{\cancel{2}}\,\overset{11}{}\overset{10}{7}\\
-\ 1\ 3\ 9\\
\hline
6\ 8\ 8\\
\end{array}
$$

5

$$
\begin{array}{r}
6\ 2\,\overset{1}{}\overset{10}{2}\\
-\ 1\ 3\ 8\\
\hline
4\\
\end{array}
\ \Rightarrow\
\begin{array}{r}
6\,\overset{5}{\cancel{2}}\,\overset{11}{}\overset{10}{2}\\
-\ 1\ 3\ 8\\
\hline
8\ 4\\
\end{array}
\ \Rightarrow\
\begin{array}{r}
6\,\overset{5}{\cancel{2}}\,\overset{11}{}\overset{10}{2}\\
-\ 1\ 3\ 8\\
\hline
4\ 8\ 4\\
\end{array}
$$

6 백의 자리에서 받아내림하고 남은 수이므로 500을 나타냅니다.

7

$$
\begin{array}{r}
7\ 6\,\overset{5}{}\overset{10}{0}\\
-\ 5\ 9\ 1\\
\hline
9\\
\end{array}
\ \Rightarrow\
\begin{array}{r}
\overset{6}{\cancel{7}}\,\overset{15}{\cancel{6}}\,\overset{10}{0}\\
-\ 5\ 9\ 1\\
\hline
6\ 9\\
\end{array}
\ \Rightarrow\
\begin{array}{r}
\overset{6}{\cancel{7}}\,\overset{15}{\cancel{6}}\,\overset{10}{0}\\
-\ 5\ 9\ 1\\
\hline
1\ 6\ 9\\
\end{array}
$$

8 201<300 ⇨ 201−154=47
470>300 ⇨ 470−292=178

01 284　　　　　　　　02 520, 338

03 **방법1** **예** 백의 자리부터 빼 주는 방법이 있습니다.
800−200, 20−10, 7−6을 계산하면
611이 됩니다. ▶5점

　　방법2 **예** 일의 자리부터 빼 주는 방법이 있습니다.
7−6, 20−10, 800−200을 계산하면
611이 됩니다. ▶5점

04 577　　　　　　　　05 >

06 (1) ㉠, ㉣　(2) ㉡, ㉢

07 (위에서부터) (1) 5, 7, 2　(2) 6, 9, 4

08
```
    9 0 0
  − 1 4 4
    7 5 6  ▶5점
```
예 받아내림한 수를 빼지 않고 계산하였습니다. ▶5점

09 728권　　　　　　　10 199회

11 454, 317, 137　　　12 171 cm

13 (1) 376　(2) 97

---

02 654−134=520, 520−182=338

04 삼각형 안에 있는 수는 753과 176입니다.
　⇨ 753−176=577

05 857−278=579, 741−183=558 ⇨ 579>558

06 ㉢ 258, ㉣ 261
(1) 531보다 270만큼 더 작은 수: 531−270=261
(2) 492와 234의 차: 492−234=258

07 (1)
```
      □ 2 7
    − 3 □ 5
      1 5 2
```
십의 자리의 계산: 2−□는 5가
될 수 없으므로 백의 자리에서 받
아내림합니다.

⇩
```
    □−1 10
      2̸ 2 7
    − 3 7 5
      1 5 2
```
10+2−□=5, 12−□=5이
므로 □는 7입니다.

백의 자리의 계산: □−1−3=1, □−4=1이므로
□는 5입니다.

09 921−193=728(권)

참고
• 921−193의 계산
193은 200보다 7 작은 수이므로 921에서 200을 빼고
더 뺀 7을 더해서 답을 구할 수 있습니다.
⇨ 921−200=721 → 721+7=728

---

10 326−127=199(회)

11 작은 수부터 쓰면 317, 454, 701, 909입니다.
```
→ 909−701=208
→ 701−454=247
→ 454−317=137
```
⇨ 137<208<247

12 3 m 27 cm=327 cm
327−156=171 (cm)

13 (1) 어떤 수에 354를 더해서 730이 되었으므로 어떤 수
는 730에서 354를 뺀 수입니다. ⇨ 730−354=376
(2) 376−279=97

1　0, 1, 2, 3　　　　　　1-1 0, 1
1-2 8, 9　　　　　　　　1-3 8, 9
2　259　　2-1 567　　2-2 1232
3　419　　3-1 675　　3-2 528
4　291　　　4-1 837
4-2 (1) 211　(2) 672

5　❶ 170, 408 ▶3점　❷ 408, 646 ▶3점 ; 646회 ▶4점

5-1 **예** ❶ (오늘 접은 종이학 수)
=316+138=454(마리) ▶3점
❷ (어제와 오늘 접은 종이학 수의 합)
=316+454=770(마리) ▶3점
; 770마리 ▶4점

5-2 **예** (세리가 딴 사과 수)=446+129=575(개)
입니다. ▶3점
(동호와 세리가 딴 사과 수의 합)
=446+575=1021(개)입니다. ▶3점
; 1021개 ▶4점

6　❶ 803, 276 ▶3점　❷ 803, 276, 527 ▶3점 ; 527 ▶4점

6-1 **예** ❶ 백의 자리 수를 비교하면 가장 큰 수는 544이
고, 가장 작은 수는 276입니다. ▶3점
❷ 가장 큰 수와 가장 작은 수의 차는
544−276=268입니다. ▶3점
; 268 ▶4점

6-2 **예** 백의 자리 수를 비교하면 가장 큰 수는 863이고
두 번째로 큰 수는 567입니다. ▶3점
가장 큰 수와 두 번째로 큰 수의 차는
863−567=296입니다. ▶3점
; 296 ▶4점

본책
14
~
23
쪽

1 $36▲＋547＝911$일 때 $36▲$는 $911－547$이므로 364
입니다.
$36\square＋547＜911$이므로 $\square$는 4보다 작습니다.

1-1 $37▲＋298＝670$일 때 $37▲$는 $670－298$이므로 372
입니다.
$37\square＋298＜670$이므로 $\square$는 2보다 작습니다.

1-2 $4▲8＋225＝703$일 때 $4▲8$은 $703－225$이므로 478
입니다.
$4\square8＋225＞703$이므로 $\square$는 7보다 큽니다.

1-3 $5▲2－295＝277$일 때 $5▲2$는 $277＋295$이므로 572
입니다.
$5\square2－295＞277$이므로 $\square$는 7보다 큽니다.

2 수 카드를 작은 수부터 쓰면 [0], [5], [6], [7]입니다.
가장 큰 세 자리 수는 큰 수부터 3개를 쓰면 되므로 765
입니다.
가장 작은 세 자리 수는 작은 수부터 3개를 쓰면 되는데
0은 백의 자리에 올 수 없으므로 십의 자리에 쓰고, 두 번
째로 작은 5를 백의 자리에 씁니다.
따라서 가장 작은 세 자리 수는 506입니다.
⇨ $765－506＝259$

> **주의**
> 큰 숫자부터 차례대로 놓으면 가장 큰 수, 작은 숫자부터
> 차례대로 놓으면 가장 작은 수가 됩니다.
> 단, 0이 쓰여진 카드는 맨 앞 자리에 놓을 수 없습니다.

2-1 [0]$<$[4]$<$[7]$<$[9]
가장 큰 세 자리 수: 974, 가장 작은 세 자리 수: 407
⇨ $974－407＝567$

2-2 [3]$<$[5]$<$[7]$<$[8]
가장 큰 세 자리 수: 875, 가장 작은 세 자리 수: 357
⇨ $875＋357＝1232$

3 두 수의 합이 576이므로 찢어진 종이에 적힌 수는
$576－157＝419$입니다.

3-1
$$\begin{array}{r} {}^{1}\\ 5\ 4\ 3 \\ +\ 6\ \square\ \square \\ \hline 1\ 2\ 1\ 8 \end{array}$$
일의 자리의 계산:
$3＋\square＝8$, $\square＝5$
십의 자리의 계산:
$4＋\square＝11$, $\square＝7$
⇨ 찢어진 종이에 적힌 세 자리 수: 675

> **다른 풀이**
> 두 수의 합이 1218이므로 찢어진 종이에 적힌 수는
> 1218에서 543을 뺀 수입니다.
> (네 자리 수)$-$(세 자리 수)도 같은 자리의 수끼리 계산
> 하고 같은 자리의 수끼리 계산할 수 없을 때에는 받아내
> 림하여 계산합니다.
> $$\begin{array}{r} 1\ 2\ 1\ 8 \\ -\ \ 5\ 4\ 3 \\ \hline 5 \end{array} \Rightarrow \begin{array}{r} {}^{1\ 10}\\ 1\ 2\ 1\ 8 \\ -\ \ 5\ 4\ 3 \\ \hline 7\ 5 \end{array} \Rightarrow \begin{array}{r} {}^{0\ 11\ 10}\\ 1\ 2\ 1\ 8 \\ -\ \ 5\ 4\ 3 \\ \hline 6\ 7\ 5 \end{array}$$

3-2 두 수의 합이 807이므로 찢어진 종이에 적힌 수는
$807－279＝528$입니다.

4 어떤 수를 $\square$라 하면 $\square＋146＝583$,
$\square＝583－146$, $\square＝437$입니다.
(바른 계산)$＝437－146＝291$

4-1 어떤 수를 $\square$라 하면 $\square－175＝487$,
$\square＝487＋175$, $\square＝662$입니다.
(바른 계산)$＝662＋175＝837$

4-2 (1) 어떤 수를 $\square$라 하면 $\square＋336＝883$,
$\square＝883－336$, $\square＝547$입니다.
(바른 계산)$＝547－336＝211$
(2) $883－211＝672$

5-1

채점 기준		
오늘 접은 종이학 수를 구한 경우	3점	
어제와 오늘 접은 종이학 수의 합을 구한 경우	3점	10점
답을 바르게 쓴 경우	4점	

5-2

채점 기준		
세리가 딴 사과 수를 구한 경우	3점	
동호와 세리가 딴 사과 수의 합을 구한 경우	3점	10점
답을 바르게 쓴 경우	4점	

6-1

채점 기준		
가장 큰 수와 가장 작은 수를 찾은 경우	3점	
가장 큰 수와 가장 작은 수의 차를 구한 경우	3점	10점
답을 바르게 쓴 경우	4점	

6-2

채점 기준		
가장 큰 수와 두 번째로 큰 수를 찾은 경우	3점	
가장 큰 수와 두 번째로 큰 수의 차를 구한 경우	3점	10점
답을 바르게 쓴 경우	4점	

01 (1) $250+273=523$ (m) ; $147+265=412$ (m)
　　(2) 곤충관을 거쳐서 가는 길

02 1346　　　　　　　**03** 720

04 상하이 타워, 에펠 탑 ; 308 m

05 648명　　　　　　　**06** $650-325=325$

07 예 베짱이가 모은 곡식은
　　　$721-598=123$(톨)입니다. ▶3점
　　　따라서 개미와 베짱이가 모은 곡식은 모두
　　　$721+123=844$(톨)입니다. ▶3점
　　　; 844톨 ▶4점

08 589 cm　　　　　　**09** 306

10 236, 174

---

01 (1)

잔디광장을 거쳐서 가는 길 ⇨
$$\begin{array}{r} {\scriptstyle 1} \\ 2\,5\,0 \\ +\,2\,7\,3 \\ \hline 5\,2\,3 \end{array}$$

곤충관을 거쳐서 가는 길 ⇨
$$\begin{array}{r} {\scriptstyle 1\ 1} \\ 1\,4\,7 \\ +\,2\,6\,5 \\ \hline 4\,1\,2 \end{array}$$

　(2) 잔디광장(523 m), 탑(534 m), 곤충관(412 m)을 거쳐서 가는 길 중에서 가장 짧은 거리를 찾습니다.
　　⇨ $412<523<534$

02 100이 5, 10이 6, 1이 9개인 수
　　⇨ 569
　　비밀번호: $569+777=1346$

03 ・$697+\blacksquare=923$ ⇨ $\blacksquare=923-697$, $\blacksquare=226$
　　・$\bullet-367=579$ ⇨ $\bullet=579+367$, $\bullet=946$
　　따라서 $\blacksquare$와 $\bullet$의 차는 $\bullet-\blacksquare=946-226=720$입니다.

04 상하이 타워와 에펠 탑의 높이의 차
　　⇨ $632-324=308$ (m),
　　상하이 타워와 63빌딩의 높이의 차
　　⇨ $632-264=368$ (m),
　　에펠 탑과 63빌딩의 높이의 차
　　⇨ $324-264=60$ (m)
　　$60<\boxed{300}<308<368$이므로 높이의 차가 300 m에 가장 가까운 두 건물은 높이의 차가 308 m인 상하이 타워와 에펠 탑입니다.

> **학부모 지도 가이드**
> 계산 결과를 어림하여 높이의 차가 300 m에 가까운 건물을 예상하고 실제로 계산해 보게 합니다.

> **참고**
> 높이를 몇백으로 어림하면 상하이 타워의 높이는 600 m, 에펠 탑의 높이는 300 m, 63빌딩의 높이는 300 m입니다. 따라서 높이의 차가 300 m에 가까운 상하이 타워와 에펠 탑의 높이의 차와 상하이 타워와 63빌딩의 높이의 차를 구하여 비교해 봅니다.
> 상하이 타워와 에펠 탑의 높이의 차는 308 m, 상하이 타워와 63빌딩의 높이의 차는 368 m이므로 높이의 차가 300 m에 가장 가까운 건물은 상하이 타워와 에펠 탑입니다.

05 영화를 예매한 관객 수의 합에서 취소한 관객 수를 뺍니다. ⇨ $513+259=772$(명), $772-124=648$(명)

06 $920-517=403$, $517-325=192$,
　　$920-650=\underline{270}$, $650-325=\underline{325}$, $650-517=133$
　　⇨ 325가 270보다 300에 더 가깝습니다.

> **참고**
> 두 수의 차가 300에 가까운지 먼저 어림하여 알아봅니다.

07

채점 기준		
베짱이가 모은 곡식의 수를 구한 경우	3점	
개미와 베짱이가 모은 전체 곡식의 수를 구한 경우	3점	10점
답을 바르게 쓴 경우	4점	

08 (두 막대의 길이의 합)$=357+357=714$ (cm)
　　(만든 장대의 길이)$=714-125=589$ (cm)

09 $676-185=491$ ⇦ ④번까지의 결과
　　$491-185=306$ ⇦ ⑤번까지의 결과

10

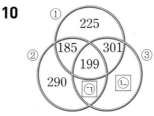

　　① $225+185+199+301=910$
　　따라서 한 원 안에 있는 네 수의 합은 910입니다.
　　② $290+185+199+\textcircled{\scriptsize ㄱ}=910$,
　　　$674+\textcircled{\scriptsize ㄱ}=910$, $\textcircled{\scriptsize ㄱ}=236$
　　③ $199+301+236+\textcircled{\scriptsize ㄴ}=910$,
　　　$736+\textcircled{\scriptsize ㄴ}=910$, $\textcircled{\scriptsize ㄴ}=174$

01 (1) 5, 9, 9   (2) 6, 4, 2

02 866   **03** 500

04 258   **05** 579, 394

06 479, 708

07 1222, 484   **08** <

09 (1) (위에서부터) 9, 5   (2) (위에서부터) 0, 3

10
$$\begin{array}{r} 5\;5\;4 \\ -\;3\;6\;5 \\ \hline 1\;8\;9 \end{array}$$
11 ㉡

12 203 m   **13** 302 m

14 542 cm   **15** ㉠, ㉢

16 예 290개, 260개   **17** 청팀, 33개

18 331, 204, 127   **19** 199

20 1554

21 (1) 736명 ▶2점   (2) 589명 ▶3점

22 (1) 940원 ▶2점   (2) 440원 ▶3점

23 예 (올해에 수확한 딸기 수)

    =352+128=480(개) ▶1점

    (작년과 올해에 수확한 딸기 수의 합)

    =352+480=832(개) ▶2점

    ; 832개 ▶2점

24 예 어떤 수를 ☐라 하면 잘못 계산한 식은

    ☐+594=730이므로 ☐=730-594,

    ☐=136입니다. ▶1점

    따라서 바르게 계산하면 136+495=631입니다. ▶2점

    ; 631 ▶2점

01 (1)
$$\begin{array}{r} 3\;6\;5 \\ +\;2\;3\;4 \\ \hline 5\;9\;9 \end{array}$$
(2)
$$\begin{array}{r} 7\;6\;7 \\ -\;1\;2\;5 \\ \hline 6\;4\;2 \end{array}$$

02
$$\begin{array}{r} {\scriptstyle 1} \\ 6\;4\;7 \\ +\;2\;1\;9 \\ \hline 8\;6\;6 \end{array}$$

03 수 모형이 나타내는 수는 395이므로 105만큼 더 큰 수는 395+105=500입니다.

04 632-374=258

05
$$\begin{array}{r} {\scriptstyle 6\;15\;10} \\ \cancel{7}\,\cancel{6}\,\cancel{4} \\ -\;1\;8\;5 \\ \hline 5\;7\;9 \end{array}$$
,
$$\begin{array}{r} {\scriptstyle 4\;10} \\ \cancel{5}\;7\;9 \\ -\;1\;8\;5 \\ \hline 3\;9\;4 \end{array}$$

06
$$\begin{array}{r} {\scriptstyle 1} \\ 2\;8\;4 \\ +\;1\;9\;5 \\ \hline 4\;7\;9 \end{array}$$
,
$$\begin{array}{r} {\scriptstyle 1\;\;1} \\ 4\;7\;9 \\ +\;2\;2\;9 \\ \hline 7\;0\;8 \end{array}$$

07 합: 853+369=1222

    차: 853-369=484

08 478+476=954, 296+684=980 ⇨ 954<980

09 (1)
$$\begin{array}{r} 3\;7\;4 \\ +\;1\;8\;\boxed{㉠} \\ \hline \boxed{㉡}\;6\;3 \end{array}$$
4+㉠=13

    ⇨ ㉠=13-4, ㉠=9

    1+3+1=㉡ ⇨ ㉡=5

(2)
$$\begin{array}{r} 7\;\boxed{㉡}\;2 \\ -\;2\;4\;\boxed{㉠} \\ \hline 4\;5\;9 \end{array}$$
10+2-㉠=9

    ⇨ 12-㉠=9, ㉠=3

    10+㉡-1-4=5

    ⇨ 10+㉡-1=9,

    10+㉡=10, ㉡=0

10 백의 자리와 십의 자리에서 받아내림한 수를 빼지 않아 틀렸습니다.

11 ㉠ 334+128=462   ㉡ 945-448=497

    ㉢ 728-296=432

    ⇨ ㉡ 497>㉠ 462>㉢ 432

12 (학교~은지네 집)+(문구점~승호네 집)

    -(학교~승호네 집)

    =436+505-738=941-738=203 (m)

13 (문구점~승호네 집)-(문구점~은지네 집)

    =505-203=302 (m)

다른 풀이

(학교~승호네 집)-(학교~은지네 집)

=738-436=302 (m)

14 7 m=700 cm,

    700-158=542 (cm)

15 ㉠ 218+294=512   ㉡ 321+174=495

    ㉢ 197+308=505   ㉣ 162+324=486

16 청팀: 남학생은 140개로 어림하고, 여학생은 150개로 어림하면 청팀은 140+150=290(개)쯤으로 어림할 수 있습니다.

    백팀: 남학생은 130개로 어림하고, 여학생은 130개로 어림하면 백팀은 130+130=260(개)쯤으로 어림할 수 있습니다.

17 청팀:
$$
\begin{array}{r}
1\\
1\,4\,3\\
+\,1\,4\,9\\
\hline
2\,9\,2
\end{array}
$$
백팀:
$$
\begin{array}{r}
1\,2\,8\\
+\,1\,3\,1\\
\hline
2\,5\,9
\end{array}
$$
➪ $292-259=33$(개)

18 $668-495=173$, $495-331=164$,
$331-204=127$이므로 차가 가장 작은 뺄셈식은
$331-204=127$입니다.

19 찢어진 종이에 적힌 수를 □라 하면
$257+□=713$, $□=713-257$, $□=456$입니다.
따라서 두 수의 차는 $456-257=199$입니다.

20 가장 큰 수: 7, 8, 6을 큰 수부터 차례로 쓰면 8, 7, 6이므로 만들 수 있는 가장 큰 세 자리 수는 876입니다.
가장 작은 수: 7, 8, 6을 작은 수부터 차례로 쓰면 6, 7, 8이므로 만들 수 있는 가장 작은 세 자리 수는 678입니다.
$876+678=1554$ ←
$$
\begin{array}{r}
1\,1\\
8\,7\,6\\
+\,6\,7\,8\\
\hline
1\,5\,5\,4
\end{array}
$$

21 (1) 형민이네 학교 학생은 미현이네 학교 학생보다 109명 더 많습니다.
➪ $627+109=736$(명)
(2) 종원이네 학교 학생은 형민이네 학교 학생보다 147명 더 적습니다.
➪ $736-147=589$(명)

[다른 풀이]
$147-109=38$이므로 종원이네 학교 학생 수는 미현이네 학교 학생 수보다 38명 적습니다.
$627-38=589$(명)

[틀린 과정을 분석해 볼까요?]

틀린 이유	이렇게 지도해 주세요
알맞은 식을 세우지 못하는 경우	더 많아지는 것은 덧셈식을 세워 구하고 더 적어지는 것은 뺄셈식을 세워 구하도록 지도합니다.
계산을 바르게 하지 못하는 경우	계산 원리를 정확하게 이해하게 하고 실수하지 않게 연산력을 키우도록 지도합니다.
문제를 잘못 이해한 경우	형민이의 학교의 학생 수를 구할 때에는 미현이네 학교의 학생 수인 627명에서 109를 더해야 하지만 종원이네 학교의 학생 수를 구할 때에는 형민이의 학교의 학생 수에서 147을 빼야 합니다. 문제를 바르게 읽고 해결하도록 지도합니다.

22 (1) 150원짜리 머리핀을 사고 790원이 남았으므로 머리핀을 사기 전에는 $790+150=940$(원)이 있었습니다.
(2) 방 청소를 하고 받은 돈을 □원이라고 하면
$500+□=940$, $940-500=440$이므로 □는 440입니다.

[틀린 과정을 분석해 볼까요?]

틀린 이유	이렇게 지도해 주세요
머리핀을 사기 전에 남은 돈을 구하지 못한 경우	머리핀을 사기 전에 남은 돈은 머리핀을 사고 남은 금액인 790원에서 머리핀의 값을 빼면 됩니다. 거꾸로 생각하여 문제를 해결할 수 있다는 점을 지도합니다.
방 청소를 하고 받은 돈이 얼마인지 구하지 못한 경우	방 청소를 하기 전에 남은 돈은 500원이고 방 청소를 한 후에 남은 돈은 940원입니다. 500원에서 방 청소를 하여 들어온 돈을 더하면 940원이 되는 것을 식으로 나타내고 구할 수 있도록 지도합니다.
용돈 기입장의 표를 이해하지 못한 경우	윗줄의 남은 돈에서 들어온 돈은 더하여 남은 돈을 새로 기입하였다는 것을 알려줍니다. 또 윗줄의 남은 돈에서 나간 돈을 빼서 남은 돈을 새로 기입하였다는 것을 알려줍니다.

23

채점 기준		
올해에 수확한 딸기 수를 구한 경우	1점	
작년과 올해에 수확한 딸기 수의 합을 구한 경우	2점	5점
답을 바르게 쓴 경우	2점	

[틀린 과정을 분석해 볼까요?]

틀린 이유	이렇게 지도해 주세요
답란에 올해 수확한 딸기의 수를 쓴 경우	문제를 읽고 구하려는 것이 무엇인지 밑줄을 그어 보는 연습을 하도록 지도합니다. 구하려는 것에 맞는 답을 구하고 답란에 기입하도록 합니다.
계산을 바르게 하지 못한 경우	세 자리 수의 덧셈에서 실수하지 않도록 연산 문제를 더 연습하도록 지도합니다.

24

채점 기준		
어떤 수를 구한 경우	1점	
바르게 계산한 값을 구한 경우	2점	5점
답을 바르게 쓴 경우	2점	

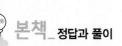

틀린 과정을 분석해 볼까요?

틀린 이유	이렇게 지도해 주세요
답란에 어떤 수가 무엇인지 쓴 경우	바르게 계산한 결과를 구해야 하므로 어떤 수에 원래 더하려고 했던 495를 더한 결과를 쓰도록 지도합니다.
어떤 수를 구하지 못하는 경우	어떤 수를 □로 놓고 덧셈식을 만들 수 있습니다. 덧셈식은 뺄셈식으로 바꿀 수 있으므로 □의 값을 구할 수 있는 뺄셈식으로 바꾸어 어떤 수를 구하도록 지도합니다.
바르게 계산하는 식을 세우지 못하는 경우	문제의 처음에 '어떤 수에 495를 더해야~'가 있습니다. 따라서 어떤 수를 구한 다음 495를 더한 식을 세우고 계산하도록 지도합니다.

2단원 | 평면도형

Step 1 교과 개념 `32~33쪽`

1 (1) 선분 (2) 반직선 (3) 직선
2 ( ) ( ) (○) ( )
3

곧은 선	굽은 선
나, 라, 마	가, 다, 바

4

5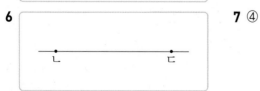

6 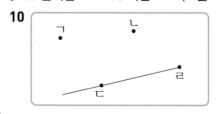   **7** ④

8 선분 ㅅㅇ (또는 선분 ㅇㅅ)
9 (1) 반직선 ㄷㄹ (2) 직선 ㅁㅂ (또는 직선 ㅂㅁ)
10
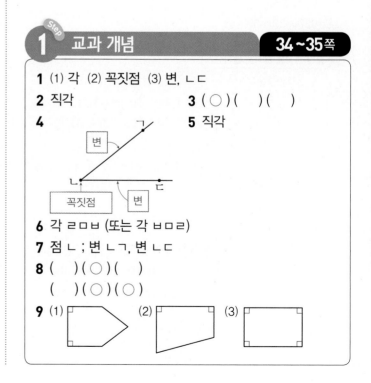

1 (1) 선분은 두 점을 곧게 이은 선입니다.
(2) 반직선은 한 점에서 시작하여 한쪽으로 끝없이 늘인 곧은 선입니다.
(3) 직선은 선분을 양쪽으로 끝없이 늘인 곧은 선입니다.

2 선분 ㄷㄹ은 점 ㄷ과 점 ㄹ을 곧게 이은 선입니다.
굽은 선은 선분이 될 수 없습니다.

4 반직선 ㅈㅊ은 점 ㅈ이 시작점이고, 반직선 ㅊㅈ은 점 ㅊ이 시작점이므로 서로 다릅니다.

5 점 ㄴ과 점 ㄷ을 곧게 잇습니다.

6 점 ㄴ과 점 ㄷ을 지나는 곧은 선을 긋습니다.

7 점 ㄱ에서 시작하여 점 ㄴ을 지나는 곧은 선이므로 반직선 ㄱㄴ이라고 합니다.
반직선 ㄴㄱ이라고 생각하지 않도록 주의합니다.

8 점 ㅅ과 점 ㅇ을 이은 선분입니다.
⇨ 선분 ㅅㅇ 또는 선분 ㅇㅅ

9 (1) 점 ㄷ에서 시작하여 점 ㄹ을 지나는 반직선입니다.
> **주의**
> 반직선 ㄷㄹ은 반직선 ㄹㄷ이라고 읽으면 안 됩니다.

(2) 점 ㅁ과 점 ㅂ을 지나는 직선입니다.
⇨ 직선 ㅁㅂ 또는 직선 ㅂㅁ

10 점 ㄹ에서 시작하여 점 ㄷ을 지나는 곧은 선을 긋습니다.

Step 1 교과 개념 `34~35쪽`

1 (1) 각 (2) 꼭짓점 (3) 변, ㄴㄷ
2 직각   **3** (○) ( ) ( )
4

변 / 꼭짓점 / 변

5 직각

6 각 ㄹㅁㅂ (또는 각 ㅂㅁㄹ)
7 점 ㄴ ; 변 ㄴㄱ, 변 ㄴㄷ
8 ( ) (○) ( )
( ) (○) (○)
9 (1)   (2)   (3)

3 굽은 선은 각의 변이 될 수 없습니다.

4 각은 한 점에서 그은 두 반직선으로 이루어진 도형입니다. 이때 한 점은 각의 꼭짓점이라 하고, 두 반직선은 각의 변이라고 합니다.

5 삼각자의 직각 부분에서 만나는 두 반직선을 그으면 직각이 됩니다.

6 꼭짓점인 점 ㅁ이 가운데에 오도록 읽습니다.
　➡ 각 ㄹ㉤ㅂ 또는 각 ㅂ㉤ㄹ
　　　꼭짓점　　　꼭짓점

7 반직선 ㄴㄱ과 반직선 ㄴㄷ을 각의 변이라고 합니다.

8 ⌐ : 왼쪽과 같은 각을 직각이라고 합니다.

9 직각 삼각자의 직각 부분과 같은 모양을 찾습니다.

Step 2 교과 유형 익힘 　36~37쪽

01
（점 ㄷ에서 점 ㄱ, 점 ㄴ으로 그은 각）

02
（점 ㅁ, 점 ㄹ, 점 ㅅ, 점 ㅂ）

03
（선분 ㄱㄷ과 직선 ㄹㅁ）

04 예
（점 ㄷ을 꼭짓점으로 한 각）

05 ②, ④

---

06 ㅅ, ㅇ (또는 ㅇ, ㅅ)
　; ㄷ, ㄹ (또는 ㄹ, ㄷ)
　; ㅁ, ㅂ

07 예 반직선은 한쪽 방향으로 늘어나지만 직선은 양쪽 방향으로 늘어납니다. ▶10점

08

09 ㉢, ㉠, ㉡

10 (왼쪽에서부터) 4, 1, 2

11 각 ㄷㅂㅁ (또는 각 ㅁㅂㄷ)

12 9개

13 두 점을 이은 곧은 선

14 예 한 점에서 그은 두 반직선으로 이루어진 도형이 아니기 때문입니다. ▶10점

15 9시

---

01 점 ㄷ이 꼭짓점이 되도록 반직선 ㄷㄴ을 긋습니다.

02 점 ㅂ이 꼭짓점이 되도록 반직선 ㅂㄹ과 반직선 ㅂㅅ을 긋습니다.

03 선분 ㄱㄷ: 점 ㄱ과 점 ㄷ을 곧게 잇습니다.
　직선 ㄹㅁ: 점 ㄹ과 점 ㅁ을 지나는 곧은 선을 긋습니다.

05 ⌐ 표시를 하면서 직각이 있는 도형을 찾습니다.
　② （직각삼각형）　④ （사각형）

06 선분과 직선은 두 점 중 어느 점을 먼저 읽어도 됩니다.
　반직선은 반드시 시작점을 먼저 읽어야 합니다.

07 '반직선은 시작점이 있지만 직선은 시작점이 없습니다.'라고 써도 됩니다.

08 그림에서 찾을 수 있는 직각은 모두 6개입니다.

09 ㉠ （사각형） ㉡ （부채꼴） ㉢ （오각형）
　　4개　　　1개　　　5개
　➡ 각의 개수가 많은 도형부터 순서대로 기호를 쓰면 ㉢, ㉠, ㉡입니다.

10 가 （사각형） 나 （사각형） 다 （오각형）
　　4개　　　1개　　　2개

11 점 ㅂ이 꼭짓점이 되는 직각이 1개 있습니다.
　➡ 각 ㄷㅂㅁ 또는 각 ㅁㅂㄷ

12

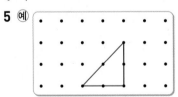

⇨ 9개

13 선분에 해당하는 말을 찾습니다.

15 8시와 12시 사이에 시계의 긴바늘이 12를 가리키고, 긴바늘과 짧은바늘이 이루는 각이 직각인 시각은 9시입니다.

> **학부모 지도 가이드**
>
> 긴바늘이 12를 가리키고 긴바늘과 짧은바늘이 이루는 각이 직각이 되는 경우는 짧은바늘이 3 또는 9를 가리키는 경우입니다.
> 8시와 12시 사이의 시각을 찾아야 하므로 친구들이 설명하고 있는 시각은 9시임을 알게 합니다.

Step 1 교과 개념 | 38~39쪽

1 (ⓗ한, 두) ; 직각

2

직각의 개수	1개	2개	4개
기호	다	나	가, 라

⇩

기준	직사각형이 아닌 도형	직사각형
기호	나, 다	가, 라

3 (두 , 세, ⓝ네) ; 직각

4 나

5 ⓔ예

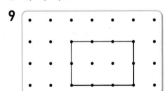

6 가, 다

7 3, 3, 3, 1

8 4, 4, 4, 4

9

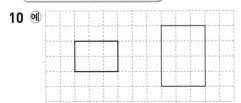

10 ⓔ예

4 직각이 있는 삼각형을 찾습니다.

5 두 변이 직각이 되게 직각삼각형을 그립니다.
다음과 같이 여러 가지 방법으로 그릴 수 있습니다.

ⓔ예
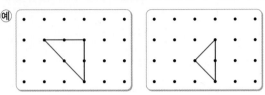

6 네 각이 모두 직각인 사각형이 직사각형입니다.

7 직각삼각형의 각 3개 중에서 직각인 각은 1개입니다.

8 직사각형의 각 4개는 모두 직각입니다.

9 네 각이 모두 직각이 되도록 점을 따라 선을 그어 직사각형을 그립니다.

10 모눈종이의 선을 따라 주어진 직사각형과 크기가 다른 직사각형을 1개 그립니다.

Step 1 교과 개념 | 40~41쪽

1 직각, 같은

2

○	×	○	×	×
×	×	○	○	×

; 다

3 나, 다

4

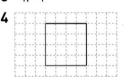

5 직사각형, 정사각형에 ○표

6 ⓔ예

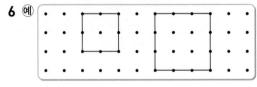

7 6, 6

8 (1) 가, 라 (2) 가

9 ③

3 직사각형: 가, 나, 다, 라
정사각형: 나, 다

4 나머지 두 변의 길이가 주어진 선분과 같은 길이가 되고 네 각이 모두 직각이 되도록 그립니다.

5 주어진 사각형은 네 각이 모두 직각이고 네 변의 길이가 모두 같으므로 정사각형입니다.

네 각이 모두 직각이므로 직사각형이라고 할 수 있습니다.

6 점과 점을 이어 네 각이 모두 직각이고 네 변의 길이가 모두 같은 사각형을 그립니다.

7 정사각형은 네 변의 길이가 모두 같습니다.

8 ⑵ 가는 네 각이 모두 직각이고 네 변의 길이가 모두 같으므로 정사각형입니다.

라는 네 각이 모두 직각이지만 네 변의 길이가 모두 같지 않으므로 정사각형이 아닌 직사각형입니다.

9 ③ 정사각형은 꼭짓점이 4개 있습니다.

---

2 교과 유형 익힘 `42~43쪽`

01 (위에서부터) 5, 9
02 2개
03 ⑴ 가 ⑵ 다, 마
04 예
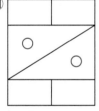
05 정사각형
06 예 한 각이 직각인 삼각형이 아닙니다. ▶10점
07 예
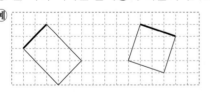
08 예 네 각이 모두 직각인 사각형이 아닙니다. ▶10점
09 14개
10 3개
11 예 한 각이 직각입니다. ▶5점
; 예 변의 길이가 다릅니다. ▶5점
12 예 네 변의 길이는 모두 같지만 네 각이 모두 직각이 아닙니다. ▶10점
13 2개

---

01 직사각형은 마주 보는 두 변의 길이가 같습니다.

02 삼각형의 세 각 중에서 직각이 있는 삼각형을 찾아봅니다.

따라서 직각삼각형은 모두 2개입니다.

03 ⑴ 가: 네 변의 길이는 모두 같지만 네 각이 모두 직각이 아닙니다.

참고
정사각형은 네 각이 모두 직각이므로 직사각형이라고 할 수 있습니다.

04 가운데에 있는 삼각형 2개는 직각삼각형입니다.

05 다음 그림에서 ○표 한 곳의 길이는 모두 같습니다.

➪ 네 각이 모두 직각이고 네 변의 길이가 모두 같으므로 정사각형입니다.

06 직각삼각형은 한 각이 직각입니다.

08 '두 각만 직각이고 두 각이 직각이 아닙니다.'라고 써도 됩니다.

09 사각형 1개짜리: 13개, 사각형 13개짜리: 1개
따라서 크고 작은 직사각형은 모두 14개입니다.

10

①과 ②는 직각삼각형입니다. ①+②+③은 직각삼각형이므로 모두 3개입니다.

11 모양과 크기가 다른 직각삼각형을 3개 그린 것입니다.

13 다음과 같이 작은 정사각형이 1개, 직각삼각형 2개로 만든 정사각형이 1개 있습니다.

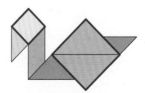

3 Step 문제 해결 44~47쪽

1 3개

1-1
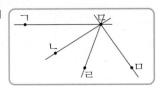

1-2 영주

2 3개   **2-1** 6개

2-2 각 ㄹㄱㄴ (또는 각 ㄴㄱㄹ),
각 ㄱㄴㄷ (또는 각 ㄷㄴㄱ)

2-3 ④

3 48 cm   **3-1** 32 m

3-2 5

4 8개   **4-1** 7개

4-2 3개   **4-3** 10개

5 ❶ 2, ⓒ, 3, 1 ▶4점   ❷ 반직선 ▶2점
; 반직선 ▶4점

5-1 예 ❶ 선분은 ⓓ으로 1개, 반직선은 ⓛ, ⓑ으로 2개,
직선은 ⓐ, ⓒ, ⓔ로 3개입니다. ▶4점
❷ 따라서 선분, 반직선, 직선 중 가장 많은 것은 직
선입니다. ▶2점
; 직선 ▶4점

5-2 예 선분을 찾아 쓰면 선분 ㄱㄴ, 선분 ㄱㄹ, 선분 ㄴㄷ,
선분 ㄷㄹ입니다. ▶4점
따라서 선분은 모두 4개입니다. ▶2점
; 4개 ▶4점

6 ❶ 10, 5 ▶3점   ❷ 10, 10, 30 ▶3점
; 30 cm ▶4점

6-1 예 ❶ 만든 직사각형의 가로는 7 cm이고, 세로는
7+7=14 (cm)입니다. ▶3점
❷ (직사각형의 네 변의 길이의 합)
=7+14+7+14=42 (cm) ▶3점
; 42 cm ▶4점

6-2 예 선분 ㄱㄴ의 길이는 두 정사각형의 한 변의 길이의
합과 같습니다. ▶3점
⇨ (선분 ㄱㄴ의 길이)=8+4=12 (cm) ▶3점
; 12 cm ▶4점

1
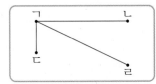

선분 ㄱㄴ, 선분 ㄱㄷ, 선분 ㄱㄹ을 그을 수 있으므로 선분
은 모두 3개입니다.

1-1 직선을 그을 때에는 곧은 선이 두 점을 지나도록 긋습니
다.
직선 ㄱㄷ, 직선 ㄴㄷ, 직선 ㄹㄷ, 직선 ㅁㄷ을 그을 수 있
습니다.

1-2 반직선은 시작점과 방향이 같으면 같은 반직선입니다. 반
직선 ㄷㄴ을 점 ㄴ 방향으로 끝없이 늘리면 점 ㄱ을 지나
게 되므로 반직선 ㄷㄴ과 반직선 ㄷㄱ은 같습니다.
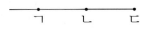

2
2-1
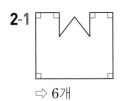
⇨ 3개   ⇨ 6개

2-2 직각을 찾고 각의 꼭짓점이 가운데 오도록 읽습니다.
직각은 2개 찾을 수 있습니다.

2-3 ④에는 직각이 없습니다.
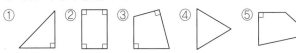

3 (정사각형의 네 변의 길이의 합)
=12+12+12+12=48 (cm)

3-1 정사각형은 네 변의 길이가 모두 같으므로 8 m의 4배인
32 m가 필요합니다.

3-2 □+□+□+□=20이고 5+5+5+5=20이므
로 □=5입니다.

4 사각형 1개짜리: 6개, 사각형 4개짜리: 2개
⇨ (크고 작은 정사각형의 개수)=6+2=8(개)

4-1 삼각형 1개짜리: ①, ②, ③, ④
삼각형 2개짜리: ①+②, ③+④
삼각형 4개짜리: ①+②+③+④
⇨ 4+2+1=7(개)

4-2 ⇨ ①, ②, ④는 정사각형이므로
모두 3개입니다.

4-3 사각형 1개짜리: ①, ②, ③, ④
사각형 2개짜리
: ①+②, ②+③, ③+④
사각형 3개짜리: ①+②+③, ②+③+④
사각형 4개짜리: ①+②+③+④
⇨ 4+3+2+1=10(개)

5-1	채점 기준		
	선분, 반직선, 직선을 바르게 찾은 경우	4점	
	가장 많은 것을 구한 경우	2점	10점
	답을 바르게 쓴 경우	4점	

5-2	채점 기준		
	선분을 바르게 찾은 경우	4점	
	선분의 개수를 구한 경우	2점	10점
	답을 바르게 쓴 경우	4점	

6-1	채점 기준		
	직사각형의 가로와 세로의 길이를 쓴 경우	3점	
	직사각형의 네 변의 길이의 합을 구한 경우	3점	10점
	답을 바르게 쓴 경우	4점	

6-2	채점 기준		
	선분 ㄱㄴ의 길이를 구하는 방법을 쓴 경우	3점	
	선분 ㄱㄴ의 길이를 구한 경우	3점	10점
	답을 바르게 쓴 경우	4점	

Step 4 실력UP 문제 48~49쪽

01 ㄹㅁ, ㅁㄷ, ㄷㅁ, ㄹㄷ, ㅁㄹ 중에서 2개를 쓰면 정답입니다.

02 6개

03 10개   **04** 4개

05 (위에서부터) 9, 8, 22   **06** 3, 3 (또는 6, 1)

07 60 cm

08 예 마지막에 만든 사각형은 한 변이 9 cm인 정사각형입니다. ▶3점
9+9+9+9=36이므로 네 변의 길이의 합은 36 cm입니다. ▶3점
; 36 cm ▶4점

09 13 cm

10 예 삼각형 1개짜리는 4개, 삼각형 3개짜리는 2개입니다. ▶3점
따라서 크고 작은 직각삼각형은 모두 4+2=6(개)입니다. ▶3점
; 6개 ▶4점

11 2개

01 세 개의 점 ㄷ, 점 ㄹ, 점 ㅁ을 지나는 직선은 직선 ㄷㄹ, 직선 ㄷㅁ, 직선 ㄹㅁ, 직선 ㄹㄷ, 직선 ㅁㄹ, 직선 ㅁㄷ으로 나타낼 수 있습니다.

02 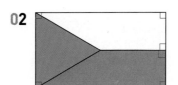 표시한 직각을 세어 보면 모두 6개입니다.

03 두 점을 지나는 직선은 다음과 같이 모두 10개 그을 수 있습니다.

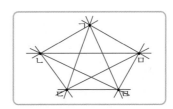

04 각 ㄱㄴㄹ과 같이 작은 각 5개로 이루어진 각이 직각입니다.

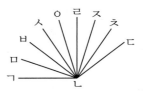

따라서 직각은 각 ㄱㄴㄹ, 각 ㅁㄴㅈ, 각 ㅂㄴㅊ, 각 ㅅㄴㄷ으로 모두 4개입니다.

05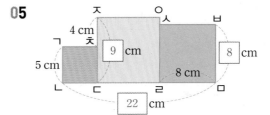

정사각형은 네 변의 길이가 같습니다.
변 ㄴㄷ의 길이는 5 cm, 변 ㄷㄹ의 길이는 9 cm입니다.
따라서 변 ㄴㅁ의 길이는 5+9+8=22 (cm)입니다.

06 색칠된 부분은 다음과 같이 덮을 수 있습니다.

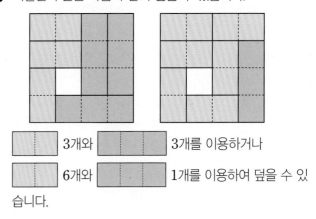

3개와 ▨ 3개를 이용하거나
▨ 6개와 ▨ 1개를 이용하여 덮을 수 있습니다.

07 만든 직사각형의 가로는 6+6+6+6=24 (cm)이고, 세로는 6 cm입니다. 따라서 직사각형의 네 변의 길이의 합은 24+6+24+6=60 (cm)입니다.

본책 44~49쪽

08

채점 기준		
마지막에 만든 사각형이 정사각형이라고 쓴 경우	3점	10점
정사각형의 네 변의 길이의 합을 구한 경우	3점	
답을 바르게 쓴 경우	4점	

09 직사각형의 긴 변의 길이는 정사각형의 한 변의 길이인 9 cm보다 4 cm 더 긴 9+4=13 (cm)입니다.

10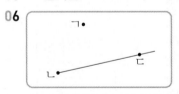
삼각형 1개짜리: ①, ③, ④, ⑥
삼각형 3개짜리: ①+②+③,
④+⑤+⑥
⇨ (크고 작은 직각삼각형의 개수)=4+2=6(개)

채점 기준		
삼각형 1개짜리, 3개짜리로 나누어 직각삼각형의 개수를 구한 경우	3점	10점
직각삼각형의 개수를 모두 구한 경우	3점	
답을 바르게 쓴 경우	4점	

11 직각이 1개만 있는 사각형이 3개 → 직각 3개,
직각이 2개만 있는 사각형이 1개 → 직각 2개
⇨ 13-3-2=8(개)
직사각형 전체의 직각의 수는 8개이고, 직사각형 1개의 직각의 수는 4개입니다. 4를 두 번 더하면 8이므로 직사각형의 수는 2개입니다.

단원 평가 **50~53쪽**

01 ㉢

02 ( ) (○)

03 ㉢

04 직각

05 (1) 반직선 ㄴㄱ (2) 각 ㄷㄹㅁ (또는 각 ㅁㄹㄷ)

06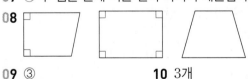

07 예 두 점을 곧게 이은 선이 아니기 때문입니다. ▶4점

08

09 ③

10 3개

11 (1) 5개 (2) 6개

12 8

13 가, 마 ; 나, 라

14 직사각형

15 예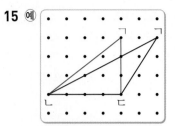

16 나, 사

17 52 cm

18 예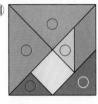

19 ⑤, ⑧

20 9시

21 (1) ①, ②, ③, ④, ⑦, ⑧▶2점 (2) 2개▶3점

22 (1) 4개, 2개, 5개▶3점 (2) 3개▶2점

23 다▶2점
; 예 도형 다는 네 각이 모두 직각인 사각형이 아닙니다. ▶3점

24 예 직사각형은 마주 보는 두 변의 길이가 같습니다. ▶1점
따라서 직사각형의 네 변의 길이의 합은
6+5+6+5=22 (cm)입니다. ▶2점
; 22 cm▶2점

01 선분은 두 점 사이를 곧게 이은 선이므로 ㉢입니다.

02 직선은 선분을 양쪽으로 끝없이 늘인 곧은 선입니다.
왼쪽 도형은 반직선 ㄴㄱ입니다.

03 한 점에서 그은 두 반직선으로 이루어진 도형이 각입니다.

04 ∟ : 왼쪽과 같은 각을 직각이라고 합니다.

05 (1) 점 ㄴ에서 시작하여 점 ㄱ을 지나는 반직선입니다.
⇨ 반직선 ㄴㄱ
(2) 반직선 ㄹㄷ과 반직선 ㄹㅁ을 두 변으로 하는 각입니다. ⇨ 각 ㄷㄹㅁ 또는 각 ㅁㄹㄷ

06 점 ㄴ에서 시작하여 점 ㄷ을 지나도록 긋습니다.

07 점 ㄷ과 점 ㄹ을 곧게 이을 때 선분 ㄷㄹ이 됩니다.

08 직각 삼각자에서 직각 부분을 도형의 각에 대어 봤을 때 꼭 맞게 겹쳐지면 직각입니다.

09 각 점을 지나가게 선을 그어 봅니다.
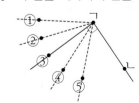
⇨ ③을 지나가게 그어야 직각이 됩니다.

10 직각에 표시를 하여 세어 보면 모두 3개입니다.

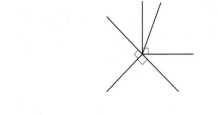

11 (1) 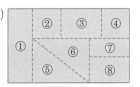 ⇨ 5개 (2) ⇨ 6개

12 직사각형은 마주 보는 두 변의 길이가 같습니다.

13 한 각이 직각인 삼각형은 가, 마입니다.
네 각이 모두 직각인 사각형은 나, 라입니다.
바는 네 각이 모두 직각이 아니므로 직사각형이 아닙니다.

14 네 각이 모두 직각인 사각형은 직사각형입니다.

15 점 ㄱ을 점 ㄷ 또는 점 ㄴ이 있는 세로줄의 점으로 옮기거나 각 ㄴㄱㄷ이 직각이 되도록 그리면 직각삼각형이 됩니다.

예
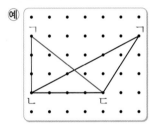 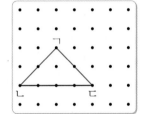

16 네 각이 모두 직각이고 네 변의 길이가 모두 같은 사각형을 찾으면 나, 사입니다.

17 정사각형의 네 변의 길이는 모두 같습니다.
⇨ 13＋13＋13＋13＝52 (cm)

18 한 각이 직각인 삼각형을 찾아 표시합니다.

참고
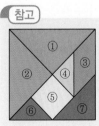
①, ②, ④, ⑥, ⑦은 직각삼각형입니다. ①과 ②를 붙이면 직각삼각형이 됩니다. ③, ④, ⑤, ⑥, ⑦을 붙이면 직각삼각형이 됩니다.

19 네 각이 모두 직각이고 네 변의 길이가 모두 같은 사각형을 모두 찾아 번호를 씁니다.

20 은지의 일기에 주어진 시각 9시, 10시, 12시 중에서 시계의 두 바늘이 직각을 이루는 시각은 9시입니다.

21 (2)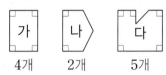

직사각형 ①, ②, ③, ④, ⑦, ⑧ 중에서 정사각형을 찾으면 ②, ④로 2개입니다.

주의
⑤와 ⑥을 더하면 직사각형이 되지만 점선을 따라 잘랐으므로 각각 직각삼각형이 됩니다.

틀린 과정을 분석해 볼까요?

틀린 이유	이렇게 지도해 주세요
직사각형을 찾지 못하는 경우	직사각형은 네 각이 모두 직각인 사각형이므로 주어진 그림에서 삼각형이 아닌 사각형은 모두 직사각형이라는 점을 지도합니다.
정사각형을 찾지 못하는 경우	모두 자른 경우만 생각하므로 자른 직사각형 중에서 네 변의 길이가 같은 사각형만 찾으면 정사각형이라는 것을 지도합니다.
직사각형과 정사각형이 무엇인지 알지 못하는 경우	직사각형과 정사각형이 어떤 사각형을 나타내는 말인지 다시 알아보도록 지도합니다.

22 (1) 직각을 표시하여 세어 봅니다.

가 4개 나 2개 다 5개

(2) 직각이 가장 많은 도형은 다(5개), 가장 적은 도형은 나(2개)입니다.
⇨ (직각의 개수의 차)＝5－2＝3(개)

틀린 과정을 분석해 볼까요?

틀린 이유	이렇게 지도해 주세요
직각이 몇 개인지 찾지 못하는 경우	도형에서 찾을 수 있는 직각을 빠뜨리지 않도록 모든 꼭짓점에서 그어진 두 변이 직각인지 확인합니다.
직각이 무엇인지 알지 못하는 경우	직각이 무엇인지 다시 알아본 다음 학습합니다. 직사각형의 한 각과 같은 모양을 직각이라고 한다는 것을 지도합니다.
개수의 차를 잘못 구한 경우	가장 많은 것은 5개이고, 가장 적은 것은 2개이므로 차를 구할 때에는 5에서 2를 빼야 합니다. 차를 구할 때에는 큰 수에서 작은 수를 빼도록 지도합니다.

23 '도형 다는 직각인 각이 없습니다.'라고 써도 됩니다.

틀린 과정을 분석해 볼까요?

틀린 이유	이렇게 지도해 주세요
직사각형이 아닌 도형을 찾지 못하는 경우	직사각형은 네 각이 모두 직각인 사각형입니다. 주어진 도형 중에서는 도형 다만 네 각이 모두 직각이 아닌 도형인 것을 지도합니다.
정사각형을 직사각형이 아닌 도형이라고 답한 경우	정사각형은 네 각이 모두 직각이므로 직사각형입니다. 정사각형은 직사각형 중에서 찾을 수 있는 사각형으로 네 변의 길이가 모두 같은 사각형이라는 점을 지도합니다.
직사각형이 아닌 이유를 쓰지 못하는 경우	사각형이지만 직사각형이 아닌 이유는 네 각이 모두 직각이 아니기 때문입니다. 직사각형이 무엇을 뜻하는 말인지 다시 생각해보도록 지도합니다.

24

채점 기준		
직사각형의 마주 보는 두 변의 길이가 같음을 쓴 경우	1점	5점
직사각형의 네 변의 길이의 합을 구한 경우	2점	
답을 바르게 쓴 경우	2점	

틀린 과정을 분석해 볼까요?

틀린 이유	이렇게 지도해 주세요
직사각형은 마주 보는 변의 길이가 같다는 점을 알지 못하는 경우	모눈종이에서 직사각형을 그려 보면서 마주 보는 변끼리 길이가 같다는 점을 지도합니다.
길이의 덧셈에서 실수한 경우	5+6+5+6으로 계산하는 것보다 가로 6 cm와 세로 5 cm를 먼저 더하고 더한 결과인 11 cm를 두 번 더하면 좀 더 쉽고 실수가 적다는 것을 지도합니다.
네 변의 길이의 합이 무슨 뜻인지 알지 못하는 경우	직사각형은 변이 4개 있습니다. 변의 길이가 주어져 있으므로 합을 구할 때에는 변 4개의 길이를 모두 더하면 된다는 것을 지도합니다.

3단원 │ 나눗셈

Step 1 교과 개념 56~57쪽

1 4
2 (1) 5 (2) 5 (3) 5, 10, 2
3 (1) 3개 (2) 3 **4** (○) ( )
5 48÷8=6
6 42 나누기 7은 6과 같습니다.
7 3 **8** 21, 3, 7
9 4, 4

1 나눗셈식으로 나타내면 $12÷3=4$입니다.

2 (전체 컵의 수)÷(묶음 수)=(한 묶음에 있는 컵의 수)
⇨ $10÷2=5$(개)

3 (1) 바둑돌 12개를 접시 4개에 똑같이 나누어 보면 한 접시에 3개씩 놓입니다.

4 $28÷4$의 몫은 7이고, $35÷7$의 몫은 5입니다.

참고

$■÷▲=●$
⇨ ●는 ■를 ▲로 나눈 몫

5 '● 나누기 ▲는 ■와 같습니다.'는
나눗셈식으로 $●÷▲=■$라고 나타냅니다.

6 $◆÷♥=■$는 '◆ 나누기 ♥는 ■와 같습니다.'라고 읽습니다.

7 과자 9개를 3명에게 똑같이 나누어 주면 한 명에게
$9÷3=3$(개)씩 줄 수 있습니다.

8 연필 21자루를 3명에게 똑같이 나누어 주면 7자루씩 나누어 줄 수 있습니다.
⇨ $21÷3=7$

9 (1) 귤 16개를 4명이 똑같이 나누어 먹으면 한 명이
$16÷4=4$(개)씩 먹을 수 있습니다.
(2) 배구공 8개를 바구니 2개에 똑같이 나누어 담으면 바구니 1개에 $8÷2=4$(개)씩 담을 수 있습니다.

1 (1) 3 (2) 3 (3) 3

2 (1) 예

(2) 3, 3 (3) 12, 3, 4

3 5, 4

4 (1) 30÷6=5 (2) 27÷9=3

5 (1) 20÷4=5 (2) 42÷7=6

6

7 (1) 3, 8 (2) 4, 6

8 (1) 16÷2=8,

(2) 8명

---

1 장미 6송이는 2송이씩 3번 묶을 수 있으므로
6÷2=3입니다.

2 12−3−3−3−3=0
       └──4번──┘
  ⇨ 12÷3=4

3 야구공 20개를 5개씩 묶으면 4묶음입니다.
  ⇨ 20÷5=4

4 (1) 30−6−6−6−6−6=0
          └───5번───┘
    ⇨ 30÷6=5
  (2) 27−9−9−9=0
        └──3번──┘
    ⇨ 27÷9=3

■에서 ▲씩 ●번 뺐더니 0이 되는 경우에는 나눗셈식
■÷▲=●로 나타낼 수 있습니다.

6 • 18에서 9씩 2번 빼면 0이 됩니다.
    ⇨ 18÷9=2
  • 18에서 6씩 3번 빼면 0이 됩니다.
    ⇨ 18÷6=3

8 (나누어 줄 수 있는 사람 수)
  =(전체 토마토 수)÷(한 명에게 주는 토마토 수)

01

; 6개

02 7개   **03** 24, 4

04 ㉡   **05** 5, 45÷9=5

06 (1)

; 9부분

  (2) 4, 9

07 20, 4, 5 ; 5명   **08** 56÷8=7 ; 7일

09 6, 4   **10** 은지

11 16−4−4−4−4=0 ; 16÷4=4 ; 4명

12 8마리, 4마리

---

01 귤 18개를 접시 3개에 똑같이 나누어 담으면 한 접시에 6개씩입니다.
  ⇨ 18÷3=6(개)

02 옥수수 14개를 2묶음으로 똑같이 나누면 한 묶음에 7개씩 됩니다.
  ⇨ 14÷2=7(개)

03 딸기 24개를 6개씩 묶으면 4묶음이 됩니다.
  ⇨ 24÷6=4

04 27÷9=3
  ⇨ 27에서 9씩 3번 빼면 0이 됩니다.
  ⇨ 27−9−9−9=0
    └──3번──┘

05 똑같이 나누는 나눗셈의 문장을 식으로 나타냅니다.

06 (1) 수직선에서 36을 4씩 나누면 9부분입니다.
  (2) 36÷4=9

07 (자동차 한 대에 탈 수 있는 사람 수)
  =(전체 사람 수)÷(자동차 수)=20÷4=5(명)

08 (읽는 날수)=(전체 쪽수)÷(하루에 읽는 쪽수)
  =56÷8=7(일)

09 사탕 12개를 접시 2개에 놓을 때: 12÷2=6(개)
  사탕 12개를 접시 3개에 놓을 때: 12÷3=4(개)

10 은지: 지우개를 28÷7=4(개)씩 나누어 가질 수 있습니다.

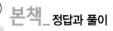
11 (나누어 줄 수 있는 사람 수)
＝(바나나 수)÷(한 명에게 주는 바나나 수)
＝16÷4＝4(명)

12 • 홍학의 다리는 2개입니다. 16개를 2개씩 묶으면 8묶음
이므로 홍학은 8마리입니다.
• 사자의 다리는 4개입니다. 16개를 4개씩 묶으면 4묶음
이므로 사자는 4마리입니다.

---

① 교과 개념 　　　　62~63쪽

1 (1) 4, 5　(2) 3, 4
2 (1) 2　(2) 3
3 (1) 8, 24　(2) 3, 8 ; 8, 3
4 (위에서부터) 8, 56 ; 7, 56
5 (왼쪽에서부터) 36, 9, 4
6 2
7 6, 18 ; 3, 6, 6, 3
8 16÷2＝8, 16÷8＝2에 ○표
9 ╳

---

1 하나의 곱셈식을 2개의 나눗셈식으로 나타낼 수 있습니다.

2 곱셈식에서 곱하는 수와 곱해지는 수를 찾아 나눗셈의 몫을 구할 수 있습니다.

3 (1) 수박을 3통씩 묶으면 8묶음이 되므로 3×8＝24입니다.

(2) 3×8＝24　　3×8＝24
24÷3＝8　　24÷8＝3

4 56÷7＝8　　56÷7＝8
7×8＝56　　8×7＝56

5 4×9＝36　　4×9＝36
36÷4＝9　　36÷9＝4

> **참고**
> 곱셈식에서 곱해지는 수와 곱하는 수는 나눗셈식에서 나누는 수와 몫이 됩니다.

6 8×2＝16이므로 16÷8의 몫은 2입니다.

---

7 3×6＝18　　3×6＝18
18÷3＝6　　18÷6＝3

8 2×8＝16　　2×8＝16
16÷2＝8　　16÷8＝2

9 56÷8＝7 ⇨ 8×7＝56, 36÷9＝4 ⇨ 9×4＝36

---

① 교과 개념 　　　　64~65쪽

1 (1) 15, 18, 21, 24, 27　(2) 6
2 5
3 (1) 3　(2) 5　　　　**4** (1) 6　(2) 5
5 (1) 4×6＝24　(2) 6, 24, 6
6 ╳　　　　　　　　**7** 49÷7에 ○표
8 (1) 5　(2) 8　　　　**9** 3

---

1 3단 곱셈구구에서 곱이 18인 곱셈식을 찾으면
3×6＝18입니다.
⇨ 18÷3＝6

2 4단 곱셈구구에서 곱이 20인 곱셈식을 찾으면
4×5＝20입니다.
⇨ 20÷4＝5

3 (1) 7×3＝21 ⇨ 21÷7＝3
(2) 8×5＝40 ⇨ 40÷8＝5

4 나누는 수의 단 곱셈구구를 이용합니다.

5 4단 곱셈구구에서 곱이 24인 곱셈식을 찾으면
4×6＝24입니다.
⇨ 24÷4＝6

6 나눗셈의 몫은 나누는 수의 단 곱셈구구를 이용하여 구합니다.

7 27÷9와 81÷9의 나누는 수가 9이므로 몫을 구할 때
9단 곱셈구구를 이용합니다.

8 (1) 6×5＝30 ⇨ 30÷6＝5
(2) 6×8＝48 ⇨ 48÷6＝8

9 4×3＝12 ⇨ 12÷4＝3

01 (1) 7×6=42 (또는 6×7=42) ; 42개
　　(2) 42÷7=6 ; 6개
　　(3) 42÷6=7 ; 7명

02

03 5, 6, 7

04 5 ; 5개

05 (위에서부터) 3, 4, 4

06 (1) 2, 2　(2) 2, 2

07 ⑤×⑥=㉚, ⑥×⑤=㉚ ← 순서를 바꿔 써도 정답입니다.
　　㉚÷⑤=⑥, ㉚÷⑥=⑤ ← 순서를 바꿔 써도 정답입니다.

08 15÷3=5 ; 3×5=15 ; 5대

09 8명

10 9, 45 ; 45, 9, 5 ; 45, 5, 9

11 예 8×6=48이므로 ▶5점
　　48÷8의 몫은 6입니다. ▶5점

12 3 m　　　　　　　**13** 2

---

01 (1) 귤이 7개씩 6줄이므로 7×6=42(개)입니다.
　　(2) 7×6=42 ⇨ 42÷7=6
　　(3) 7×6=42 ⇨ 42÷6=7

02 4×8=32이므로 32÷4의 몫은 8입니다.
　　3×5=15이므로 15÷3의 몫은 5입니다.
　　6×6=36이므로 36÷6의 몫은 6입니다.

03 28÷7=4, 35÷7=5, 42÷7=6, 49÷7=7

04 5×4=20이므로 20÷4의 몫은 5입니다.

05 6÷2=3, 24÷6=4, 8÷2=4

06 8×2=16 ⟨ 16÷8=2
　　　　　　　　16÷2=8

07 6, 30, 5로 만들 수 있는 곱셈식과 나눗셈식은
　　5×6=30, 6×5=30, 30÷5=6, 30÷6=5입니다.

08 3×5=15이므로 15÷3의 몫은 5입니다.

09 7단 곱셈구구에서 곱이 56인 경우: 7×8=56
　　56÷7이므로 8명에게 나누어 줄 수 있습니다.

10 5×9=45 ⟨ 45÷9=5
　　　　　　　　45÷5=9

11

채점 기준		
곱셈식으로 바르게 나타낸 경우	5점	10점
몫을 바르게 구한 경우	5점	

12 (가 막대의 길이)=(나 막대의 길이)×3
　　→ (가 막대의 길이)÷3=(나 막대의 길이)
　　⇨ 9÷3=□ ← 3×3=9

13 수 카드를 한 번씩만 사용하여 만들 수 있는 곱셈식은
　　2×4=8, 4×2=8입니다.
　　곱셈과 나눗셈의 관계에 의해 곱셈식을 나눗셈으로 바꾸
　　면 8÷2=4, 8÷4=2입니다.

1 ㉠　　　　　　　　**1-1** <

1-2 ㉡　　　　　　　**1-3**

2 6팀　　　　　　　**2-1** 8장

2-2 (1) 7일　(2) 63÷7=9 ; 9쪽

2-3 ⑦개씩 ⑧봉지, ⑧개씩 ⑦봉지 ← 순서를 바꿔 써도 정답입니다.

3 7　　　　　　　　**3-1** 45÷□=5 ; 9

3-2 12　　　　　　　**3-3** ④

4 12, 4 ; 3　　　　　**4-1** 35, 5 ; 7

4-2 ①⑧÷⑨=②

5 ❶ 18 ▶3점　❷ 18, 6 ▶3점 ; 6명 ▶4점

5-1 예 ❶ 파인애플은 6개씩 2줄이므로 모두
　　　6×2=12(개)입니다. ▶3점
　　　❷ 따라서 파인애플을 한 명에게 4개씩 주므로
　　　12÷4=3(명)에게 나누어 줄 수 있습니다. ▶3점
　　　; 3명 ▶4점

5-2 예 밤은 8개씩 3줄이므로 모두 8×3=24(개)입니
　　　다. ▶3점
　　　따라서 밤을 한 봉지에 6개씩 담으므로 봉지가
　　　24÷6=4(장) 필요합니다. ▶3점
　　　; 4장 ▶4점

6 ❶ 48 ▶3점　❷ 48, 8 ▶3점 ; 8송이 ▶4점

6-1 예 ❶ (전체 과자의 수)=12+20=32(개) ▶3점
　　　❷ (한 명에게 주는 과자의 수)
　　　=(전체 과자의 수)÷(사람 수)
　　　=32÷4=8(개) ▶3점 ; 8개 ▶4점

6-2 예 (땅콩과 호두 수의 합)=24+16=40(개) ▶3점
　　　(한 명이 가질 수 있는 개수)
　　　=(땅콩과 호두 수의 합)÷(사람 수)
　　　=40÷8=5(개) ▶3점 ; 5개 ▶4점

1 ㉠ $6 \times 5 = 30 \Rightarrow 30 \div 6 = 5$
ㄴ $8 \times 4 = 32 \Rightarrow 32 \div 8 = 4$
따라서 $5 > 4$이므로 몫이 더 큰 것은 ㉠입니다.

1-1 $9 \times 6 = 54 \Rightarrow 54 \div 9 = 6$
$5 \times 8 = 40 \Rightarrow 40 \div 5 = 8$
따라서 몫의 크기를 비교하면 $6 < 8$입니다.

1-2 ㉠ $35 \div 7 = 5$
ㄴ $24 \div 4 = 6$
ㄷ $36 \div 9 = 4$
따라서 몫이 가장 큰 것은 ㄴ입니다.

1-3 $24 \div 8 = 3$, $12 \div 2 = 6$, $20 \div 4 = 5$
$35 \div 7 = 5$, $27 \div 9 = 3$, $30 \div 5 = 6$

2 (농구 팀 수)
$=$(전체 농구 선수 수)$\div$(한 팀의 선수 수)
$= 30 \div 5 = 6$(팀)

2-1 (필요한 도화지의 수)
$=$(만들려는 종이배 수)
$\div$(도화지 한 장으로 만들 수 있는 종이배 수)
$= 32 \div 4 = 8$(장)

2-2 (2) (하루에 읽는 책의 쪽수)
$=$(책의 전체 쪽수)$\div$(읽는 날수)
$= 63 \div 7 = 9$(쪽)

2-3 곱이 56이 되는 수를 찾아보면 7과 8입니다.
따라서 감을 한 봉지에 7개씩 담으면 8봉지, 8개씩 담으면 7봉지가 됩니다.

> **주의**
> 곱셈구구를 이용해야 하므로 1개씩 56봉지, 2개씩 28봉지, 4개씩 14봉지, 28개씩 2봉지, 14개씩 4봉지라고 생각하지 않습니다.

3 $21 \div \square = 3 \Rightarrow \square \times 3 = 21 \Rightarrow \square = 7$

3-1 $45 \div \square = 5 \Rightarrow \square \times 5 = 45 \Rightarrow \square = 9$

3-2 어떤 수를 $\square$라 하면
$\square \div 2 = 6 \Rightarrow \square = 2 \times 6 \Rightarrow \square = 12$입니다.

3-3 ① $8 \div 4 = 2 \Rightarrow \square = 2$
② $14 \div \square = 7 \Rightarrow \square \times 7 = 14 \Rightarrow \square = 2$
③ $10 \div \square = 5 \Rightarrow \square \times 5 = 10 \Rightarrow \square = 2$
④ $18 \div 6 = 3 \Rightarrow \square = 3$
⑤ $16 \div \square = 8 \Rightarrow \square \times 8 = 16 \Rightarrow \square = 2$

4 $12 > 10 > 6 > 4$이므로 가장 큰 수는 12, 가장 작은 수는 4입니다.
따라서 몫이 가장 큰 나눗셈식은 $12 \div 4 = 3$입니다.

4-1 $35 > 32 > 7 > 5$이므로 가장 큰 수는 35, 가장 작은 수는 5입니다.
따라서 몫이 가장 큰 나눗셈식은 $35 \div 5 = 7$입니다.

4-2 8, 1, 9로 만들 수 있는 나눗셈식은 $81 \div 9$, $18 \div 9$이고, 이 중 몫이 2가 되는 나눗셈식은 $18 \div 9 = 2$입니다.

5-1

채점 기준		
전체 파인애플의 수를 구한 경우	3점	
나누어 줄 수 있는 사람 수를 구한 경우	3점	10점
답을 바르게 쓴 경우	4점	

5-2

채점 기준		
전체 밤의 수를 구한 경우	3점	
필요한 봉지 수를 구한 경우	3점	10점
답을 바르게 쓴 경우	4점	

6-1

채점 기준		
전체 과자의 수를 구한 경우	3점	
한 명에게 주는 과자의 수를 구한 경우	3점	10점
답을 바르게 쓴 경우	4점	

6-2 **다른 풀이**
24와 16을 각각 8로 나누어 구할 수 있습니다.
$24 \div 8 = 3$, $16 \div 8 = 2$이므로 한 명이 $2 + 3 = 5$(개)씩 가질 수 있습니다.

채점 기준		
땅콩과 호두 수의 합을 구한 경우	3점	
한 명이 가질 수 있는 개수를 구한 경우	3점	10점
답을 바르게 쓴 경우	4점	

01 3개

02 (위에서부터) 36, 63, 72

03 3일

04 예 (남학생의 줄 수)$=28 \div 7=4$(줄) ▶2점

(여학생의 줄 수)$=30 \div 6=5$(줄) ▶2점

따라서 학생들은 모두 $4+5=9$(줄)로 서 있습니다. ▶2점

; 9줄 ▶4점

05 35, 5

06 7개

07 (1) 2개 (2) 6개 (3) 3일

08 예 곶감이 8개씩 바구니 2개에 들어 있으므로 곶감은 모두 $8 \times 2=16$(개)입니다. ▶3점

곶감을 4명이 똑같이 나누어 드셨으므로 어머니가 드신 곶감은 $16 \div 4=4$(개)입니다. ▶3점

; 4개 ▶4점

09 예 다은이가 가지고 있는 초콜릿의 수를 □개라 하면 $\square \div 6=6 \Rightarrow 6 \times 6=\square$, $\square=36$입니다. ▶3점

따라서 초콜릿 36개를 한 봉지에 9개씩 담으면 봉지 $36 \div 9=4$(개)가 필요합니다. ▶3점

; 4개 ▶4점

10 $\boxed{5}\ \boxed{6} \div \boxed{8}$; 7

01 (한 바구니에 든 당근의 수)

$=45 \div 5=9$(개)

(토끼 한 마리에게 준 당근의 수)

$=9 \div 3=3$(개)

02 중간 원에 있는 수를 가운데 원에 있는 수로 나누어 바깥 원에 몫을 씁니다.

$\square \div 9=4 \Rightarrow \square=9 \times 4$, $\square=36$

$\square \div 9=7 \Rightarrow \square=9 \times 7$, $\square=63$

$\square \div 9=8 \Rightarrow \square=9 \times 8$, $\square=72$

03 (읽은 쪽수)

$=$(하루에 읽은 쪽수)$\times$(읽은 날수)

$=6 \times 3=18$(쪽)

(남은 쪽수)

$=$(동화책 전체 쪽수)$-$(읽은 쪽수)

$=45-18=27$(쪽)

$\Rightarrow 27 \div 9=3$(일)이므로 9쪽씩 3일 동안 더 읽어야 합니다.

04

채점 기준		
남학생의 줄 수를 구한 경우	2점	
여학생의 줄 수를 구한 경우	2점	10점
학생들의 전체 줄 수를 구한 경우	2점	
답을 바르게 쓴 경우	4점	

05 큰 수를 ■, 작은 수를 ▲라 하면 ■$\div$▲$=7$입니다.

몫이 7이 되는 나눗셈 중에서 두 수의 합이 40인 경우는 $35 \div 5=7$입니다.

06 (빵집에서 만든 빵의 수)$=32+24=56$(개)

(한 봉지에 들어 있는 빵의 수)$=56 \div 8=7$(개)

07 (1) (다람쥐 한 마리가 하루에 먹는 도토리 수)

$=4 \div 2=2$(개)

(2) (다람쥐 한 마리가 먹는 도토리 수)

$=42 \div 7=6$(개)

(3) 다람쥐 한 마리가 도토리를 6개씩 먹으므로 $6 \div 2=3$(일)이 걸립니다.

08

채점 기준		
전체 곶감 수를 구한 경우	3점	
어머니가 드신 곶감은 몇 개인지 구한 경우	3점	10점
답을 바르게 쓴 경우	4점	

09

채점 기준		
다은이가 가지고 있는 초콜릿의 수를 구한 경우	3점	
9개씩 담을 때 필요한 봉지 수를 구한 경우	3점	10점
답을 바르게 쓴 경우	4점	

10 만들 수 있는 두 자리 수는 86, 85, 68, 65, 58, 56이고 가장 작은 두 자리 수는 56입니다.

가장 큰 한 자리 수는 8입니다.

따라서 몫이 가장 작은 나눗셈식은 $56 \div 8$이므로 가장 작은 몫은 7입니다.

> 참고
>
> 몫이 가장 작아야 하므로 나누어지는 수는 될 수 있는 대로 작게, 나누는 수는 될 수 있는 대로 크게 만들어 봅니다.

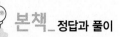

단원 평가 **74~77쪽**

01 ○○ ○○ ○○ ○○ ○○

02 5

03 21÷7=3

04 ③

05 6, 5

06 18, 3, 6

07 ©

08 (1) 7, 5 ; 5, 7 (2) 8, 48 ; 6, 48 ← 순서를 바꿔 써도 정답입니다.

09 20÷4=5 ; 5명

10 $\boxed{3}×\boxed{7}=\boxed{21}$, $\boxed{7}×\boxed{3}=\boxed{21}$ ← 순서를 바꿔 써도 정답입니다.

; $\boxed{21}÷\boxed{3}=\boxed{7}$, $\boxed{21}÷\boxed{7}=\boxed{3}$ ← 순서를 바꿔 써도 정답입니다.

11 4

12 (1) 7, 7 (2) 4, 4

13 8, 4

14 >

15 8개

16 7쪽

17

18 ©, ②, ©, ㉠

19 ©

20
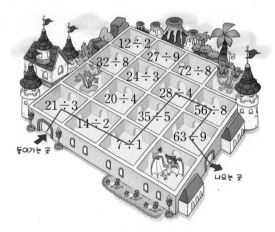

21 예 정사각형의 네 변의 길이는 모두 같습니다. ▶1점
(한 변의 길이)=36÷4=9 (m) ▶1점
; 9 m ▶3점

22 (1) 6 ▶2점 (2) 4 ▶2점 (3) 24 ▶1점

23 예 가장 큰 수는 45, 가장 작은 수는 5입니다. ▶1점
따라서 45÷5=9입니다. ▶1점
; 9 ▶3점

24 (1) 8 ▶2점 (2) 4 ▶3점

---

01 사과 10개를 접시 5개에 똑같이 나누어 놓으면 한 접시에 2개씩 놓을 수 있습니다.

02 연필 15자루를 3자루씩 묶으면 5묶음입니다.
⇨ 15÷3=5

03 21-7-7-7=0
　　　└──3번──┘
⇨ 21÷7=3

04 나누는 수가 6이므로 나눗셈의 몫을 구하려면 6단 곱셈구구가 필요합니다.

05 30÷5=6, 30÷6=5

06 (한 바구니에 담을 수 있는 야구공 수)
=(전체 야구공 수)÷(바구니 수)
=18÷3=6(개)

07 © 32÷8=4
⇨ 32-8-8-8-8=0
　　　└───4번───┘

08 (1) 7×5=35　　7×5=35

35÷7=5　　35÷5=7

(2) 48÷6=8　　48÷6=8

6×8=48　　8×6=48

09 (나누어 줄 수 있는 사람 수)
=(전체 바나나 수)÷(한 명에게 주는 바나나 수)
=20÷4=5(명)

10 3×7=21　　7×3=21

21÷3=7　　21÷7=3

11 7<28이므로 28÷7=4입니다.

12 (1) 42÷6=$\boxed{7}$ ⇨ 6×$\boxed{7}$=42

(2) 36÷9=$\boxed{4}$ ⇨ 9×$\boxed{4}$=36

13 72÷9=8, 8÷2=4

14 27÷3=9, 64÷8=8
⇨ 9>8

15 (출전한 국가 수)
  =(출전한 전체 선수 수)÷(한 국가에서 출전한 선수 수)
  =32÷4=8(개)

16 (하루에 읽는 쪽수)
  =(책의 전체 쪽수)÷(읽는 날수)
  =56÷8=7(쪽)

17 36÷6=6, 49÷7=7, 45÷5=9
  28÷4=7, 18÷3=6, 81÷9=9

18 ㉠ 24÷6=4   ㉡ 16÷2=8
  ㉢ 35÷7=5   ㉣ 54÷9=6
  ⇨ ㉡ 8 > ㉣ 6 > ㉢ 5 > ㉠ 4

19 ㉠ 48÷6=8 ⇨ □=8
  ㉡ 72÷□=8 ⇨ □×8=72 ⇨ □=9
  ㉢ 72÷9=8 ⇨ □=8
  ㉣ 48÷□=6 ⇨ □×6=48 ⇨ □=8
  따라서 □ 안에 들어갈 수가 나머지 셋과 다른 것은 ㉡입니다.

20 몫을 각각 구하고 몫이 같은 것에 ○표 합니다.
  ⦸21÷3=7⦸, ⦸14÷2=7⦸, ⦸7÷1=7⦸,
  20÷4=5, ⦸35÷5=7⦸, ⦸63÷9=7⦸,
  32÷8=4, 24÷3=8, ⦸28÷4=7⦸, ⦸56÷8=7⦸,
  12÷2=6, 27÷9=3, 72÷8=9

21

채점 기준		
네 변의 길이가 같음을 쓴 경우	1점	
한 변의 길이를 구한 경우	1점	5점
답을 바르게 쓴 경우	3점	

⌄ 틀린 과정을 분석해 볼까요?

틀린 이유	이렇게 지도해 주세요
한 변의 길이를 구하는 나눗셈식을 쓰지 못하는 경우	정사각형의 네 변의 길이가 같음으로 네 변의 길이의 합을 4로 나누어야 한다는 것을 지도합니다.
나눗셈을 계산하지 못하는 경우	나누어지는 수와 나누는 수를 이해하고 있는지 확인한 다음 곱셈식이나 곱셈구구로 몫을 구하도록 지도합니다.

22 (1) 3×●=18에서 18÷3=6이므로 ●=6입니다.
  (2) ▲×2=8에서 8÷2=4이므로 ▲=4입니다.
  (3) ■는 4와 6이 만나는 부분에 있으므로
    4×6=24입니다.

⌄ 틀린 과정을 분석해 볼까요?

틀린 이유	이렇게 지도해 주세요
곱셈식을 나눗셈식으로 나타내지 못해 ●, ▲를 구하지 못한 경우	곱셈식에서 곱해지는 수, 곱하는 수, 곱이 나눗셈식에서 무엇을 나타내는지 알고 나눗셈식을 세울 수 있도록 지도합니다.
곱셈표를 읽지 못하는 경우	곱셈표에서 ■에 알맞은 수는 ■에서 가로, 세로 방향으로 끝에 있는 ▲와 ●의 곱임을 알 수 있도록 지도합니다.

23

채점 기준		
가장 큰 수와 가장 작은 수를 쓴 경우	1점	
가장 큰 수를 가장 작은 수로 나눈 몫을 구한 경우	1점	5점
답을 바르게 쓴 경우	3점	

⌄ 틀린 과정을 분석해 볼까요?

틀린 이유	이렇게 지도해 주세요
식을 잘못 세운 경우	가장 큰 수 45와 가장 작은 수 5로 나눗셈식을 세워야 한다는 것을 지도합니다.
나눗셈을 계산하지 못하는 경우	나누어지는 수와 나누는 수를 이해하고 있는지 확인한 다음 곱셈식이나 곱셈구구로 몫을 구할 수 있게 합니다.

24 (1) 24에서 ▲를 3번 빼서 0이 되었으므로
    24÷▲=3 ⇨ 8×3=24, ▲=8입니다.
  (2) ▲÷2=■ ⇨ 8÷2=4, ■=4

⌄ 틀린 과정을 분석해 볼까요?

틀린 이유	이렇게 지도해 주세요
나눗셈식에서 몫의 의미를 알지 못하는 경우	같은 수만큼 뺄 때 빼는 횟수가 나눗셈의 몫이라는 것을 이해할 수 있도록 지도합니다.
나눗셈식을 곱셈식으로 나타내지 못해 ▲를 구하지 못한 경우	나누는 수 ▲를 곱해지는 수로, 몫 3을 곱하는 수로, 나누어지는 수 24를 곱셈 결과로 하여 곱셈식을 세우고 ▲를 구할 수 있도록 지도합니다.

4단원 | 곱셈

Step 1 교과 개념 · 80~81쪽

1 6, 60
2 (1) 40 (2) 60
3 30, 30
4 80, 80
5 9
6 40
7 30, 30, 30, 90 ; 30, 3, 90
8 (1) 10, 4, 40 (2) 40, 2, 80
9

10 (1) 50 (2) 60 (3) 80 (4) 80

1 십 모형의 수: $3 \times 2 = 6 \Rightarrow 30 \times 2 = 60$

2 (1) 10에 4를 곱한 수는 10을 4번 더한 수와 같으므로
$10 \times 4 = 40$입니다.
(2) 30에 2를 곱한 수는 30을 2번 더한 수와 같으므로
$30 \times 2 = 60$입니다.

3 $\underbrace{10 + 10 + 10}_{3번} = 30 \Rightarrow 10 \times 3 = 30$

4 40을 2번 더한 수는 40에 2를 곱한 수와 같으므로
$40 + 40 = 40 \times 2 = 80$입니다.

5 $\blacksquare \times \blacktriangle = \bullet$일 때, $\blacksquare 0 \times \blacktriangle = \bullet 0$입니다.
$\underbrace{30 \times 3}_{3 \times 3} = \boxed{9}0$

6 $20 \times 2 = 40$

7

└→ 30씩 3묶음
덧셈식 $30 + 30 + 30 = 90$
곱셈식 $30 \times 3 = 90$

8 (1) 10의 4배는 $10 \times 4 = 40$입니다.
(2) 40씩 2묶음은 $40 \times 2 = 80$입니다.

9 $90 \times 1 = 90$, $30 \times 2 = 60$, $10 \times 7 = 70$

10 (1) $10 \times 5 = 50$ (2) $20 \times 3 = 60$
(3) $80 \times 1 = 80$ (4) $20 \times 4 = 80$

Step 1 교과 개념 · 82~83쪽

1 (왼쪽에서부터) 30, 9 ; 9, 30, 39
2 2, 62
3 36, 36
4 3, 63
5 14×2 ┌ $10 \times 2 = \boxed{20}$ ┐ $\boxed{28}$
       └ $4 \times 2 = \boxed{8}$ ┘
6 22×3 ┌ $20 \times 3 = \boxed{60}$ ┐ $\boxed{66}$
       └ $2 \times 3 = \boxed{6}$ ┘
7 ( ) (○)
8 (1) (위에서부터) 8, 68 (2) (위에서부터) 9, 60, 69
9 (1) 55 (2) 86 (3) 82 (4) 42

1 ①의 수를 나타내면 $3 \times 3 = 9$, ⑩의 수를 나타내면 $10 \times 3 = 30$이므로 9와 30을 더하여 39를 구합니다.

3 $\underbrace{12 + 12 + 12}_{3번} = 36 \Rightarrow 12 \times 3 = 36$

4 21개씩 3묶음이므로 $21 \times 3 = 63$입니다.

5 $\underbrace{14 \times 2}_{4 \times 2 = 8} = \overset{10 \times 2 = 20}{} 20 + 8 = 28$

6 $\underbrace{22 \times 3}_{2 \times 3 = 6} = \overset{20 \times 3 = 60}{} 60 + 6 = 66$

7
$$\begin{array}{r} 3\,2 \\ \times\ \ 3 \\ \hline 9\,6 \end{array}$$
$2 \times 3 = 6$에서 6을 일의 자리에, $3 \times 3 = 9$에서 9를 십의 자리에 씁니다.

8 (1)
$$\begin{array}{r} 3\,4 \\ \times\ \ 2 \\ \hline 6\,8 \end{array}$$
(2)
$$\begin{array}{r} 2\,3 \\ \times\ \ 3 \\ \hline 6\,9 \end{array}$$

9 (1)
$$\begin{array}{r} 1\,1 \\ \times\ \ 5 \\ \hline 5 \\ 5\,0 \\ \hline 5\,5 \end{array}$$
(2)
$$\begin{array}{r} 4\,3 \\ \times\ \ 2 \\ \hline 6 \\ 8\,0 \\ \hline 8\,6 \end{array}$$
(3)
$$\begin{array}{r} 4\,1 \\ \times\ \ 2 \\ \hline 2 \\ 8\,0 \\ \hline 8\,2 \end{array}$$
(4)
$$\begin{array}{r} 2\,1 \\ \times\ \ 2 \\ \hline 2 \\ 4\,0 \\ \hline 4\,2 \end{array}$$

01 <   **02** (위에서부터) 22, 44

03 (왼쪽에서부터) 90, 40

04 33, 66   **05** 13, 3

06 •—————•   **07** ㉢
    ╳
   •—————•   **08** 80장

09 2   **10** 40마리, 80마리

11 예 초콜릿이 한 상자에 24개씩 2상자이므로 슬기가 산 초콜릿은 모두 24×2 ▶3점 $= 48$(개)입니다. ▶3점
; 48개 ▶4점

12 은지   **13** 어머니

14 예 지유는 야구공을 10개 가지고 있습니다. ▶3점
서연이가 가지고 있는 야구공은 지유의 3배라면 서연이가 가지고 있는 야구공은 몇 개일까요? ▶3점
; 30개 ▶4점

01 $20 \times 3 = 60$, $32 \times 2 = 64$

02 $11 \times 2 = 22$, $11 \times 4 = 44$

03 $10 \times 4 = 40$, $10 \times 9 = 90$

04 $11 \times 3 = 33$, $33 \times 2 = 66$

05 $13 \times 2 = 26$, $13 \times 3 = 39$

06 $22 \times 3 = 66$, $33 \times 3 = 99$, $44 \times 2 = 88$,
$11 \times 6 = 66$, $11 \times 8 = 88$, $11 \times 9 = 99$

07 ㉠ $30 \times 2 = 60$ ㉡ $40 \times 2 = 80$
㉢ $10 \times 7 = 70$ ㉣ $30 \times 3 = 90$
➡ ㉣ $90 >$ ㉡ $80 >$ ㉢ $70 >$ ㉠ 60이므로 곱이 가장 큰 것은 ㉣입니다.

08 색종이가 10장씩 8묶음이므로 모두 $10 \times 8 = 80$(장)입니다.

09 □$\times 2 = 4$이므로 □$= 2$입니다.

10 현수가 가지고 있는 종이학은 $10 \times 4 = 40$(마리)이고, 은지가 가지고 있는 종이학은 $40 \times 2 = 80$(마리)입니다.

11
채점 기준		
슬기가 산 초콜릿의 수를 구하는 곱셈식을 세운 경우	3점	10점
슬기가 산 초콜릿의 수를 구한 경우	3점	
답을 바르게 쓴 경우	4점	

12 $21 = 20 + 1$이므로 20과 1에 각각 3을 곱한 후 두 곱을 더합니다.

13 민수의 나이와 4의 곱은 $12 \times 4 = 48$이므로 어머니의 나이가 민수 나이의 4배입니다.

14
채점 기준		
민호가 말하는 것을 이용한 문장을 만든 경우	3점	10점
(몇십)$\times$(몇)을 이용한 문제를 만든 경우	3점	
답을 바르게 쓴 경우	4점	

1 150, 5, 155

2 (1)
$$\begin{array}{r} \overset{3}{1}8 \\ \times\ 4 \\ \hline 2 \end{array} \Rightarrow \begin{array}{r} \overset{3}{1}8 \\ \times\ 4 \\ \hline 72 \end{array}$$
(2)
$$\begin{array}{r} \overset{2}{2}7 \\ \times\ 3 \\ \hline 1 \end{array} \Rightarrow \begin{array}{r} \overset{2}{2}7 \\ \times\ 3 \\ \hline 81 \end{array}$$

3 45

4 83×2 ⎾ $80 \times 2 = \boxed{160}$ ⎾ $\boxed{166}$
         ⎿ $3 \times 2 = \boxed{6}$ ⎿

5 $6 \times 2 = \boxed{12}$ **6** 3, 126
$30 \times 2 = \boxed{60}$
$36 \times 2 = \boxed{72}$

7 (1) (위에서부터) 4, 124   (2) (위에서부터) 15, 50, 65

8 (1) 58   (2) 91   (3) 75   (4) 48

9 (1) 729   (2) 408

3 구슬이 15개씩 3묶음이므로 $15 \times 3 = 45$입니다.

4 83을 80과 3으로 가른 후 80×2와 3×2를 계산하여 더합니다.

6 십 모형이 $4 \times 3 = 12$(개)이고, 일 모형이 $2 \times 3 = 6$(개)이므로 $42 \times 3 = 126$입니다.

7
(1) $\underset{30 \times 4 = 120}{\overset{1 \times 4 = 4}{31 \times 4}} = 4 + 120 = 124$

(2) $\underset{10 \times 5 = 50}{\overset{3 \times 5 = 15}{13 \times 5}} = 15 + 50 = 65$

8
(1)
$$\begin{array}{r} \overset{1}{2}9 \\ \times\ 2 \\ \hline 58 \end{array}$$
(2)
$$\begin{array}{r} \overset{2}{1}3 \\ \times\ 7 \\ \hline 91 \end{array}$$

9
(1) $\underset{8 \times 9 = 72}{\overset{1 \times 9 = 9}{81 \times 9}} = 729$ (2) $\underset{5 \times 8 = 40}{\overset{1 \times 8 = 8}{51 \times 8}} = 408$

2 Step 교과 유형 익힘   88~89쪽

01 (1) 182 (2) 288 (3) 98 (4) 75
02 <   **03** 100
04 (위에서부터) 58, 87, 94
05 ㉡

06
$$\begin{array}{r} 3\,6 \\ \times\quad 2 \\ \hline 1\,2 \\ 6\,0 \\ \hline 7\,2 \end{array}$$

07 148개
08 8
09 ㉢
10 ㉡

11 예 연필은 모두 $12 \times 8 = 96$(자루)입니다. ▶3점
연필의 수와 나누어 줄 학생의 수는 같으므로 96명에게 나누어 줄 수 있습니다. ▶2점
; 96명 ▶5점

12 방법1 예 $12+12+12+12+12+12=72$(개)
방법2 예 $12 \times 6 = 72$(개)

13 1   **14** 4개

---

01 (1)
$$\begin{array}{r} 9\,1 \\ \times\quad 2 \\ \hline 2 \\ 1\,8\,0 \\ \hline 1\,8\,2 \end{array}$$
(2)
$$\begin{array}{r} 7\,2 \\ \times\quad 4 \\ \hline 8 \\ 2\,8\,0 \\ \hline 2\,8\,8 \end{array}$$

(3)
$$\begin{array}{r} 4\,9 \\ \times\quad 2 \\ \hline 1\,8 \\ 8\,0 \\ \hline 9\,8 \end{array}$$
(4)
$$\begin{array}{r} 2\,5 \\ \times\quad 3 \\ \hline 1\,5 \\ 6\,0 \\ \hline 7\,5 \end{array}$$

02 $53 \times 3 = 159$, $41 \times 4 = 164$
⇨ $159 < 164$

03 숫자 1은 십의 자리 계산에서 올림한 수를 백의 자리에 쓴 것이므로 실제로 100을 나타냅니다.

04 $29 \times 2 = 58$, $29 \times 3 = 87$,
$2 \times 47 = 47 \times 2 = 94$

05 $26 \times 3 = 78$
㉠ $26+26+26 = 26 \times 3 = 78$
㉡ $17 \times 4 = 68$
㉢ $13+13+13+13+13+13 = 13 \times 6 = 78$

06 일의 자리 계산: $6 \times 2 = 12$
십의 자리 계산: $3 \times 2 = 6$, $6+1 = 7$

07 오리 한 마리의 다리는 2개이므로 전체 오리의 다리 수는 $74 \times 2 = 148$(개)입니다.

08 $18 \times 4 = 72$이므로
$9 \times \square = 72$, $\square = 72 \div 9$, $\square = 8$입니다.

09 ㉢ $25 = 20+5$이므로 25×3은 20×3과 5×3의 합과 같습니다.

10 $14 \times 6 = 84$
㉠ $17 \times 4 = 68$ ㉡ $13 \times 7 = 91$ ㉢ $15 \times 4 = 60$

11

채점 기준		
연필이 모두 몇 자루인지 바르게 구한 경우	3점	
연필을 나누어 줄 수 있는 학생 수를 아는 경우	2점	10점
답을 바르게 쓴 경우	5점	

12 다양한 방법이 나올 수 있습니다.
• 12씩 뛰어 세면 12, 24, 36, 48, 60, 72이므로 72개입니다.
• $12 \times 2 = 24$이고 24씩 3번 더하면 72이므로 72개입니다.

13 $7 \times 5 = 35$이므로 십의 자리에 올림한 수 3이 있습니다. 따라서 지워진 수를 $\square$라 하면 $\square \times 5$에 3을 더한 값은 8입니다. $\square \times 5 = 5$가 되는 경우는 1×5이므로 $\square = 1$입니다.

14 $\square$ 안에 1부터 차례로 넣으면 $31 \times 1 = 31$, $31 \times 2 = 62$, $31 \times 3 = 93$, $31 \times 4 = 124$, $31 \times 5 = 155$입니다.
따라서 $\square$ 안에 들어갈 수 있는 수는 1, 2, 3, 4로 4개입니다.

1 Step 교과 개념   90~91쪽

1 12, 12, 132
2 162, 162
3 25×9 ⎡ $20 \times 9 = \boxed{180}$ ⎤ $\boxed{225}$
          ⎣ $5 \times 9 = \boxed{45}$ ⎦
4 108
5 ( ) (○)
6
$$\begin{array}{r} \overset{1}{6}\,4 \\ \times\quad 3 \\ \hline 2 \end{array} \Rightarrow \begin{array}{r} \overset{1}{6}\,4 \\ \times\quad 3 \\ \hline 1\,9\,2 \end{array}$$
7 (1) 148 (2) 180 (3) 114 (4) 204
8 300에 ○표

2 $\underline{54+54+54}=162 \Rightarrow 54\times3=162$
3번

3 25를 20과 5로 가른 후 20×9와 5×9를 계산하여 더합니다.

4 십 모형이 3×3=9(개)이고, 일 모형이 6×3=18(개)이므로 36×3=108입니다.

5
$$\begin{array}{r} \overset{2}{8}4 \\ \times\ \ 5 \\ \hline 420 \end{array}$$

6 십의 자리 계산에서 올림한 수는 백의 자리에 씁니다.

7 (1)
$$\begin{array}{r} 37 \\ \times\ \ 4 \\ \hline 28 \\ 120 \\ \hline 148 \end{array}$$
(2)
$$\begin{array}{r} 45 \\ \times\ \ 4 \\ \hline 20 \\ 160 \\ \hline 180 \end{array}$$
(3)
$$\begin{array}{r} 57 \\ \times\ \ 2 \\ \hline 14 \\ 100 \\ \hline 114 \end{array}$$
(4)
$$\begin{array}{r} 68 \\ \times\ \ 3 \\ \hline 24 \\ 180 \\ \hline 204 \end{array}$$

8 93×4=372이므로 ③이 실제로 나타내는 값은 300입니다.

2 교과 유형 익힘 **92~93쪽**

---

01 (선 잇기)

02 216

03 0

04 ②

05 23×4에 ○표

06
$$\begin{array}{r} 45 \\ \times\ \ 4 \\ \hline 20 \\ 16 \\ \hline 180 \end{array}$$; 예 16은 40×4를 나타내므로 백의 자리부터 써야 합니다. ▶5점
▶5점

07 175권   **08** 154명

09 120개, 112개

10 (1) 172개, 115개 (2) 사과

11 7   **12** 276

13 6개   **14** 23

15 5 3 × 8 = 424

01
$$\begin{array}{r} \overset{1}{5}8 \\ \times\ \ 2 \\ \hline 116 \end{array}$$
$$\begin{array}{r} \overset{1}{9}3 \\ \times\ \ 4 \\ \hline 372 \end{array}$$

02 가장 큰 수: 54, 가장 작은 수: 4 ⇨ 54×4=216

03 24×6=144, 72×2=144 ⇨ 144−144=0

04 ① 12×8=96   ② 15×4=60
③ 32×3=96   ④ 28×3=84
⑤ 19×6=114

05
$$\begin{array}{r} 51 \\ \times\ \ 2 \\ \hline 102 \end{array}$$
$$\begin{array}{r} \overset{3}{2}6 \\ \times\ \ 5 \\ \hline 130 \end{array}$$
$$\begin{array}{r} \overset{1}{2}3 \\ \times\ \ 4 \\ \hline 92 \end{array}$$

07 35×5=175(권)

08 22명씩 7개 반이므로 22×7=154(명)입니다.

09 영주: 24×5=120(개)
민호: 16×7=112(개)

10 (1) 사과: 43×4=172(개)
배: 23×5=115(개)
(2) 172>115이므로 사과가 더 많습니다.

11 56×7=392, 56×8=448이므로 400에 가장 가까운 수는 392입니다. □ 안에 알맞은 수는 7입니다.

12 어떤 수를 □라고 하면 □−6=40,
□=40+6, □=46입니다.
바르게 계산한 값은 46×6=276입니다.

13 (판 빵의 수)=24×6=144(개)
(팔고 남은 빵의 수)=(전체 빵의 수)−(판 빵의 수)
=150−144=6(개)

14 일의 자리 숫자가 3인 두 자리 수를 □3이라고 하면
□3×9=207입니다. 3×9=27이므로 십의 자리로
2를 올림합니다. 20보다 2만큼 작은 수는 18이므로
□×9=18입니다. □=2이므로 두 친구가 설명하는 두
자리 수는 23입니다.

15 십의 자리와 일의 자리에 각각 곱해지는 곱하는 수가 세
수 중 가장 큰 8이 되어야 하고, 그 다음 큰 5가 곱해지는
수의 십의 자리가 되어야 합니다. ⇨ 53×8=424

3 문제 해결 **94~97쪽**

---

1 30×3=90   **1-1** 80

1-2 10×7=70   **1-3** 30×2=60

2 63   **2-1** (1) 30 (2) 180

2-2 ④   **2-3** 196

3 186

3-1 (1) 8, 42 (2) 336   **3-2** 287

4 32

4-1 (1) 90, 6, 90 (2) 15 (3) 51

4-2 728

5 ❶ 5, 60 ▸2점 ❷ 4, 52 ▸2점 ❸ 감자 ▸2점 ; 감자 ▸4점

5-1 예 ❶ (곶감의 개수)=28×6=168(개) ▸2점

   ❷ (유과의 개수)=38×4=152(개) ▸2점

   ❸ 168>152이므로 곶감이 유과보다 더 많습니다. ▸2점

   ; 곶감 ▸4점

5-2 예 (승용차의 바퀴 수)=16×4=64(개) ▸2점

   (오토바이의 바퀴 수)=22×2=44(개) ▸2점

   따라서 64>44이므로 오토바이의 바퀴 수가 더 적습니다. ▸2점

   ; 오토바이 ▸4점

6 ❶ 57 ▸2점 ❷ 48 ▸2점

   ❸ 57, 48, 105 ▸2점 ; 105쪽 ▸4점

6-1 예 ❶ 검은 바둑돌은 42개씩 3줄로 놓여 있으므로

   42×3=126(개)입니다. ▸2점

   ❷ 흰 바둑돌은 62개씩 5줄로 놓여 있으므로

   62×5=310(개)입니다. ▸2점

   ❸ 따라서 바둑돌은 모두 126+310=436(개)입니다. ▸2점

   ; 436개 ▸4점

6-2 예 두발자전거 한 대의 바퀴는 2개이므로 두발자전거 68대의 바퀴는 68×2=136(개)입니다. ▸2점

   세발자전거 한 대의 바퀴는 3개이므로 세발자전거 37대의 바퀴는 37×3=111(개)입니다. ▸2점

   따라서 자전거의 바퀴는 모두

   136+111=247(개)입니다. ▸2점

   ; 247개 ▸4점

1
$$\begin{array}{r} 3\,1 \\ \times\ \ 3 \\ \hline 3 \\ 9\,0 \\ \hline 9\,3 \end{array}$$
← 일의 자리 계산: 1×3=3
← 십의 자리 계산: 30×3=90

숫자 9는 십의 자리 수 3과 3의 곱이므로 90을 나타냅니다.

⇨ 30×3=90

1-1
$$\begin{array}{r} 2\,1 \\ \times\ \ 4 \\ \hline 4 \\ 8\,0 \\ \hline 8\,4 \end{array}$$
← 일의 자리 계산: 1×4=4
← 십의 자리 계산: 20×4=80

숫자 8은 십의 자리 수 2와 4의 곱이므로 80을 나타냅니다.

⇨ 20×4=80

1-2 숫자 7은 십의 자리 수 1과 7의 곱이므로 70을 나타냅니다.

⇨ 10×7=70

1-3
$$\begin{array}{r} 3\,4 \\ \times\ \ 2 \\ \hline 8 \\ 6\,0 \\ \hline 6\,8 \end{array}$$
← 일의 자리 계산: 4×2=8
← 십의 자리 계산: 30×2=60

숫자 6은 십의 자리 수 3과 2의 곱이므로 60을 나타냅니다.

⇨ 30×2=60

2 어떤 수를 □라 하면 □÷3=7입니다.

□=7×3=21이므로 바르게 계산한 값은 21×3=63입니다.

2-1 (1) 어떤 수를 □라 하면 □÷6=5입니다.

   □÷6=5 ⇨ □=5×6=30

   (2) 어떤 수는 30이므로 30에 6을 곱하여 바르게 계산한 값을 구합니다.

   ⇨ 30×6=180

2-2 어떤 수를 □라 하면 □÷4=8입니다.

□=8×4=32이므로 바르게 계산한 값은 32×4=128입니다.

2-3 어떤 수를 □라 하면 □÷7=4입니다.

□=4×7=28이므로 바르게 계산한 값은 28×7=196입니다.

3 6>3>1이므로 가장 큰 수 6을 곱하는 수에 놓고 남은 두 수로 만든 수 중 큰 수 31을 곱해지는 수에 놓습니다.

⇨ 31×6=186

3-1 (2) 8>4>2이므로 가장 큰 수 8을 곱하는 수에 놓고 남은 두 수로 만든 수 중 큰 수 42를 곱해지는 수에 놓습니다.

⇨ 42×8=336

3-2 7>4>1이므로 가장 큰 수 7을 곱하는 수에 놓고 남은 두 수로 만든 수 중 큰 수 41을 곱해지는 수에 놓습니다.

⇨ 41×7=287

4 어떤 수를 ■▲라고 하면 바뀐 수는 ▲■이므로

▲■×4=92입니다.

■×4의 곱의 일의 자리 숫자가 2가 되는 ■는 3 또는 8입니다.

■=3일 때, ▲3×4=92에서 ▲=2입니다.

■=8일 때, ▲8×4=92가 되는 ▲는 없습니다.

따라서 ■▲는 32입니다.

4-1 (1) 십의 자리 숫자와 일의 자리 숫자를 바꾸었으므로 어떤 수를 ■▲라고 하면 바뀐 수는 ▲■입니다.

(2) ▲■×6＝90에서 ■×6의 곱의 일의 자리 숫자가 0이 되는 ■는 0 또는 5입니다.

■＝0일 때, ▲0×6＝90이 되는 ▲는 없습니다.

■＝5일 때, ▲5×6＝90에서 ▲＝1입니다.

따라서 ▲■＝15입니다.

(3) ▲■＝15이므로 ■▲＝51입니다.

4-2 어떤 두 자리 수를 9■라고 하면 9■×4＝364에서 ■×4의 곱의 일의 자리 숫자가 4가 되는 ■는 1 또는 6입니다.

■＝1일 때, 91×4＝364,

■＝6일 때, 96×4＝384이므로 ■＝1입니다.

따라서 어떤 두 자리 수와 8의 곱은 91×8＝728입니다.

5

❶
$$\begin{array}{r} {\scriptstyle 1} \\ 1\,2 \\ \times\ \ 5 \\ \hline 6\,0 \end{array}$$

❷
$$\begin{array}{r} {\scriptstyle 1} \\ 1\,3 \\ \times\ \ 4 \\ \hline 5\,2 \end{array}$$

⇨ 감자는 60개, 고구마는 52개이므로 어머니께서는 감자를 더 많이 사셨습니다.

5-1

채점 기준		
곶감의 개수를 구한 경우	2점	
유과의 개수를 구한 경우	2점	
개수가 더 많은 것을 구한 경우	2점	10점
답을 바르게 쓴 경우	4점	

5-2

채점 기준		
승용차의 바퀴 수를 구한 경우	2점	
오토바이의 바퀴 수를 구한 경우	2점	
승용차와 오토바이의 바퀴 수를 비교하여 바퀴 수가 더 적은 것을 구한 경우	2점	10점
답을 바르게 쓴 경우	4점	

6

❶
$$\begin{array}{r} {\scriptstyle 2} \\ 1\,9 \\ \times\ \ 3 \\ \hline 5\,7 \end{array}$$

❷
$$\begin{array}{r} {\scriptstyle 1} \\ 1\,6 \\ \times\ \ 3 \\ \hline 4\,8 \end{array}$$

⇨ 3일 동안 보나는 57쪽, 슬기는 48쪽의 책을 읽으므로 두 사람이 3일 동안 읽는 동화책 쪽수는 57＋48＝105(쪽)입니다.

6-1

채점 기준		
검은 바둑돌의 개수를 구한 경우	2점	
흰 바둑돌의 개수를 구한 경우	2점	
바둑돌의 개수의 합을 구한 경우	2점	10점
답을 바르게 쓴 경우	4점	

6-2

채점 기준		
두발자전거의 바퀴 수를 구한 경우	2점	
세발자전거의 바퀴 수를 구한 경우	2점	
자전거의 바퀴 수의 합을 구한 경우	2점	10점
답을 바르게 쓴 경우	4점	

4 Step **실력UP 문제** **98~99쪽**

01 (1) 28×2＝56 ; 56 m

(2) 84 m

(3) 84×2＝168 (또는 28×6＝168) ; 168 m

02 150개

03 144 cm

04 가 농장, 10개

05
$$\begin{array}{r} \boxed{4}\ \boxed{6} \\ \times\ \ \ \boxed{2} \\ \hline \boxed{9}\ \boxed{2} \end{array}$$

06 예

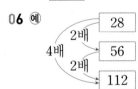

⇨ 28×5＝112＋28＝140

07

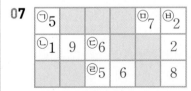

08 예 수의 규칙을 찾으면

1 ⌢ 3 ⌢ 9 ⌢ 27로 뒤의 수는 바로 앞의 수의 3배가
　×3 ×3 ×3

되는 규칙입니다. ▶3점

따라서 다섯째는 27×3＝81,

여섯째는 81×3＝243입니다. ▶3점

; 243 ▶4점

09 104 m

10 (1) 아니요 (2) 1개

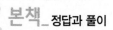

01 (1) 가로는 세로의 2배이므로 과수원의 가로는
    $28 \times 2 = 56$ (m)입니다.
(2) (가로)+(세로)=$56+28=84$ (m)
(3) 과수원의 둘레는 (가로와 세로의 합)×2이므로
    $84 \times 2 = 168$ (m)입니다.

> **주의**
> 곱셈식을 쓰라고 했으므로 덧셈식 $84+84=168$이라고 쓰지 않도록 주의합니다.

02 주스 30병을 만드는 데 필요한 당근은
$2 \times 30 = 30 \times 2 = 60$(개)이고 주스 30병을 만드는 데 필요한 토마토는 $3 \times 30 = 30 \times 3 = 90$(개)입니다.
⇨ $60+90=150$(개)

03 굵은 선의 길이는 8 cm인 변이 18개 있는 것과 같으므로 $8 \times 18 = 18 \times 8 = 144$ (cm)입니다.

> **주의**
> 8 cm인 변의 길이를 셀 때 빠뜨리거나 두 번 세지 않도록 주의합니다.

04 가 농장: $35 \times 8 = 280$(개) ⎤
       나 농장: $45 \times 6 = 270$(개) ⎦ ⇨ $280-270=10$(개)

05

㉠	㉡
×	㉢

⇨ 두 번 곱해지는 ㉢에 가장 작은 수를 쓰고, 그 다음 작은 수를 ㉠, 세 번째로 작은 수를 ㉡에 씁니다.

06 28의 2배는 $28 \times 2 = 56$이고 56의 2배는
$56 \times 2 = 112$이므로 $28 \times 4 = 112$입니다.
28의 5배는 28의 4배에 28을 더하면 됩니다.
따라서 $28 \times 5 = 112+28=140$입니다.

07 ㉠ $17 \times 3 = 51$ ㉡ $49 \times 4 = 196$ ㉢ $13 \times 5 = 65$
㉣ $28 \times 2 = 56$ ㉤ $12 \times 6 = 72$ ㉥ $38 \times 6 = 228$

08
채점 기준		
규칙을 바르게 쓴 경우	3점	
여섯째에 오는 수를 구한 경우	3점	10점
답을 바르게 쓴 경우	4점	

09 나무 9그루를 13 m 간격으로 심었으므로 첫째 번에 심은 나무와 마지막에 심은 나무 사이에는 13 m 간격이 8군데입니다.
⇨ (거리)=$13 \times 8 = 104$ (m)

> **주의**
>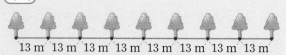
> 13 m 13 m 13 m 13 m 13 m 13 m 13 m 13 m
> ⇨ 나무가 9그루이면 첫째 번에 심은 나무와 마지막에 심은 나무 사이의 간격은 13 m씩 8군데임에 주의합니다.

10 (1) 태인이네 학교 3학년은 $24 \times 6 = 144$(명)이고, 버스에 탈 수 있는 사람은 $20 \times 7 = 140$(명)이므로 모두 탈 수 없습니다.
(2) 의자에 앉을 수 있는 사람은 $15 \times 9 = 135$(명)이고 $144-135=9$(명)이 더 앉아야 하므로 의자는 적어도 1개가 더 필요합니다.

단원 평가   **100~103쪽**

01 3, 90
02 93, 93
03 3, 45
04 17×2
    $10 \times 2 = \boxed{20}$ ⎤
    $7 \times 2 = \boxed{14}$ ⎦ $\boxed{34}$
05 (1) 320 (2) 219
06 40
07 368, 244, 328
08 ㉢, ㉡, ㉠
09 (위쪽에서부터) 26, 60, 30
10

11 72, 144
12 $11 \times 6 = 66$; 66개
13 $19 \times 4 = 76$; 76쪽
14 92명
15
$$\begin{array}{r} \overset{2}{1}\,4 \\ \times \quad 6 \\ \hline 8\,4 \end{array}$$
16 315분
17 2, 3
18

19 곱이 가장 큰 식: $\boxed{5}\ \boxed{3}\times\boxed{7}=\boxed{371}$

곱이 가장 작은 식: $\boxed{5}\ \boxed{7}\times\boxed{3}=\boxed{171}$

20
$$\begin{array}{r} \boxed{4}\ \boxed{4} \\ \times\quad 4 \\ \hline 1\ 7\ 6 \end{array}$$

21 (1) 70개 ▶3점 (2) 80개 ▶2점

22 (1) 90개 ▶2점 (2) 90개 ▶2점 (3) 180개 ▶1점

23 예 • 파란색 숫자 9는 십 모형 9개를 나타냅니다. ▶1점

• 파란색 숫자 9는 $30+30+30=90$을 나타냅니다. ▶2점

• 파란색 숫자 9는 $30\times3=90$을 나타냅니다. ▶2점

24 예 $30\times4=120$, $50\times6=300$이고

$120<40\times\square<300$이므로 $\square$ 안에 들어갈 수 있는 한 자리 수는 4, 5, 6, 7입니다. ▶2점

따라서 네 수의 합은 $4+5+6+7=22$입니다. ▶1점

; 22 ▶2점

01 십 모형이 모두 $3\times3=9$(개)이고 일 모형은 없으므로 $30\times3=90$입니다.

02 $\underbrace{31+31+31}_{3번}=93 \Rightarrow 31\times3=93$

03 15씩 3번 뛰어 세었으므로 $15\times3=45$입니다.

04 17을 10과 7로 가른 후 각각에 2를 곱하여 더해 줍니다.

$17\times2\begin{cases}10\times2=20\\7\times2=14\end{cases}\!\!\!34$

05 (1)
$$\begin{array}{r} 8\ 0 \\ \times\quad 4 \\ \hline 3\ 2\ 0 \end{array}$$
(몇십)×(몇)은 (몇)×(몇)의 계산 결과 뒤에 0을 한 개 붙인 것과 같습니다.

(2)
$$\begin{array}{r} 7\ 3 \\ \times\quad 3 \\ \hline 2\ 1\ 9 \end{array}$$
(몇십몇)×(몇)의 계산은 (몇십)×(몇)과 (몇)×(몇)의 합과 같습니다.

06 일의 자리 계산 $8\times5=40$에서 십의 자리로 올림한 수이므로 $\square$ 안의 수 4가 실제로 나타내는 수는 40입니다.

07
$$\begin{array}{r} 9\ 2 \\ \times\quad 4 \\ \hline 3\ 6\ 8 \end{array} \quad \begin{array}{r} 6\ 1 \\ \times\quad 4 \\ \hline 2\ 4\ 4 \end{array} \quad \begin{array}{r} 8\ 2 \\ \times\quad 4 \\ \hline 3\ 2\ 8 \end{array}$$

08 ㉠
$$\begin{array}{r} 4\ 1 \\ \times\quad 4 \\ \hline 1\ 6\ 4 \end{array}$$
㉡
$$\begin{array}{r} 3\ 0 \\ \times\quad 5 \\ \hline 1\ 5\ 0 \end{array}$$
㉢
$$\begin{array}{r} \overset{4}{1}\ 6 \\ \times\quad 8 \\ \hline 1\ 2\ 8 \end{array}$$

$\Rightarrow$ ㉢ $128<$ ㉡ $150<$ ㉠ 164

09 • $13\times2=26$

• $4\times15=15\times4=60$

• $2\times15=15\times2=30$

10
$$\begin{array}{r} \overset{1}{3}\ 4 \\ \times\quad 4 \\ \hline 1\ 3\ 6 \end{array}, \quad \begin{array}{r} 2\ 1 \\ \times\quad 6 \\ \hline 1\ 2\ 6 \end{array}, \quad \begin{array}{r} \overset{1}{4}\ 6 \\ \times\quad 2 \\ \hline 9\ 2 \end{array},$$

$$\begin{array}{r} 4\ 2 \\ \times\quad 3 \\ \hline 1\ 2\ 6 \end{array}, \quad \begin{array}{r} \overset{1}{6}\ 8 \\ \times\quad 2 \\ \hline 1\ 3\ 6 \end{array}, \quad \begin{array}{r} \overset{1}{2}\ 3 \\ \times\quad 4 \\ \hline 9\ 2 \end{array}$$

11
$$\begin{array}{r} \overset{3}{1}\ 8 \\ \times\quad 4 \\ \hline 7\ 2 \end{array}, \quad \begin{array}{r} 7\ 2 \\ \times\quad 2 \\ \hline 1\ 4\ 4 \end{array}$$

12 자두가 11개씩 6바구니이므로 자두는 모두 $11\times6=66$(개)입니다.

13 동화책을 하루에 19쪽씩 4일 만에 다 읽었으므로 동화책은 모두 $19\times4=76$(쪽)입니다.

> [주의]
> $$\begin{array}{r} \overset{3}{1}\ 9 \\ \times\quad 4 \\ \hline 7\ 6 \end{array} \Rightarrow 9\times4=36$에서 3을 십의 자리로 올림하여 계산하는 것을 잊지 않도록 주의합니다.

14 한 팀에 23명씩 4팀이므로 한 조의 축구 선수는 모두 $23\times4=92$(명)입니다.

15
$$\begin{array}{r} \overset{2}{1}\ 4 \\ \times\quad 6 \\ \hline 8\ 4 \end{array} \Rightarrow 4\times6=24$에서 2를 십의 자리에 올림하여 계산해야 합니다.

16 (일주일 동안 맨손 체조를 하는 시간)

$=$(하루에 맨손 체조를 하는 시간)$\times7$

$=45\times7=315$(분)

17 $19\times5=95$이므로 $27\times\square$는 95보다 작아야 합니다.

$27\times2=54$, $27\times3=81$, $27\times4=108$, ...이므로 $\square$ 안에 들어갈 수 있는 수는 2, 3입니다.

18
$$\begin{array}{r} ㉠\ 2 \\ \times\quad ㉡ \\ \hline 2\ 4\ 8 \end{array}$$

$2\times㉡$에서 일의 자리 숫자가 8이므로 ㉡은 4 또는 9입니다.

㉡$=4$일 때, ㉠$\times4=24$이므로 ㉠은 6입니다.

㉡$=9$일 때, ㉠$\times9=24-1$, ㉠$\times9=23$을 만족하는 ㉠은 없습니다.

따라서 ㉠은 6이고, ㉡은 4입니다.

19 작은 수부터 번호를 정하면

③ㅡ①, ⑤ㅡ②, ⑦ㅡ③입니다.

(몇십몇)×(몇)의 곱이 가장 큰 경우는 ②①×③이고, 가장 작은 경우는 ②③×①입니다.

⇨ 곱이 가장 큰 식: ②①×③ ⇨ 53×7=371

곱이 가장 작은 식: ②③×① ⇨ 57×3=171

참고

- 곱이 가장 큰 식을 만드는 경우

곱하는 수에 가장 큰 수를 놓고 남은 수를 이용하여 곱해지는 수를 가장 크게 만들어야 합니다.

- 곱이 가장 작은 식을 만드는 경우

곱하는 수에 가장 작은 수를 놓고 남은 수를 이용하여 곱해지는 수를 가장 작게 만들어야 합니다.

20

$$
\begin{array}{r}
\boxed{\bigcirc}\boxed{\bigcirc} \\
\times \quad\quad 4 \\
\hline
1\ 7\ 6
\end{array}
$$

ⓒ×4에서 일의 자리 숫자가 6이므로 ⓒ은 4 또는 9입니다.

ⓒ=4일 때, ⊙×4=17ㅡ1, ⊙×4=16, ⊙=4입니다.

ⓒ=9일 때, ⊙×4=17ㅡ3, ⊙×4=14를 만족하는 ⊙은 없습니다.

따라서 ⊙은 4이고, ⓒ은 4입니다.

21 (1) (사용한 보도블록의 수)=14×5=70(개)

(2) (남은 보도블록의 수)

=(처음 보도블록의 수)ㅡ(사용한 보도블록의 수)

=150ㅡ70=80(개)

틀린 과정을 분석해 볼까요?

틀린 이유	이렇게 지도해 주세요
사용한 보도블록의 수를 구하지 못하는 경우	14개씩 5줄의 수를 구할 때 곱셈식 14×5를 세우고 계산할 수 있도록 지도합니다.
남은 보도블록의 수를 구하지 못하는 경우	처음 보도블록의 수에서 사용한 보도블록의 수를 빼서 남은 보도블록의 수를 구할 수 있도록 지도합니다.

22 (1) 오렌지가 15개씩 6줄이므로 오렌지는 모두

15×6=90(개)입니다.

(2) 사과가 18개씩 5줄이므로 사과는 모두

18×5=90(개)입니다.

(3) 90+90=180(개)

틀린 과정을 분석해 볼까요?

틀린 이유	이렇게 지도해 주세요
오렌지와 사과의 수를 구하는 식을 세우지 못한 경우	몇 개씩 몇 줄의 수를 구할 때 곱셈식을 세울 수 있도록 지도합니다.
올림이 있는 (몇십몇)×(몇)의 계산을 못하는 경우	올림에 주의하여 (몇십몇)×(몇)을 계산할 수 있도록 지도합니다.
오렌지와 사과가 모두 몇 개인지 구하지 못하는 경우	오렌지와 사과의 수를 더하여 모두 몇 개인지 구할 수 있도록 지도합니다.

23

채점 기준		
파란색 숫자 9를 나타내는 십 모형이 몇 개인지 쓴 경우	1점	
파란색 숫자 9가 나타내는 수를 덧셈식으로 바르게 나타낸 경우	2점	5점
파란색 숫자 9가 나타내는 수를 곱셈식으로 바르게 나타낸 경우	2점	

틀린 과정을 분석해 볼까요?

틀린 이유	이렇게 지도해 주세요
십 모형의 수로 나타내지 못하는 경우	파란색 숫자 9는 십 모형의 수를 나타냄을 알 수 있도록 지도합니다.
덧셈식으로 나타내지 못하는 경우	파란색 숫자 9는 곱셈식에서 십의 자리 계산으로 30을 3번 더한 것과 같다는 점을 지도합니다.
곱셈식으로 나타내지 못하는 경우	파란색 숫자 9는 곱셈식에서 십의 자리 계산으로 30에 3을 곱한 것과 같다는 점을 지도합니다.

24

채점 기준		
□ 안에 들어갈 수 있는 한 자리 수를 모두 구한 경우	2점	
□ 안에 들어갈 수 있는 한 자리 수들의 합을 구한 경우	1점	5점
답을 바르게 쓴 경우	2점	

틀린 과정을 분석해 볼까요?

틀린 이유	이렇게 지도해 주세요
30×4, 50×6을 잘못 구하는 경우	(몇십)×(몇)은 (몇)×(몇)에 0을 하나 붙여 계산할 수 있도록 지도합니다.
□ 안에 들어갈 수 있는 수를 모두 구하지 못하는 경우	□ 안에 한 자리 수를 넣어 계산한 후 크기를 비교하여 알맞은 수를 찾을 수 있도록 지도합니다.

1^{Step} 교과 개념　　106~107쪽

1 (1) 10　(2) cm, mm

2 (1) ├───────────────
(2) ├──────────────────

3

$$15 \text{ cm } 8 \text{ mm}$$

4 (1) 75 밀리미터　(2) 25 센티미터 7 밀리미터

5 (1) 4 mm　(2) 24 mm

6 (1) 5, 8, 58　(2) 4, 2, 42

7 3, 5

8 (1) 50, 52　(2) 4, 7

---

3 숫자는 크게, 단위는 작게 씁니다.

4 cm는 센티미터, mm는 밀리미터라고 읽습니다.

5 (2) 2 cm 4 mm＝24 mm

7 3 cm보다 5 mm 더 긴 길이이므로 3 cm 5 mm입니다.

8 (1) 1 cm＝10 mm이므로 5 cm＝50 mm입니다.
(2) 40 mm는 4 cm입니다.

1^{Step} 교과 개념　　108~109쪽

1 1, 200, 1200　　　**2** (1) 1000　(2) 300

3

$$1 \text{ km } 390 \text{ m}$$

4 8 킬로미터

5 (1) 5000　(2) 7　　　**6** (1) 2, 400　(2) 7, 189

7 4, 500

8 (1) 7000, 230, 7, 230　(2) 8, 8000, 8300

9 ├──────
 ╲　╱
 　╳
 ╱　╲
 ├──────

---

1 1000 m는 1 km와 같습니다.
1100 m보다 100 m 더 긴 길이는 1200 m이고 1 km 200 m라 쓸 수 있습니다.

4 km는 킬로미터라고 읽습니다.

---

7 수직선에서 작은 눈금 한 칸의 크기는 100 m입니다. 수직선에 표시된 곳은 4 km보다 5칸 더 간 곳이므로 4 km 500 m입니다.

8 (1) 7230을 7000과 230으로 나누어 7000 m를 7 km로 바꿉니다.
(2) 1 km＝1000 m이므로 8 km＝8000 m입니다.
　⇨ 8000 m＋300 m＝8300 m

9 2 450 m＝2 km 450 m
4 520 m＝4 km 520 m
5 420 m＝5 km 420 m

1^{Step} 교과 개념　　110~111쪽

1 예 약 7 cm, 6 cm 8 mm

2 ㉣

3 (1) 17 cm　(2) 2 m 20 cm

4 (1) mm　(2) cm　(3) m　(4) km

5 ㉡　　　　　　　　**6** (1) 2　(2) 1, 500

7 슈퍼마켓

---

2 ㉣ 교실 문의 높이는 1 m보다 깁니다.

3 (1) 필통의 길이는 약 17 cm로 어림할 수 있습니다.
(2) 교실 문의 높이는 약 2 m 20 cm로 어림할 수 있습니다.

4 (1) 볼펜의 길이는 약 150 mm＝15 cm로 어림할 수 있습니다.
(2) 친구의 키는 약 132 cm로 어림할 수 있습니다.
(3) 칠판의 긴 쪽의 길이는 약 3 m로 어림할 수 있습니다.
(4) 한라산의 높이는 약 2 km로 어림할 수 있습니다.

5 ㉡ 지리산의 높이는 1 km보다 깁니다.

6 (1) 학교에서 병원까지의 거리는 약 1 km의 2배인 약 2 km입니다.
(2) 집에서 도서관까지의 거리는 약 500 m의 3배입니다.
　⇨ 500＋500＋500＝1500이므로
　　1500 m＝1 km 500 m입니다.

7 학교에서 경찰서까지의 거리가 약 300 m이고 학교에서 슈퍼마켓까지의 거리는 학교에서 경찰서까지의 거리의 2배입니다. 따라서 학교에서 슈퍼마켓까지의 거리는 약 600 m입니다.

2 Step 교과 유형 익힘 **112~113쪽**

01 (1) 5 (2) 7000 (3) 5, 900 (4) 2400
02 3, 8
03
04 (1) < (2) >
05

지우개	5 cm 6 mm	56 mm
나뭇잎	3 cm 4 mm	34 mm
컵	8 cm 5 mm	85 mm

06 (1) km (2) mm (3) cm
07 6 km 500 m   **08** ㉠, ㉢
09 ㉢
10 예 1 km=1000 m이므로
5 km 140 m=5000 m+140 m=5140 m
입니다. ▶3점
5140>5090이므로 도서관이 더 가깝습니다. ▶3점
; 도서관 ▶4점
11 (   )
(○)
(   ) ; 예 거리는 2 km 정도
12 (1) 약 2 km 500 m (2) 서점, 은행, 경찰서

---

01 (3) 5900 m=5000 m+900 m
=5 km+900 m=5 km 900 m
(4) 2 km 400 m=2 km+400 m
=2000 m+400 m=2400 m

02 크레파스의 길이는 11 cm부터 시작하여
14 cm 8 mm까지이므로
14 cm 8 mm−11 cm=3 cm 8 mm입니다.

04 (1) 4 cm 3 mm=43 mm이므로 43<54입니다.
(2) 5 km 800 m=5800 m이므로 6300>5800입
니다.

05 • 5 cm 6 mm=50 mm+6 mm=56 mm
• 34 mm=30 mm+4 mm=3 cm 4 mm
• 8 cm 5 mm=80 mm+5 mm=85 mm

07
```
    20 km   800 m
 −  14 km   300 m
    ─────────────
     6 km   500 m
```
⇨ 6 km 500 m 더 짧습니다.

---

08 ㉠ 서울에서 부산까지의 거리: 약 330 km
㉡ 한강의 길이: 약 514 km

09 1 km=1000 m이므로
㉠ 8 km 320 m=8320 m이고
㉢ 8 km 200 m=8200 m입니다.
8508>8320>8200>8100이므로 ㉢이 가장 깁니다.

10

채점 기준		
1 km=1000 m인 것을 알고 단위를 하나로 통일한 경우	3점	
집에서 더 가까운 곳을 구한 경우	3점	10점
답을 바르게 쓴 경우	4점	

11 차를 타고 갈 정도의 거리는 2 mm가 아니라 2 km 정도입니다.

12 (1) 약 1 km씩 2번과 약 1 km의 반인 500 m만큼 떨어져 있으므로 거리는 약 2 km 500 m입니다.
(2) 학교에서 왼쪽, 오른쪽, 위쪽 방향으로 약 1 km 떨어진 곳에 있는 장소를 모두 씁니다.

---

1 Step 교과 개념 **114~115쪽**

1 1
2 (1) 25 (2) 10
3 (1) 1초 (2) 60칸
4 (1) 8시 25분 8초 (2) 1시 50분 19초
5 (1) 60 (2) 60
6 (1)   (2)

7 (1) 30, 1, 30 (2) 120, 140
8 (1) 초에 ○표 (2) 분에 ○표

---

3 (1) 초바늘이 작은 눈금 한 칸을 가는 동안 걸리는 시간을 1초라고 합니다.

4 (1) 초바늘이 숫자 1인 5초에서 작은 눈금 3칸을 더 갔으므로 8초입니다.

5 (1) 초바늘이 작은 눈금 1칸을 가는 동안 걸리는 시간이 1초이므로 60칸을 가는 동안 걸리는 시간은 60초입니다.

6 (2) 23초는 초바늘이 숫자 4에서 작은 눈금 3칸을 더 간 곳을 가리키게 그립니다.

7 (2) 1분＝60초이므로 2분은 $60 \times 2 = 120$(초)입니다.

8 (1) 줄넘기를 한 번 넘는 시간으로 2분과 2시간은 적절하지 않습니다.

(2) 양치질을 하는 데 걸리는 시간으로 3초와 3시간은 적절하지 않습니다.

2 교과 유형 익힘　116~117쪽

01 6시 10분 15초

02 (1) 4시 42분 7초　(2) 2시 17분 37초

03 (1) 320　(2) 4, 30

04 [시계 그림: 초바늘이 숫자 9를 가리킴]

05 ( )
(○)
(○)
( )

06 [시계 그림: 초바늘이 숫자 6을 가리킴]

07 ㉠, ㉡, ㉢

08 100초

09 3분 25초

10 지윤, 도형, 영지, 민수

11 (1) 분　(2) 시간　(3) 초

12 30초, 2시간

13 현주 ▶5점

　⒅ 2분 40초는 160초이므로 150초보다 더 긴 시간입니다. 따라서 현주가 한석이보다 더 오래 매달렸습니다. ▶5점

01 초바늘이 숫자 3을 가리키므로 15초입니다.

02 (1) 초바늘이 숫자 1인 5초에서 작은 눈금 2칸을 더 갔으므로 7초입니다.

(2) 디지털시계는 왼쪽에서부터 시, 분, 초 단위로 끊어서 읽습니다. 따라서 시계의 시각은 2시 17분 37초입니다.

03 (1) 5분 20초＝5분＋20초＝300초＋20초＝320초

(2) 270초＝240초＋30초＝4분＋30초＝4분 30초

04 초바늘이 숫자 9를 가리키게 그립니다.

05 1초는 초바늘이 작은 눈금 한 칸을 가는 동안 걸리는 시간입니다.

06 30초이므로 숫자 6을 가리키도록 그립니다.

07 ㉢ 2분 9초＝60초＋60초＋9초＝129초
　⇨ 210＞151＞129

08 1분 40초＝60초＋40초＝100초

09 205초＝180초＋25초＝3분 25초이므로 205초는 3분 25초입니다.

10 지윤: 4분 13초＝240초＋13초＝253초
민수: 4분 34초＝240초＋34초＝274초
⇨ $\underset{지윤}{253초} < \underset{도형}{260초} < \underset{영지}{265초} < \underset{민수}{274초}$

11 시간, 분, 초를 알맞게 써넣습니다.

12 가장 알맞은 시간을 고릅니다.
630분＝60분＋60분＋60분＋60분＋60분＋60분
　　　＋60분＋60분＋60분＋60분＋30분
　　＝10시간 30분

1 교과 개념　118~119쪽

1 7, 18, 55 ; 7, 18, 55　**2** (1) 9, 40　(2) 45

3 (1) 40, 50　(2) 15, 35　**4** 46, 5

5 9분 25초　　　　　**6** ( )(○)

7 (1) 5시간 19분 5초　(2) 4시 25분 40초

8 3, 32, 20

2 분은 분끼리, 초는 초끼리 더합니다.

3 시간의 덧셈은 시, 분, 초 단위끼리 계산합니다.

4 10초 중 5초를 먼저 더하면 3시 46분이고 5초를 더 더하면 3시 46분 5초입니다.

5
```
   6 분 10 초
 + 3 분 15 초
─────────────
   9 분 25 초
```

6
```
   40 분  7 초        14 분 50 초
 + 15 분 34 초      + 37 분 10 초
──────────────     ──────────────
   55 분 41 초 ,       52 분
```

7 (1) 2시간 8분 25초＋3시간 10분 40초
　　＝5시간 18분 65초＝5시간 19분 5초
　　　　　　　　└─ 60초를 받아올림

(2) 1시 55분 20초＋2시간 30분 20초
　＝3시 85분 40초＝4시 25분 40초
　　　　└─ 60분을 받아올림

8 초 단위의 계산에서 30＋50＝80이므로 60초를 1분으로 받아올림합니다.

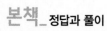

1 교과 개념 **120~121쪽**

1 8, 30 ; 8, 3, 30 　　　**2** (1) 2, 30 (2) 5, 35
3 (1) 6, 15, 20 (2) 6, 10, 25
4 10, 50
5 (1) 2시간 1분 55초 (2) 6시 11분 18초
6

7 6초

2 분은 분끼리, 초는 초끼리 뺍니다.

3 시간의 뺄셈은 시, 분, 초 단위끼리 계산합니다.

4 15분 중 5분을 먼저 빼면 11시이고 10분을 더 빼면 10시 50분입니다.

5 (1) (시간)─(시간)=(시간)
　　초 단위끼리 뺄 수 없으므로 1분을 60초로 받아내림합니다.

$$\begin{array}{r} \overset{14}{} \overset{60}{} \\ 4\,시간\ \cancel{15}분\ 20초 \\ -\ 2\,시간\ 13분\ 25초 \\ \hline 2\,시간\ \ \ 1분\ 55초 \end{array}$$

　　(2) (시각)─(시간)=(시각)

6 8시 5분에서 5분을 먼저 빼면 8시이고 5분을 더 빼면 7시 55분입니다.

7 3분 10초─3분 4초=6초

2 교과 유형 익힘 **122~123쪽**

01 9시 36분 55초　　**02** 4시 39분 43초
03 2시간 33분
04 10시 33분 10초, 10시 33분 45초, 10시 34분 14초
05 50분 5초　　**06** 17분
07 13분 5초　　**08** 4시 55분
09 46분 35초
10 (1) 예 시와 분을 더하고 분과 초를 더해서 계산이 잘못됐습니다.
　　(2) 9시 52분 45초
11 11시 33분 4초　　**12** 북극 탐험, 27

01 9시 30분 5초＋6분 50초＝9시 36분 55초

02
$$\begin{array}{r} \overset{49}{} \overset{60}{} \\ 4\,시\ \cancel{50}분\ \ 3초 \\ -\ \ \ \ \ 10분\ 20초 \\ \hline 4\,시\ 39분\ 43초 \end{array}$$

03 (걸린 시간)＝(도착한 시각)─(출발한 시각)
　　＝11시 49분─9시 16분＝2시간 33분

04
$$\begin{array}{r} 10\,시\ 30분 \\ +\ \ \ \ \ 3분\ 10초 \\ \hline 10\,시\ 33분\ 10초 \end{array} \quad \begin{array}{r} 10\,시\ 30분 \\ +\ \ \ \ \ 3분\ 45초 \\ \hline 10\,시\ 33분\ 45초 \end{array}$$,
$$\begin{array}{r} 10\,시\ 30분 \\ +\ \ \ \ \ 4분\ 14초 \\ \hline 10\,시\ 34분\ 14초 \end{array}$$

05
$$\begin{array}{r} 3\,시\ 55분\ 25초 \\ -\ 3\,시\ \ 5분\ 20초 \\ \hline 50분\ \ 5초 \end{array}$$

06
$$\begin{array}{r} 오후\ 3시\ \ 20분 \\ -\ 오후\ 3시\ \ \ 3분 \\ \hline 17분 \end{array}$$

07 나 버스가 달린 시간에서 가 버스가 달린 시간을 뺍니다.
$$\begin{array}{r} 2\,시간\ 50분\ 40초 \\ -\ 2\,시간\ 37분\ 35초 \\ \hline 13분\ \ 5초 \end{array}$$

08 출발한 시각에 25분을 더합니다.
$$\begin{array}{r} 4\,시\ \ 30분 \\ +\ \ \ \ \ \ 25분 \\ \hline 4\,시\ \ 55분 \end{array}$$

09 우화가 끝난 시각에서 시작한 시각을 뺍니다.
$$\begin{array}{r} 10\,시\ 52분\ 40초 \\ -\ 10\,시\ \ 6분\ \ 5초 \\ \hline 46분\ 35초 \end{array}$$

10 시는 시끼리, 분은 분끼리, 초는 초끼리 더합니다.
$$\begin{array}{r} 9\,시\ 50분 \\ +\ \ \ \ \ 2분\ 45초 \\ \hline 9\,시\ 52분\ 45초 \end{array}$$

11 리코더 연습과 글쓰기 연습을 한 시간
　　⇨ 10분 10초＋22분 26초＝32분 36초,
　　리코더 연습을 시작한 시각
　　⇨ 12시 5분 40초─32분 36초＝11시 33분 4초

12 밀림 모험: 16시 30분─14시 45분＝1시간 45분
　　북극 탐험: 19시 20분─17시 8분＝2시간 12분
　　⇨ 2시간 12분─1시간 45분＝27분

1 병원, 수족관, 기차역

1-1 분식집, 도서관, 수족관

1-2 경찰서, 유치원, 문구점

2 병원

2-1 분식집   **2-2** 도서관

3 9시 8분 15초   **3-1** 3시 13분 3초

3-2 10시 35분 53초

3-3 3시 6분 8초

4 10시간 53분

4-1 11시간 40분

4-2 9시간 55분

4-3 오후 7시 11분

5 ❶ 300 ▶2점 ❷ 500 ▶2점

    ❸ 300, 1, 800 ▶2점

; 1 km 800 m ▶4점

5-1 〈예〉❶ 학교에서 경찰서까지의 거리는 500 m입니다. ▶2점

    ❷ 경찰서에서 도서관까지의 거리는
    1200 m=1 km 200 m입니다. ▶2점

    ❸ 학교에서 도서관까지의 거리는
    500 m+1 km 200 m=1 km 700 m입니다. ▶2점

; 1 km 700 m ▶4점

5-2 〈예〉❶ 길은 1 km 200 m+700 m=1 km 900 m입니다. ▶2점

    따라서 1 km 700 m<1 km 900 m이므로 ▶2점

    ㉮ 길이 ㉯ 길보다 1 km 900 m
    −1 km 700 m=200 m 더 짧습니다. ▶2점

; ㉮ 길, 200 m ▶4점

6 ❶ 2, 50, 55 ▶3점 ❷ 2, 50, 55 ; 1, 25, 18 ▶3점

; 1시간 25분 18초 ▶4점

6-1 〈예〉❶ 회의를 시작한 시각은 2시 10분 25초이고, 회의를 한 시간은 1시간 30분 30초입니다. ▶3점

    ❷ 회의를 시작한 시각과 회의를 한 시간을 더하면 회의가 끝난 시각은 2시 10분 25초+1시간 30분 30초=3시 40분 55초입니다. ▶3점

; 3시 40분 55초 ▶4점

6-2 〈예〉❶ 만화 영화가 시작한 시각은 7시 30분 30초이고, 끝난 시각은 9시 47분 40초입니다.

    ❷ 만화 영화가 끝난 시각에서 시작한 시각을 빼면 만화 영화는 9시 47분 40초−7시 30분 30초 ▶3점 =2시간 17분 10초 동안 하였습니다. ▶3점

; 2시간 17분 10초 ▶4점

---

1 1 km=1000 m이므로 7 km 200 m는
7000 m+200 m=7200 m입니다.
7200<7350<7500이므로 전망대에서 가까운 순서는 병원, 수족관, 기차역입니다.

1-1 1 km=1000 m이므로 4 km 600 m는
4000 m+600 m=4600 m입니다.
4600>4280>4080이므로 소방서에서 먼 순서는 분식집, 도서관, 수족관입니다.

1-2 1 km=1000 m이므로 2 km 500 m는
2000 m+500 m=2500 m입니다.
2050<2300<2500이므로 학교에서 가까운 순서는 경찰서, 유치원, 문구점입니다.

2 병원: 2 km 400 m+3 km 400 m=5 km 800 m
노래방: 2 km 700 m+3 km 200 m=5 km 900 m
⇨ 5 km 800 m<5 km 900 m이므로 병원을 거쳐서 가는 길이 더 가깝습니다.

2-1 놀이터: 1 km 100 m+1 km 700 m
          =2 km 800 m
분식집: 1 km 300 m+1 km 400 m
          =2 km 700 m
⇨ 2 km 700 m<2 km 800 m이므로 분식집을 거쳐서 가는 길이 더 가깝습니다.

2-2 도서관: 17 km 200 m+8 km 700 m
          =25 km 900 m
우체국: 14 km 500 m+11 km 200 m
          =25 km 700 m
⇨ 25 km 900 m>25 km 700 m이므로 도서관을 거쳐서 가는 길이 더 멉니다.

3 10시 25분 45초−1시간 17분 30초=9시 8분 15초

3-1 혜정이가 집에서 출발한 시각은 4시 45분 50초에서 1시간 32분 47초 전입니다.
⇨ 4시 45분 50초−1시간 32분 47초=3시 13분 3초

3-2 9시 15분 28초+1시간 20분 25초=10시 35분 53초

3-3 콘서트가 시작한 시각은 3시 18분 38초의 12분 30초 전입니다.
⇨ 3시 18분 38초−12분 30초=3시 6분 8초

4 (해가 뜬 시각부터 낮 12시까지의 시간)
=12시−6시 37분=5시간 23분
(낮의 길이)=5시간 23분+5시간 30분=10시간 53분

다른 풀이

오후 5시 30분은 17시 30분입니다.
따라서 낮의 길이는 17시 30분에서 해가 뜬 시각을 빼서
구할 수 있습니다.
17시 30분−6시 37분=16시 90분−6시 37분
=10시간 53분

4-1 (해가 뜬 시각부터 낮 12시까지의 시간)
=12시−6시 35분=5시간 25분
(낮의 길이)=5시간 25분+6시간 15분
=11시간 40분

4-2 (해가 뜬 시각부터 낮 12시까지의 시간)
=12시−7시 55분=4시간 5분
(낮의 길이)=4시간 5분+5시간 50분
=9시간 55분

4-3 (해가 뜬 시각부터 낮 12시까지의 시간)
=12시−6시 16분=5시간 44분
(낮 12시부터 해가 질 때까지의 시간)
=12시간 55분−5시간 44분=7시간 11분
따라서 해가 진 시각은 오후 7시 11분입니다.

5-1

채점 기준		
학교에서 경찰서까지의 거리를 구한 경우	2점	
경찰서에서 도서관까지의 거리를 구한 경우	2점	10점
학교에서 도서관까지의 거리를 구한 경우	2점	
답을 바르게 쓴 경우	4점	

5-2

채점 기준		
㉯ 길의 거리를 구한 경우	2점	
두 길의 거리 비교를 한 경우	2점	10점
어느 길이 얼마나 더 짧은지 구한 경우	2점	
답을 바르게 쓴 경우	4점	

6-1

채점 기준		
회의를 시작한 시각과 회의를 한 시간을 쓴 경우	3점	
회의가 끝난 시각을 구한 경우	3점	10점
답을 바르게 쓴 경우	4점	

6-2

채점 기준		
만화 영화를 본 시간을 구하는 뺄셈식을 세운 경우	3점	
만화 영화를 본 시간을 구한 경우	3점	10점
답을 바르게 쓴 경우	4점	

---

4 Step 실력UP 문제 128~129쪽

01 (1) 은행, 백화점 (2) 학교
02 1시 25분+56분=2시 21분 ▶5점
 ; 오후 2시 21분 ▶5점
03 2분 7초−1분 54초=13초 ▶5점
 ; 13초 ▶5점
04 56분
05 1 km 80 m   **06** 20 cm 1 mm
07 12시간 36분
08 5시 9분 10초
09 (1) 오후 12시 54분 27초 (2) 1시간 1분 6초
 (3) 1시간 13분 10초
10 205 cm 9 mm

01 (1) 약 250 m의 2배만큼 떨어져 있는 장소를 찾습니다.
(2) 약 500 m의 2배만큼 떨어져 있는 장소를 찾습니다.

참고

마트에서 미술관까지의 거리는 약 750 m입니다.

04
$$\begin{array}{r} \overset{2}{\cancel{3}} \ 시간 \ \overset{60}{15} \ 분 \\ - \ 2 \ 시간 \ 19 \ 분 \\ \hline 56 \ 분 \end{array}$$

05 (은행~전철역)
=(집~도서관)−(집~은행)−(전철역~도서관)
=2 km 550 m−470 m−1 km
=2 km 80 m−1 km=1 km 80 m

06 (이은 색 테이프 전체의 길이)
=(색 테이프 2장의 길이의 합)−(겹쳐진 부분의 길이)
=13 cm 3 mm+10 cm 6 mm−3 cm 8 mm
=23 cm 9 mm−3 cm 8 mm=20 cm 1 mm

07 (해가 뜬 시각부터 낮 12시까지의 시간)
=12시−6시 35분=5시간 25분
(낮의 길이)=5시간 25분+7시간 11분
=12시간 36분

다른 풀이

7+12=19이므로 오후 7시 11분은 19시 11분입니다.
따라서 19시 11분에서 6시 35분을 빼면 낮의 길이입니다. ⇨ 19시 11분−6시 35분=12시간 36분

08 200초=180초+20초=3분 20초

5시 5분 50초+3분 20초=5시 8분 70초

=5시 9분 10초

09 (1) (도착 시각)=(출발 시각)+(전체 기록)

=10시+2시간 54분 27초=12시 54분 27초

(2) (달리기 기록)

=(전체 기록)−(수영 기록)−(자전거 기록)

=2시간 54분 27초−41분 18초−1시간 12분 3초

=2시간 13분 9초−1시간 12분 3초

=1시간 1분 6초

(3) 2시간 58분 49초−42분 13초−1시간 3분 26초

=2시간 16분 36초−1시간 3분 26초

=1시간 13분 10초

10 (지현이의 키)=221 cm 5 mm−65 cm 3 mm

=156 cm 2 mm

⇨ (높이가 49 cm 7 mm인 의자에 올라서서 잰 길이)

=49 cm 7 mm+156 cm 2 mm

=205 cm 9 mm

단원 평가 `130~133쪽`

01 1   **02** 1

03 (1) mm에 ○표   (2) km에 ○표

04 60초   **05** 5시 25분 16초

06   **07** 7 cm 6 mm

08    **09** (1) 150 (2) 5, 10

10 (1) 8분 55초 (2) 2분 35초

11 7분 37초, 1분 11초

12 (1) 9, 46, 42 (2) 5, 17, 25 (3) 5, 15, 8

13 (1) > (2) <

14 2시간 12분 15초

15 한라산, 속리산

16 8시 10분 15초

17 2시 12초+8시간 53분 12초

=10시 53분 24초 ▶2점 ; 10시 53분 24초 ▶2점

18 2 km 930 m

19 오후 6시 25분 20초

20 병원, 650 m

21 (1) 10 km ▶2점 (2) 10 km 500 m ▶2점

(3) 경로 2 ▶1점

22 (1) 오전 6시 31분 50초 ▶2점

(2) 13시간 1분 55초 ▶3점

23 예 1000 m=1 km이므로 수영을 하는 거리는

1500 m=1 km 500 m입니다. ▶1점

따라서 전체 거리는

1 km 500 m+40 km+10 km

=51 km 500 m입니다. ▶2점

; 51 km 500 m ▶2점

24 예 다음 주 화요일은 1주일 후이고 1주일은 7일이므

로 이 시계는 8×7=56(분) 느려집니다. ▶2점

따라서 시계는 8시에서 56분 전인 오전 7시 4분을

가리킵니다. ▶1점

; 오전 7시 4분 ▶2점

본책 125~133쪽

01 1 cm=10 mm이므로 1 cm를 똑같이 10칸으로 나눈 한 칸은 1 mm입니다.

03 가장 알맞은 단위에 ○표 합니다.

(1) 교통 카드 1장의 두께는 약 1 mm입니다.

엄지 손가락의 손톱 너비는 약 1 cm입니다.

(2) 서울에서 제주도까지의 거리는 약 475 km입니다.

보통 걸음으로 5~6분 정도 걸었을 때 갈 수 있는 거리가 약 475 m입니다.

04 초바늘이 시계를 한 바퀴 돌 때 작은 눈금 60칸을 움직이므로 60초입니다.

05 초바늘이 숫자 3인 15초에서 작은 눈금 1칸을 더 갔으므로 16초입니다.

06 5 cm 7 mm=5 cm+7 mm

=50 mm+7 mm=57 mm

8 cm 8 mm=8 cm+8 mm

=80 mm+8 mm=88 mm

4 km 600 m=4 km+600 m

=4000 m+600 m=4600 m

5 km 300 m=5 km+300 m

=5000 m+300 m=5300 m

07 형광펜의 길이는 7 cm보다 6 mm 더 긴 길이이므로 7 cm 6 mm입니다.

08 디지털시계가 나타내는 시각은 11시 30분 25초이므로 시계에 초바늘이 숫자 5를 가리키게 그립니다.

09 (1) 2분 30초＝120초＋30초＝150초
(2) 310초＝300초＋10초＝5분 10초

11 합: 3분 13초＋4분 24초＝7분 37초
차: 4분 24초－3분 13초＝1분 11초

13 (1) 24 cm 5 mm＝240 mm＋5 mm＝245 mm
이므로 245 mm＞235 mm입니다.
(2) 8 km 40 m＝8000 m＋40 m＝8040 m이므로
8040 m＜8400 m입니다.

14 11시 22분 20초－9시 10분 5초＝2시간 12분 15초

15 (설악산)＝1 km 707 m＝1000 m＋707 m＝1707 m,
(한라산)＝1 km 950 m＝1000 m＋950 m＝1950 m,
(속리산)＝1 km 58 m＝1000 m＋58 m＝1058 m
우리나라 산들의 높이를 비교하면
1950＞1915＞1707＞1567＞1187＞1058이므로
한라산이 가장 높고 속리산이 가장 낮습니다.

16
```
    8시   25분   25초
  －       15분   10초
    8시   10분   15초
```

17
```
    2 시              12초
  ＋ 8 시간   53분   12초
   10시       53분   24초
```

18 1 km 376 m＋1 km 554 m＝2 km 930 m

19 320분＝5시간 20분, 320초＝5분 20초
1시＋5시간 20분＋5분 20초＝6시 25분 20초

20 1 km 450 m＜2 km 100 m이므로 학교에서 더 가까운 곳은 병원입니다.
따라서 병원이 서점보다 2 km 100 m－1 km 450 m
＝650 m 더 가깝습니다.
```
           1      1000
       2 km   100 m
     － 1 km   450 m
               650 m
```

21 (1) 3 km 100 m＋6 km 900 m＝10 km
(2) 3 km 800 m＋4 km 700 m＋2 km
＝10 km 500 m
(3) 10 km 500 m＞10 km이므로 경로 2가 더 깁니다.

틀린 과정을 분석해 볼까요?

틀린 이유	이렇게 지도해 주세요
길이의 덧셈을 하지 못하는 경우	100 m와 900 m를 더하면 1000 m, 즉 1 km가 됩니다. 따라서 경로 1의 길이는 10 km가 됩니다. 같은 단위끼리 계산할 때 받아올림하는 것을 지도합니다.
경로 1과 경로 2의 길이를 비교하여 더 긴 길이를 알지 못한 경우	km 단위와 m 단위를 사용하여 나타낸 길이를 비교할 때 km 단위의 수가 같으면 m 단위의 수를 비교하여 더 긴 길이를 알 수 있습니다.

22 (1) (오늘 해가 뜬 시각)＝오전 6시 31분 30초＋20초
＝오전 6시 31분 50초
(2) 오늘 해가 진 시각은 19시 33분 45초로 나타낼 수 있습니다.
(오늘 낮의 길이)＝19시 33분 45초－6시 31분 50초
＝13시간 1분 55초

틀린 과정을 분석해 볼까요?

틀린 이유	이렇게 지도해 주세요
어제보다 20초 느린 것을 계산할 때 덧셈을 하는 것을 이해하지 못하는 경우	해가 뜬 시각이 어제보다 20초 느리다고 하였으므로 오늘 해가 뜬 시각은 어제 해가 뜬 시각에 20초를 더해야 합니다. 빼면 더 이른 시각, 더하면 더 느린 시각이 되는 것을 지도합니다.
낮의 길이가 언제부터 언제까지인지 모르는 경우	낮은 길이는 해가 뜬 시각부터 해가 진 시각까지의 시간이라는 것을 지도합니다.
낮의 길이를 구하지 못하지 경우	해가 진 시각은 오후의 시각이므로 7시 33분 45초에 12시간을 더한 19시 33분 45초로 나타낼 수 있습니다. 이 시각에서 해가 뜬 시각을 빼면 낮의 길이를 구할 수 있습니다. 또는 해가 뜬 시각에서 낮 12시까지의 시간을 구하고 이 시간과 7시간 33분 45초를 더하여 낮의 길이를 구할 수도 있습니다.

23

채점 기준		
수영을 하는 거리가 몇 km 몇 m인지 구한 경우	1점	5점
전체 거리가 몇 km 몇 m인지 구한 경우	2점	
답을 바르게 쓴 경우	2점	

틀린 과정을 분석해 볼까요?

틀린 이유	이렇게 지도해 주세요
1500 m가 몇 km 몇 m인지 알지 못하는 경우	1000 m는 1 km입니다. 1500＝1000＋500이므로 1500 m＝1 km 500 m와 같다는 점을 알려줍니다.
길이를 잘못 본 경우	자전거 타기의 거리는 40 km입니다. 단위를 잘 살펴 실수하지 않도록 지도합니다.
길이의 덧셈을 하지 못하는 경우	길이의 덧셈은 같은 단위끼리 계산한다는 점을 지도합니다.

24

채점 기준		
다음 주 화요일 오전 8시까지 느려지는 시간을 구한 경우	2점	5점
시계가 가리키는 시각을 구한 경우	1점	
답을 바르게 쓴 경우	2점	

틀린 과정을 분석해 볼까요?

틀린 이유	이렇게 지도해 주세요
일주일이 며칠인지 알지 못하는 경우	일주일은 7일이므로 화요일 오전 8시부터 다음 주 화요일 오전 8시까지는 7일이라는 것을 알려줍니다.
느려진 시각을 계산할 때 덧셈인지 뺄셈인지 알지 못하는 경우	오전 8시를 나타내는 시계가 하루에 8분 느려지면 다음 날 오전 8시에 8시 8분을 가리키는 것이 아니라 오전 8시에 못 미친 7시 52분이 되는 것을 지도합니다.
일주일 동안 모두 몇 분이 느려진 것인지 알지 못하는 경우	일주일은 7일이고 하루에 8분씩 느려지므로 곱셈을 이용할 수 있습니다. 8×7＝56(분)이 느려지므로 오전 8시에서 56분을 뺀 시각을 구하도록 지도합니다.

6단원 | 분수와 소수

1 step 교과 개념 136~137쪽

1 (○)(   )(   )
2 (   )(○)(   )(   )
3 나, 라   **4** (1) 6 (2) 4
5 (1) 나, 라, 마 (2) 바
6

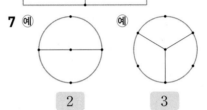

7 (예)   (예)

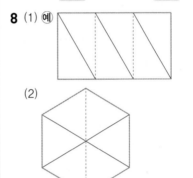

 2   3

8 (1) (예)

(2)

1 모양과 크기가 같은 조각이 2조각인 도형을 찾습니다.

2 모양과 크기가 같은 조각이 3조각인 도형을 찾습니다.

3 나누어진 조각의 모양과 크기가 같은 것을 모두 찾으면 나, 라입니다.

> **참고**
> 나: 똑같이 여섯으로 나누어진 도형
> 라: 똑같이 둘로 나누어진 도형

4 (1) 모양과 크기가 같은 조각이 6조각 있습니다.
(2) 모양과 크기가 같은 조각이 4조각 있습니다.

5 (1) 나누어진 조각의 모양과 크기가 같고 2조각인 도형을 찾으면 나, 라, 마입니다.
(2) 나누어진 조각의 모양과 크기가 같고 3조각인 도형을 찾으면 바입니다.

> **참고**
> 가, 다는 똑같이 나누어지지 않았습니다.

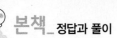

6 모양과 크기가 같도록 넷으로 나눕니다.

7 모양과 크기가 같도록 주어진 수만큼 똑같이 나눕니다.

8 (1) 똑같이 셋으로 나누어져 있는 도형의 각 부분을 똑같이 둘로 나눕니다.

　　(2) 똑같이 둘로 나누어져 있는 도형의 각 부분을 똑같이 셋으로 나눕니다.

Step 1 교과 개념　　138~139쪽

1 2, 1　　　　　　　**2** $\dfrac{3}{5}$, 5, 3

3 $\dfrac{2}{5}$; 5, 2　　　　**4** (1) $\dfrac{1}{2}$ (2) $\dfrac{1}{3}$ (3) $\dfrac{1}{4}$

5 (　)(○)　　　　**6** $\dfrac{1}{3}$, 3분의 1

7 6, 3, $\dfrac{3}{6}$　　　　**8** $\dfrac{3}{4}$, $\dfrac{1}{4}$

---

2 전체를 똑같이 5로 나눈 것 중의 3 ⇨ $\dfrac{3}{5}$,

$\dfrac{3}{5}$ ⇨ 5분의 3

3 색칠한 부분은 전체를 똑같이 5로 나눈 것 중의 2이므로 $\dfrac{2}{5}$입니다.

$\dfrac{2}{5}$는 5분의 2라고 읽습니다.

> 참고
> ▲ → 색칠한 부분의 수
> ■ → 전체를 똑같이 나눈 수
> $\dfrac{▲}{■}$는 ■분의 ▲라고 읽습니다.

4 (1) 노란색 부분은 전체를 똑같이 2로 나눈 것 중의 1이므로 $\dfrac{1}{2}$입니다.

　　(2) 흰색 부분은 전체를 똑같이 3으로 나눈 것 중의 1이므로 $\dfrac{1}{3}$입니다.

　　(3) 초록색 부분은 전체를 똑같이 4로 나눈 것 중의 1이므로 $\dfrac{1}{4}$입니다.

---

5 전체를 똑같이 4로 나눈 것 중의 2를 색칠한 도형을 찾습니다.

6 색칠한 부분은 전체를 똑같이 3으로 나눈 것 중의 1입니다.

7 전체를 똑같이 6으로 나눈 것 중의 3입니다.

8 색칠한 부분은 전체를 똑같이 4로 나눈 것 중의 3이므로 $\dfrac{3}{4}$입니다.

색칠하지 않은 부분은 전체를 똑같이 4로 나눈 것 중의 1이므로 $\dfrac{1}{4}$입니다.

> 참고
> 전체를 똑같이 ■로 나눈 것 중의 ▲를 분수로 나타내면 $\dfrac{▲}{■}$입니다.

Step 2 교과 유형 익힘　　140~141쪽

01 예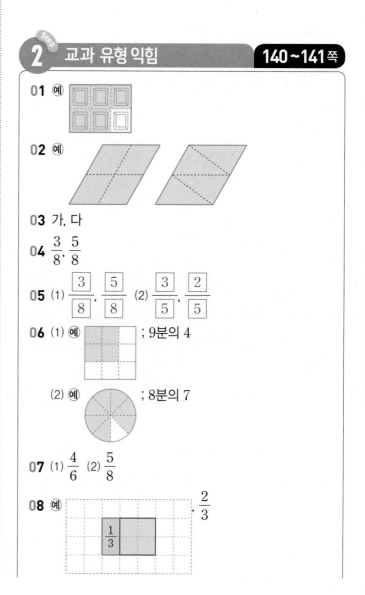

02 예

03 가, 다

04 $\dfrac{3}{8}$, $\dfrac{5}{8}$

05 (1) $\dfrac{3}{8}$, $\dfrac{5}{8}$ (2) $\dfrac{3}{5}$, $\dfrac{2}{5}$

06 (1) 예 　　; 9분의 4

　　(2) 예 　　; 8분의 7

07 (1) $\dfrac{4}{6}$ (2) $\dfrac{5}{8}$

08 예 　　; $\dfrac{2}{3}$

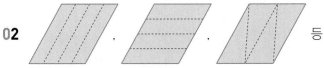

10 예 나눈 모양의 크기가 모두 같지 않기 때문입니다. ▶10점
11 (○)   **12** 민호
   (   )   **13** 3조각
14 $\frac{1}{8}$

01 $\frac{5}{6}$는 전체를 똑같이 6으로 나눈 것 중의 5만큼 색칠합니다.

02   ,   ,   등

여러 가지 방법으로 도형을 똑같이 넷으로 나눌 수 있습니다.

03 $\frac{4}{5}$는 전체를 똑같이 5로 나눈 것 중의 4입니다.
따라서 전체를 똑같이 5로 나눈 것 중의 4만큼 색칠한 것을 모두 찾습니다.

다른 풀이
색칠한 부분을 각각 분수로 나타내면
가: $\frac{4}{5}$, 나: $\frac{1}{6}$, 다: $\frac{4}{5}$, 라: $\frac{4}{6}$입니다.
⇨ $\frac{4}{5}$만큼 색칠한 것은 가, 다입니다.

04 색칠한 부분은 전체를 똑같이 8로 나눈 것 중의 3이므로 $\frac{3}{8}$입니다.
색칠하지 않은 부분은 전체를 똑같이 8로 나눈 것 중의 5이므로 $\frac{5}{8}$입니다.

05 (1) 남은 부분은 전체를 똑같이 8로 나눈 것 중의 3이므로 $\frac{3}{8}$이고, 먹은 부분은 전체를 똑같이 8로 나눈 것 중의 5이므로 $\frac{5}{8}$입니다.

(2) 남은 부분은 전체를 똑같이 5로 나눈 것 중의 3이므로 $\frac{3}{5}$이고, 먹은 부분은 전체를 똑같이 5로 나눈 것 중의 2이므로 $\frac{2}{5}$입니다.

06 (1) $\frac{4}{9}$는 전체를 똑같이 9로 나눈 것 중의 4이고 9분의 4라고 읽습니다.

(2) $\frac{7}{8}$은 전체를 똑같이 8로 나눈 것 중의 70이고 8분의 7이라고 읽습니다.

참고
▲ → 색칠한 부분의 수
■ → 전체를 똑같이 나눈 수
$\frac{▲}{■}$는 ■분의 ▲라고 읽습니다.

07 (1) 색칠한 부분은 전체를 똑같이 6으로 나눈 것 중의 2이므로 $\frac{2}{6}$이고, 색칠하지 않은 부분은 $\frac{4}{6}$입니다.

(2) 색칠한 부분은 전체를 똑같이 8로 나눈 것 중의 3이므로 $\frac{3}{8}$이고, 색칠하지 않은 부분은 $\frac{5}{8}$입니다.

08 $\boxed{\frac{1}{3}}$은 전체의 $\frac{1}{3}$만큼이므로 $\frac{2}{3}$만큼 더 그려야 합니다.
전체는 주어진 부분과 똑같은 부분을 2개 더 붙여서 만듭니다.

09 초콜릿 칩이 2개씩만 들어가도록 과자에 있는 선을 따라 선을 그어 둘로 똑같이 나눕니다.

11 주어진 도형은 전체를 똑같이 6으로 나눈 것 중의 4이므로 전체는 △ 조각이 6조각인 도형입니다.

따라서 전체에 알맞은 도형은 입니다.

12 영주: 분모가 4이고 분자가 3인 분수야.
    → $\frac{3}{4}$

은지: 에서 색칠한 부분을 분수로 나타낸 것이야.
    → 색칠한 부분은 전체를 똑같이 4로 나눈 것 중의 3이므로 $\frac{3}{4}$입니다.

민호: 이 분수를 읽으면 8분의 3이야.
    → $\frac{3}{8}$

본책

137
~
141
쪽

13 전체의 $\frac{1}{2}$은 전체를 똑같이 2로 나눈 것 중의 1입니다.

6조각으로 나누어진 호두파이 그림에서 전체를 똑같이 2로 나눈 것 중의 1만큼은 3조각이므로 희정이가 먹은 호두파이는 3조각입니다.

14 심지 않은 부분은 전체를 똑같이 8로 나눈 것 중의 1만큼이므로 $\frac{1}{8}$입니다.

---

1 교과 개념 **142~143쪽**

1 2, 4 ; 2, 4, <

2 (1) <, < (2) >, >

3 3, 2, 큽니다에 ○표

4 예

$\frac{1}{7}$	$\frac{1}{7}$	$\frac{1}{7}$	$\frac{1}{7}$	$\frac{1}{7}$	$\frac{1}{7}$	$\frac{1}{7}$

$\frac{1}{7}$	$\frac{1}{7}$	$\frac{1}{7}$	$\frac{1}{7}$	$\frac{1}{7}$	$\frac{1}{7}$	$\frac{1}{7}$

; 작습니다에 ○표

5 (1) > (2) <

6 예 $\frac{4}{8} < \frac{5}{8}$

7 예 $\boxed{\frac{3}{5}} > \boxed{\frac{2}{5}}$

8 (1) < (2) < (3) >

---

1 $\frac{\blacksquare}{5}$는 $\frac{1}{5}$이 ■개입니다.

$\frac{2}{5}$보다 $\frac{4}{5}$가 $\frac{1}{5}$의 개수가 더 많으므로 $\frac{2}{5}$가 $\frac{4}{5}$보다 더 작습니다. ⇨ $\frac{2}{5} < \frac{4}{5}$

2 분모가 같은 분수는 분자가 클수록 더 큰 수입니다.

> **참고**
>
> 분모가 같은 분수 $\frac{\blacktriangle}{\blacksquare}$와 $\frac{\bullet}{\blacksquare}$의 크기 비교
>
> $\blacktriangle > \bullet$ ⇨ $\frac{\blacktriangle}{\blacksquare} > \frac{\bullet}{\blacksquare}$

---

3 색칠한 부분이 넓을수록 큰 분수입니다.

색칠한 부분을 비교하면 $\frac{3}{4}$이 $\frac{2}{4}$보다 더 큽니다.

> **다른 풀이**
>
> $\frac{3}{4}$이 $\frac{2}{4}$보다 $\frac{1}{4}$의 개수가 더 많으므로 $\frac{3}{4}$은 $\frac{2}{4}$보다 더 큽니다.

4 $\frac{4}{7}$는 4칸을 색칠하고, $\frac{6}{7}$은 6칸을 색칠합니다.

$\frac{4}{7}$가 $\frac{6}{7}$보다 $\frac{1}{7}$의 개수가 더 적으므로 $\frac{4}{7}$가 $\frac{6}{7}$보다 더 작습니다.

5 (1) 색칠한 부분을 비교하면 $\frac{3}{4}$이 $\frac{1}{4}$보다 더 큽니다.

⇨ $\frac{3}{4} > \frac{1}{4}$

(2) 색칠한 부분을 비교하면 $\frac{2}{6}$가 $\frac{4}{6}$보다 더 작습니다.

⇨ $\frac{2}{6} < \frac{4}{6}$

6 $\frac{4}{8}$는 전체를 똑같이 8로 나눈 것 중의 4이므로 4칸에 색칠하고, $\frac{5}{8}$는 전체를 똑같이 8로 나눈 것 중의 5이므로 5칸에 색칠합니다. 색칠한 부분이 더 넓은 $\frac{5}{8}$가 더 큰 분수입니다.

> **다른 풀이**
>
> $\frac{4}{8}$는 $\frac{1}{8}$이 4개이고 $\frac{5}{8}$는 $\frac{1}{8}$이 5개입니다.
>
> 따라서 4개<5개이므로 $\frac{4}{8} < \frac{5}{8}$입니다.

7 $\frac{1}{5}$이 3개인 수는 3칸을 색칠하고, $\frac{1}{5}$이 2개인 수는 2칸을 색칠합니다.

$\frac{1}{5}$이 3개인 수는 $\frac{3}{5}$이고 $\frac{1}{5}$이 2개인 수는 $\frac{2}{5}$입니다.

$\frac{3}{5}$이 $\frac{2}{5}$보다 $\frac{1}{5}$의 개수가 더 많으므로 $\frac{3}{5}$이 $\frac{2}{5}$보다 더 큽니다.

8 분모가 같은 분수는 분자가 클수록 더 큰 수입니다.

(1) $\overset{3<5}{\frac{3}{7} < \frac{5}{7}}$ (2) $\overset{2<7}{\frac{2}{8} < \frac{7}{8}}$ (3) $\overset{7>1}{\frac{7}{10} > \frac{1}{10}}$

1

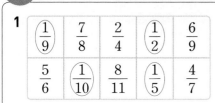

$\frac{1}{9}$	$\frac{7}{8}$	$\frac{2}{4}$	$\boxed{\frac{1}{2}}$	$\frac{6}{9}$
$\frac{5}{6}$	$\boxed{\frac{1}{10}}$	$\frac{8}{11}$	$\boxed{\frac{1}{5}}$	$\frac{4}{7}$

2 작습니다에 ○표

3 <

4 예  , $\frac{1}{3}$

5 (1) 예
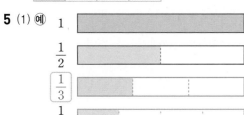

(2) $\frac{1}{2}$, $\frac{1}{3}$, $\frac{1}{5}$

6 (1) < (2) 작을수록에 ○표, >

7 예
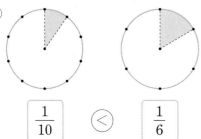

$\boxed{\frac{1}{10}}$ $\boxed{<}$ $\boxed{\frac{1}{6}}$

8 (1) > (2) > (3) >

---

1 분수 중에서 분자가 1인 분수를 단위분수라고 합니다.

⇨ 단위분수는 $\frac{1}{9}$, $\frac{1}{2}$, $\frac{1}{10}$, $\frac{1}{5}$입니다.

2 색칠한 부분을 비교하면 $\frac{1}{3}$이 $\frac{1}{2}$보다 더 작습니다.

3 수직선을 보면 $\frac{1}{5}$보다 $\frac{1}{3}$이 더 길므로 $\frac{1}{5} < \frac{1}{3}$입니다.

4 $\frac{1}{3}$은 전체를 똑같이 3으로 나눈 것 중의 1만큼 색칠하고,

$\frac{1}{4}$은 전체를 똑같이 4로 나눈 것 중의 1만큼 색칠합니다.

색칠한 부분이 더 넓은 $\frac{1}{3}$이 더 큽니다.

---

5 (1) 단위분수 $\frac{1}{\blacksquare}$은 전체를 똑같이 ■로 나눈 것 중의 1입니다.

(2) 단위분수는 분모가 작을수록 더 큰 수입니다.

6 단위분수는 분모가 작을수록 더 큰 수입니다.

$\frac{1}{7} > \frac{1}{9}$

$7 < 9$

7 $\frac{1}{10}$은 전체를 똑같이 10으로 나눈 것 중의 1만큼 색칠하고, $\frac{1}{6}$은 전체를 똑같이 6으로 나눈 것 중의 1만큼 색칠합니다. 색칠한 부분이 더 넓은 $\frac{1}{6}$이 더 큰 분수입니다.

8 (1) $2 < 6 \Rightarrow \frac{1}{2} > \frac{1}{6}$

(2) $4 < 5 \Rightarrow \frac{1}{4} > \frac{1}{5}$

(3) $7 < 8 \Rightarrow \frac{1}{7} > \frac{1}{8}$

참고

단위분수는 분모가 작을수록 더 큰 수입니다.

⇨ ▲ < ●이면 $\frac{1}{\blacktriangle} > \frac{1}{\bullet}$입니다.

01 (1) 예
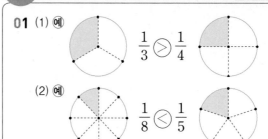

$\frac{1}{3} \boxed{>} \frac{1}{4}$

(2) 예 $\frac{1}{8} \boxed{<} \frac{1}{5}$

02 (1) > (2) > (3) < (4) <

03 (1) $\frac{2}{9}$ (2) $\frac{4}{6}$

04 $\frac{1}{8}$, $\frac{1}{7}$, $\frac{1}{6}$

05 $\frac{8}{13}$에 ○표, $\frac{4}{13}$에 △표

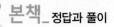

06 예 단위분수는 분모가 작을수록 더 큰 수이므로

$\frac{1}{3}>\frac{1}{6}$입니다. ▶3점

따라서 미연이가 태우보다 초콜릿을 더 많이 먹었습니다. ▶3점

; 미연 ▶4점

07 $\frac{4}{7}$, $\frac{5}{7}$에 ○표

08 $\frac{5}{8}$, $\frac{3}{8}$, $\frac{6}{8}$; 3, 1, 2

09 $\frac{7}{9}$, $\frac{3}{9}$

10 2, 3, 4, 5

11 ㉠

12 $\frac{1}{4}$, $\frac{1}{2}$, $\frac{1}{5}$; $\frac{1}{2}$, $\frac{1}{4}$, $\frac{1}{5}$

---

01 (1) $\frac{1}{3}$은 전체를 똑같이 3으로 나누어 그중의 1만큼 색칠하고, $\frac{1}{4}$은 전체를 똑같이 4로 나누어 그중의 1만큼 색칠합니다.

(2) $\frac{1}{8}$은 전체를 똑같이 8로 나누어 그중의 1만큼 색칠하고, $\frac{1}{5}$은 전체를 똑같이 5로 나누어 그중의 1만큼 색칠합니다.

02 (1) $\frac{6}{7}$은 $\frac{1}{7}$이 6개이고 $\frac{4}{7}$는 $\frac{1}{7}$이 4개입니다. ⇨ $\frac{6}{7}>\frac{4}{7}$

(2) $\frac{7}{8}$은 $\frac{1}{8}$이 7개이고 $\frac{6}{8}$은 $\frac{1}{8}$이 6개입니다. ⇨ $\frac{7}{8}>\frac{6}{8}$

(3), (4) 단위분수는 분모가 작을수록 더 큰 수입니다.

03 (1) $\frac{5}{9}$는 $\frac{1}{9}$이 5개이고 $\frac{2}{9}$는 $\frac{1}{9}$이 2개입니다.

$\frac{2}{9}$는 $\frac{5}{9}$보다 더 작습니다.

(2) $\frac{4}{6}$는 $\frac{1}{6}$이 4개이고 $\frac{5}{6}$는 $\frac{1}{6}$이 5개입니다.

$\frac{4}{6}$는 $\frac{5}{6}$보다 더 작습니다.

04 단위분수는 분모가 작을수록 더 큰 수이므로 $\frac{1}{9}$보다 큰 단위분수는 $\frac{1}{8}$, $\frac{1}{7}$, $\frac{1}{6}$, $\frac{1}{5}$, ...입니다. 이중에서 $\frac{1}{5}$보다 작은 수는 $\frac{1}{8}$, $\frac{1}{7}$, $\frac{1}{6}$입니다.

05 분모가 같을 때에는 분자가 클수록 더 큰 수입니다.

⇨ $\frac{8}{13}>\frac{7}{13}>\frac{6}{13}>\frac{5}{13}>\frac{4}{13}$

---

06 분모의 크기를 비교하면 $3<6$이므로 $\frac{1}{3}>\frac{1}{6}$입니다.

채점 기준		
두 사람이 먹은 초콜릿의 양을 비교한 경우	3점	
초콜릿을 더 많이 먹은 사람을 구한 경우	3점	10점
답을 바르게 쓴 경우	4점	

07 분모가 7인 분수 중에서 $\frac{2}{7}$보다 크고 $\frac{6}{7}$보다 작으려면 분자가 2보다 크고 6보다 작아야 하므로 $\frac{3}{7}$, $\frac{4}{7}$, $\frac{5}{7}$이고 이 중에서 주어진 분수를 찾으면 $\frac{4}{7}$, $\frac{5}{7}$입니다.

08 먹은 피자의 양을 분수로 나타내어 봅니다.

1모둠: 전체를 똑같이 8로 나눈 것 중의 5 ⇨ $\frac{5}{8}$

2모둠: 전체를 똑같이 8로 나눈 것 중의 3 ⇨ $\frac{3}{8}$

3모둠: 전체를 똑같이 8로 나눈 것 중의 6 ⇨ $\frac{6}{8}$

많이 먹은 순서는 먹은 피자의 양을 나타낸 분수가 큰 순서이고 $\frac{6}{8}>\frac{5}{8}>\frac{3}{8}$이므로 3모둠, 1모둠, 2모둠 순으로 많이 먹었습니다.

09 분모가 같을 때에는 분자가 클수록 더 큰 수입니다.

⇨ $\frac{7}{9}>\frac{5}{9}>\frac{3}{9}$

10 분자가 1이므로 분모가 작을수록 더 큰 수입니다.

$\frac{1}{6}<\frac{1}{\square}$ ⇨ $6>\square$

따라서 2부터 9까지의 수 중에서 □ 안에 들어갈 수 있는 수는 2, 3, 4, 5입니다.

11 ㉠ $\frac{1}{9}$이 7개인 분수 ⇨ $\frac{7}{9}$ ㉡ $\frac{5}{9}$

㉢ $\frac{5}{9}$보다 크고 $\frac{7}{9}$보다 작은 분수 ⇨ $\frac{6}{9}$

따라서 $\frac{7}{9}>\frac{6}{9}>\frac{5}{9}$이므로 가장 큰 분수는 ㉠입니다.

12 • $\frac{1}{4}$은 4분의 1이라고 읽습니다.

• 전체의 절반은 $\frac{1}{2}$입니다.

• 전체를 똑같이 5로 나눈 것 중의 1은 $\frac{1}{5}$입니다.

단위분수는 분모가 작을수록 더 큰 수입니다.

분모가 $2<4<5$이므로 $\frac{1}{2}>\frac{1}{4}>\frac{1}{5}$입니다.

1 (1) 0.1, 영 점 일 (2) 0.5, 영 점 오
2 0.7, 영 점 칠, 소수, 소수점
3

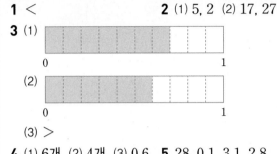

| $\dfrac{3}{10}$ | $\dfrac{6}{10}$ |

0 $\dfrac{1}{10}$ $\dfrac{2}{10}$ $\dfrac{4}{10}$ $\dfrac{5}{10}$ $\dfrac{7}{10}$ $\dfrac{8}{10}$ $\dfrac{9}{10}$ 1
0 0.1 0.3 0.4 0.5 0.6 0.7 0.9 1
0.2   0.8

4 (선 연결)   **5** 2.1, 이 점 일
6 $\dfrac{4}{10}$, 0.4

7 (1) 6 (2) 0.6 (3) 4.6   **8** 1.7
9 (1) 0.9 (2) $\dfrac{5}{10}$ **10** (1) 0.7 (2) 5.3

1 분수 $\dfrac{\blacksquare}{10}$를 소수로 0.$\blacksquare$라 쓰고 영 점 $\blacksquare$라고 읽습니다.

3 분수 $\dfrac{1}{10}$, $\dfrac{2}{10}$, $\dfrac{3}{10}$, …, $\dfrac{9}{10}$를 소수로 0.1, 0.2, 0.3, …, 0.9라 씁니다.

$\dfrac{2}{10}=0.2$, $0.3=\dfrac{3}{10}$, $0.6=\dfrac{6}{10}$, $\dfrac{8}{10}=0.8$, $\dfrac{9}{10}=0.9$

4 $\dfrac{\blacksquare}{10} \Leftrightarrow 0.\blacksquare \Leftrightarrow$ 영 점 $\blacksquare$

5 2와 0.1만큼을 2.1이라 쓰고 이 점 일이라고 읽습니다.

> **참고**
> ■와 0.▲만큼을 ■.▲라 쓰고 ■ 점 ▲라고 읽습니다.

6 전체를 똑같이 10으로 나눈 것 중의 4만큼 색칠하였으므로 분수로 나타내면 $\dfrac{4}{10}$이고, $\dfrac{4}{10}$를 소수로 나타내면 0.4입니다.

7 (2) 1 mm는 0.1 cm이고 0.1 cm가 6개이면 0.6 cm입니다.
(3) 색 테이프의 길이는 4 cm와 0.6 cm이므로 4.6 cm입니다.

8 색칠한 부분을 소수로 나타내면 1과 0.7만큼인 1.7입니다.

9 $\dfrac{\blacksquare}{10}=0.\blacksquare$

10 (1) 7 mm $=\dfrac{7}{10}$ cm $=0.7$ cm
(2) 5 cm 3 mm는 53 mm이므로 0.1 cm가 53개인 5.3 cm가 됩니다.

1 <   **2** (1) 5, 2 (2) 17, 27
3 (1)

0   1

(2)

0   1

(3) >
4 (1) 6개 (2) 4개 (3) 0.6   **5** 28, 0.1, 3.1, 2.8
6 1.7 ; <, 1.7
7 예   ; <

8 0.8>0.6   **9** (1) < (2) >

1 수직선을 보면 1.2보다 1.6이 더 길므로 1.2<1.6입니다.

2 (1) 0.1의 개수를 비교하면 0.5는 0.1이 5개, 0.2는 0.1이 2개이고, 5개>2개이므로 0.5>0.2입니다.
(2) 0.1의 개수를 비교하면 1.7은 0.1이 17개, 2.7은 0.1이 27개이고, 17개<27개이므로 1.7<2.7입니다.

3 (1) 0.7은 7칸에 색칠합니다.
(2) 0.6은 6칸에 색칠합니다.
(3) 색칠한 부분을 비교하면 0.7이 0.6보다 더 큽니다.

4 (3) 6개>4개이므로 0.6이 0.4보다 더 큽니다.
⇨ 0.6>0.4

6 1과 0.7만큼이므로 1.7입니다. ⇨ 1.4<1.7

7 0.5는 5칸에 색칠하고, 0.8은 8칸에 색칠합니다.
색칠한 부분을 비교하면 0.5<0.8입니다.

8 8칸만큼 색칠했으므로 0.8, 6칸만큼 색칠했으므로 0.6입니다.
⇨ 0.8>0.6

9 (1) 1.1은 0.1이 11개, 1.5는 0.1이 15개입니다.
⇨ 1.1<1.5
(2) 2.1은 0.1이 21개, 1.9는 0.1이 19개입니다.
⇨ 2.1>1.9

> **참고**
> 소수점 왼쪽에 있는 수가 다르면 소수점 왼쪽에 있는 수의 크기가 큰 소수가 더 큰 수입니다. 소수점 왼쪽에 있는 수가 같으면 소수점 오른쪽에 있는 수의 크기가 큰 수가 더 큰 수입니다.

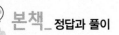

 교과 유형 익힘 **152~153쪽**

01 (1) 3 (2) 0.9 (3) 8   **02**

(컵 그림 생략: 1컵, 0.8 → $\frac{8}{10}$, 0.6 → $\frac{6}{10}$, 0.2 → $\frac{2}{10}$, 0)

03 (선 연결 그림)

04 (수직선 그림) ; >

05 (1) > (2) < (3) <

06 재일

07 0.6, 1.7, 2.6

08 ㉡, ㉣

09 0.4, 0.6

10 ⓞ 세 소수의 크기를 비교하면 4.2>1.5>0.8입니다. ▶4점

따라서 가장 큰 수는 4.2이므로 윤호네 집에서 가장 먼 곳은 병원입니다. ▶2점

; 병원 ▶4점

11 2.4

12 (위에서부터) 3.1, 4.9, 4.5, 6.4 ; 라, 나, 다, 가

13 (1) 1, 2, 3, 4, 5, 6, 7에 ◯표

(2) 6, 7, 8, 9에 ◯표

---

01 (1) 0.■는 0.1이 ■개입니다.

(2) 0.1이 ■개이면 0.■입니다.

(3) $\frac{1}{10}$이 ■개이면 0.■입니다.

02 분수 $\frac{2}{10}$를 소수로 나타내면 0.2입니다.

분수 $\frac{6}{10}$을 소수로 나타내면 0.6입니다.

소수 0.8을 분수로 나타내면 $\frac{8}{10}$입니다.

03 ■ cm ▲ mm= ■▲ mm= ■.▲ cm

2 cm 8 mm=28 mm=2.8 cm

5 cm 5 mm=55 mm=5.5 cm

8 cm 9 mm=89 mm=8.9 cm

04 1.5는 1에서 5칸만큼 더 간 곳까지이고, 1.4는 1에서 4칸만큼 더 간 곳까지이므로 1.5>1.4입니다.

05 (1) 4.4>3.3   (2) 5.2<5.4   (3) 4.7<4.9
         4>3   2<4   7<9

---

06 0.8은 0.1이 8개이고, 1.4는 0.1이 14개이므로 1.4가 0.8보다 더 큽니다.

07 수직선에서 0부터 1 km까지를 10등분하였으므로 작은 눈금 한 칸의 크기는 0.1 km입니다.

따라서 수직선 0에서 6칸 더 간 곳은 0.6 km,

1 km에서 7칸 더 간 곳은 1.7 km,

2 km에서 6칸 더 간 곳은 2.6 km입니다.

08 ㉠ 4.7 ㉡ 4.8 ㉢ 4.6 ㉣ 4.5

⇨ 4.8>4.7>4.6>4.5
    ㉡   ㉠   ㉢   ㉣

09 1 m를 똑같이 10조각으로 나눈 것 중의 1조각은

$\frac{1}{10}$ m=0.1 m입니다.

희정이가 사용한 리본은 4조각이므로 0.4 m입니다.

성호가 사용한 리본은 6조각이므로 0.6 m입니다.

10

채점 기준		
윤호네 집에서 병원, 학교, 도서관까지의 거리를 비교한 경우	4점	10점
윤호네 집에서 가장 먼 곳을 구한 경우	2점	
답을 바르게 쓴 경우	4점	

11 주스가 2컵과 0.4컵이므로 2.4컵입니다.

12 1 mm=0.1 cm이므로 31 mm=3.1 cm,

49 mm=4.9 cm, 45 mm=4.5 cm,

64 mm=6.4 cm입니다.

소수의 크기를 비교하면 6.4>4.9>4.5>3.1이므로 길이가 긴 나비부터 차례로 기호를 쓰면 라, 나, 다, 가입니다.

> **♡ 학부모 지도 가이드**
>
> mm로 나타낸 나비 날개의 길이를 cm로 바꾼 후 크기를 비교하여 나열하는 문제입니다. 전략을 세워 문제를 해결하는 과정에서 문제 해결력을 향상시킬 수 있습니다. 또한 나비의 날개의 길이를 알아보는 문제 상황을 통하여 창의·융합적 사고와 정보 처리 과정을 경험할 수 있습니다.

13 소수점 왼쪽에 있는 수의 크기가 같은 경우, 소수점 오른쪽에 있는 수가 큰 소수가 더 큽니다.

(1) 0.□<0.8 ⇨ □<8이므로 □ 안에 들어갈 수 있는 수는 1, 2, 3, 4, 5, 6, 7입니다.

(2) 4.5<4.□ ⇨ 5<□이므로 □ 안에 들어갈 수 있는 수는 6, 7, 8, 9입니다.

1 ㉠, ㉡, ㉢

1-1 ㉠, ㉡, ㉢

1-2 ㉡, ㉠, ㉣, ㉢

2 5, 6

2-1 10, 11, 12, 13, 14

2-2 2, 3, 4, 5 　　**2-3** 2, 3

3 (1) 5.3 (2) 1.2 　　**3-1** 6.5, 3.4

3-2 9.8, 9.6

4 홍관 　　**4-1** (1) $\frac{1}{8}$ (2) $\frac{1}{9}$ (3) 현철

4-2 은정

5 ❶ 1, > ▶3점 ❷ 은지 ▶3점 ; 은지 ▶4점

5-1 예 ❶ 분자가 1일 때에는 분모가 작을수록 더 큰 수이
므로 두 사람이 마신 주스의 양을 비교하면
$\frac{1}{7} > \frac{1}{10}$입니다. ▶3점
❷ 따라서 주스를 더 많이 마신 사람은 지영이입니
다. ▶3점
; 지영 ▶4점

5-2 예 분자가 1일 때에는 분모가 작을수록 더 큰 수이므
로 두 사람이 먹은 호두의 양을 비교하면
$\frac{1}{8} < \frac{1}{5}$입니다. ▶3점
따라서 호두를 더 많이 먹은 사람은 지성이입니
다. ▶3점
; 지성 ▶4점

6 ❶ 4, 48 ▶3점 ❷ 4.8 ▶3점 ; 4.8 cm ▶4점

6-1 예 ❶ 정사각형은 네 변의 길이가 모두 같으므로 정사
각형의 네 변의 길이의 합은 23×4=92 (mm)입
니다. ▶3점
❷ 따라서 정사각형의 네 변의 길이의 합을 소수로
나타내면 92 mm=9.2 cm입니다. ▶3점
; 9.2 cm ▶4점

6-2 예 정사각형은 네 변의 길이가 모두 같으므로 정사각
형의 네 변의 길이의 합은 16×4=64 (mm)입니
다. ▶3점
따라서 정사각형의 네 변의 길이의 합을 소수로 나
타내면 64 mm=6.4 cm입니다. ▶3점
; 6.4 cm ▶4점

---

1 ㉡ $\frac{1}{10}$이 54개인 수는 5.4입니다.
㉢ 0.1이 50개인 수는 5입니다.
⇨ ㉠ 5.7 > ㉡ 5.4 > ㉢ 5

1-1 ㉠ $\frac{1}{10}$이 34개인 수는 3.4입니다.
㉡ 3과 0.8만큼의 수는 3.8입니다.
㉢ 0.1이 42개인 수는 4.2입니다.
⇨ ㉠ 3.4 < ㉡ 3.8 < ㉢ 4.2

1-2 ㉠ 팔 점 일은 8.1입니다.
㉡ 8과 0.6만큼의 수는 8.6입니다.
㉢ 0.1이 76개인 수는 7.6입니다.
㉣ $\frac{1}{10}$이 80개인 수는 8입니다.
⇨ ㉡ 8.6 > ㉠ 8.1 > ㉣ 8 > ㉢ 7.6

2 단위분수는 분모가 작을수록 더 큰 수입니다.
$\frac{1}{7} < \frac{1}{\square} < \frac{1}{4}$ ⇨ 7 > □ > 4
따라서 1부터 9까지의 수 중에서 □ 안에 들어갈 수 있는
수는 5, 6입니다.

2-1 $\frac{1}{15} < \frac{1}{\square} < \frac{1}{9}$ ⇨ 15 > □ > 9
따라서 □ 안에 들어갈 수 있는 두 자리 수는 10, 11, 12,
13, 14입니다.

2-2 $\frac{1}{\square} > \frac{1}{6}$ ⇨ □ < 6
따라서 2부터 9까지의 수 중에서 □ 안에 들어갈 수 있는
수는 2, 3, 4, 5입니다.

2-3 ㉠ 분모가 같은 분수는 분자가 클수록 더 큰 수입니다.
$\frac{\square}{7} < \frac{6}{7}$ ⇨ □ < 6 ⇨ □ = 2, 3, 4, 5
㉡ 단위분수는 분모가 작을수록 더 큰 수입니다.
$\frac{1}{\square} > \frac{1}{4}$ ⇨ □ < 4 ⇨ □ = 2, 3
따라서 ㉠과 ㉡의 □ 안에 공통으로 들어갈 수 있는 수는
2, 3입니다.

3 5 > 3 > 2 > 1이므로 만들 수 있는 소수 중에서 가장 큰
수는 5.3이고, 가장 작은 수는 1.2입니다.

3-1 6 > 5 > 4 > 3이므로 만들 수 있는 소수 중에서 가장 큰
수는 6.5이고, 가장 작은 수는 3.4입니다.

3-2 9 > 8 > 6 > 5 > 3이므로 만들 수 있는 소수 중에서 가장
큰 수는 9.8이고, 두 번째로 큰 수는 9.6입니다.

> 참고
> 수 카드로 만들 수 있는 ■.▲ 형태의 소수 중 두 번째로
> 큰 수는 ■에 가장 큰 수, ▲에 세 번째로 큰 수를 놓습니다.

4 남은 빵의 양을 비교하면 $\frac{1}{6} < \frac{1}{5}$이므로 남은 빵이 더 많은 사람은 홍관이입니다.

4-1 (1) 현철이가 마시고 남은 음료수는 전체의 $\frac{1}{8}$입니다.

(2) 해주가 마시고 남은 음료수는 전체의 $\frac{1}{9}$입니다.

(3) $\frac{1}{8} > \frac{1}{9}$이므로 남은 음료수가 더 많은 사람은 현철이입니다.

4-2 은정이가 사용하고 남은 도화지는 전체의 $\frac{1}{3}$이고, 상미가 사용하고 남은 도화지는 전체의 $\frac{1}{4}$입니다.

따라서 $\frac{1}{3} > \frac{1}{4}$이므로 남은 도화지가 더 많은 사람은 은정이입니다.

5-1 $\frac{1}{7} > \frac{1}{10}$
$$7 < 10$$

채점 기준		
두 사람이 마신 주스의 양을 비교한 경우	3점	
주스를 더 많이 마신 사람을 구한 경우	3점	10점
답을 바르게 쓴 경우	4점	

5-2 $\frac{1}{8} < \frac{1}{5}$
$$8 > 5$$

채점 기준		
두 사람이 먹은 호두의 양을 비교한 경우	3점	
호두를 더 많이 먹은 사람을 구한 경우	3점	10점
답을 바르게 쓴 경우	4점	

6-1 **다른 풀이**

(정사각형의 네 변의 길이의 합)
$= 23 + 23 + 23 + 23 = 92 \, (\text{mm})$
92 mm는 0.1 cm가 92개이므로 9.2 cm입니다.

채점 기준		
정사각형의 네 변의 길이의 합을 구한 경우	3점	
정사각형의 네 변의 길이의 합이 몇 cm 인지 소수로 나타낸 경우	3점	10점
답을 바르게 쓴 경우	4점	

6-2

채점 기준		
정사각형의 네 변의 길이의 합을 구한 경우	3점	
정사각형의 네 변의 길이의 합이 몇 cm 인지 소수로 나타낸 경우	3점	10점
답을 바르게 쓴 경우	4점	

Step 4 실력UP 문제 **158~159쪽**

01 (1) 예

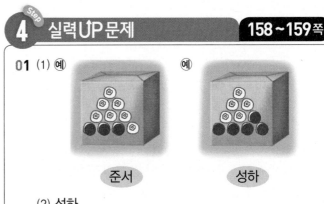

준서　　　　성하

(2) 성하

02 $\frac{1}{64}$, $\frac{1}{32}$

03 0.9 m, 0.7 m, 0.6 m

04 예 소수의 크기를 비교하면
$0.6 < 0.7 < 0.8 < 0.9$이므로 ▶4점
철사를 적게 사용한 순서대로 이름을 쓰면 두열, 윤서, 승호, 은재입니다. ▶2점
; 두열, 윤서, 승호, 은재 ▶4점

05 8.7, 8.5, 6.1

06 예실

07 (1) $\frac{6}{15}$　(2) $\frac{1}{15}$　(3) 6배

08 예 $3.4 < 3.\square < 3.8 \Rightarrow 4 < \square < 8$
$\Rightarrow \square = 5, 6, 7$ ▶2점
$4.6 < 4.\square < 4.9 \Rightarrow 6 < \square < 9$
$\Rightarrow \square = 7, 8$ ▶2점
따라서 $\square$ 안에 공통으로 들어갈 수 있는 수는 7입니다. ▶2점
; 7 ▶4점

09 4개

10 0.6

01 (2) 0.3<0.5이므로 성하가 곶감을 더 많이 먹었습니다.

02 단위분수는 분모가 클수록 더 작은 수입니다.

$$\frac{1}{64}<\frac{1}{32}<\frac{1}{16}<\frac{1}{8}<\frac{1}{4}<\frac{1}{2}$$

03 $\frac{\blacksquare}{10}=0.\blacksquare$이므로 $\frac{9}{10}$ m=0.9 m, $\frac{7}{10}$ m=0.7 m,

$\frac{6}{10}$ m=0.6 m입니다.

04

채점 기준		
소수의 크기 비교를 한 경우	4점	
철사를 적게 사용한 사람부터 순서대로 쓴 경우	2점	10점
답을 바르게 쓴 경우	4점	

05 ■ cm ▲ mm=■▲ mm=■.▲ cm

6 cm 1 mm=6.1 cm, 85 mm=8.5 cm

소수점 왼쪽에 있는 수의 크기를 비교하면 8>6이므로 6.1 cm가 가장 짧습니다.

8.7>8.5
　7>5

06 분수를 소수로 나타내어 크기를 비교해 봅니다.

$\frac{5}{10}=0.5$이고 0.6>0.5이므로 물을 더 많이 마신 사람은 예실이입니다.

> **다른 풀이**
> 소수를 분수로 나타내어 크기를 비교해 봅니다.
> $0.6=\frac{6}{10}$이고, $\frac{6}{10}>\frac{5}{10}$이므로 물을 더 많이 마신 사람은 예실이입니다.

07 (1) 슬기가 읽은 양은 $\frac{9}{15}$이므로 전체를 똑같이 15로 나눈 것 중의 9입니다.

따라서 슬기가 더 읽어야 하는 양은 전체를 똑같이 15로 나눈 것 중의 6이므로 $\frac{6}{15}$입니다.

(2) 보람이가 읽은 양은 $\frac{14}{15}$이므로 전체를 똑같이 15로 나눈 것 중의 14입니다.

따라서 보람이가 더 읽어야 하는 양은 전체를 똑같이 15로 나눈 것 중의 1이므로 $\frac{1}{15}$입니다.

(3) $\frac{6}{15}$은 $\frac{1}{15}$이 6개인 수이므로 슬기가 더 읽어야 하는 양은 보람이가 더 읽어야 하는 양의 6배입니다.

08

채점 기준		
첫 번째 조건의 □ 안에 들어갈 수 있는 수를 구한 경우	2점	
두 번째 조건의 □ 안에 들어갈 수 있는 수를 구한 경우	2점	10점
□ 안에 공통으로 들어갈 수 있는 수를 구한 경우	2점	
답을 바르게 쓴 경우	4점	

09 단위분수는 분모가 작을수록 더 큰 수입니다.

$\frac{1}{5}>\frac{1}{\square}$ ⇨ 5<□

따라서 2부터 9까지의 수 중에서 □ 안에 들어갈 수 있는 수는 6, 7, 8, 9로 모두 4개입니다.

10 ㉠ 0.1과 0.9 사이의 소수 ■.▲는 0.2, 0.3, …, 0.8입니다.

㉡ $\frac{5}{10}$를 소수로 나타내면 0.5이고, 0.5보다 큰 소수 ■.▲는 0.6, 0.7, 0.8, …입니다.

㉢ 0.7보다 작은 소수 ■.▲는 0.6, 0.5, 0.4, …, 0.1입니다.

따라서 조건을 모두 만족하는 소수 ■.▲는 0.6입니다.

단원 평가　160~163쪽

01 4, 3

02 4, $\frac{4}{6}$, 6분의 4

03

04 예
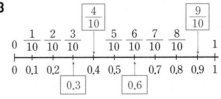

05 (1) 5　(2) 8　(3) 10

06 2.3

07 (1) 0.4　(2) 3.8　(3) 9.9

08 $\frac{7}{10}$, 0.7

09 (1) <　(2) <

10

11 예

12 ①, ③, ④　　　　**13** 듣기

14 0.8, 0.2

15 $\frac{11}{14}$에 ○표, $\frac{1}{14}$에 △표

16 7배　　　　**17** 수민이네 집

18 수영　　　　**19** ㉠

20 $\frac{11}{13}$, $\frac{5}{13}$

21 (1) 7.8 cm▶2점　(2) 연희▶3점

22 (1) 옥수수▶2점　(2) $\frac{5}{14}$▶3점

23 예 6.5와 6.□의 소수점 왼쪽에 있는 수의 크기가 같
　　으므로 소수점 오른쪽에 있는 수의 크기를 비교하
　　면 5>□입니다.▶1점
　　따라서 □ 안에 들어갈 수 있는 수는 1, 2, 3, 4로
　　▶1점
　　모두 4개입니다.▶1점
　　; 4개▶2점

24 예 분자가 1일 때에는 분모가 작을수록 더 큰 수입니
　　다.▶1점
　　따라서 $\frac{1}{9}$보다 크고 분자가 1인 분수는 $\frac{1}{8}$, $\frac{1}{7}$, $\frac{1}{6}$,
　　$\frac{1}{5}$, $\frac{1}{4}$, $\frac{1}{3}$, $\frac{1}{2}$로▶1점
　　모두 7개입니다.▶1점
　　; 7개▶2점

01 ⇨ 부분 은 전체 를 똑같이 4로
　　나눈 것 중의 3입니다.

02 전체를 똑같이 6으로 나눈 것 중의 4
　　⇨ 쓰기: $\frac{4}{6}$, 읽기: 6분의 4

03 $\frac{3}{10}$=0.3, 0.4=$\frac{4}{10}$,
　　$\frac{6}{10}$=0.6, 0.9=$\frac{9}{10}$

04 전체를 똑같이 8로 나눈 것 중의 6만큼 색칠합니다.

05 (1) 0.■는 0.1이 ■개입니다.
　　(2) 0.1이 ■개이면 0.■입니다.
　　(3) $\frac{1}{10}$이 ■개이면 0.■입니다.

06 2와 전체를 똑같이 10으로 나눈 것 중의 3이므로 2와
　　0.3만큼인 2.3입니다.

07 1 mm=0.1 cm입니다.
　　(1) ■ mm=0.■ cm
　　(2), (3) ▲■ mm=▲.■ cm

08 색칠한 부분은 전체를 똑같이 10으로 나눈 것 중의 7이므
　　로 분수로 나타내면 $\frac{7}{10}$이고, $\frac{7}{10}$을 소수로 나타내면 0.7
　　입니다.

09 (1) 분모가 같은 분수는 분자가 클수록 더 큰 수입니다.
　　　　$\underset{\overbrace{}^{1<4}}{\frac{1}{5}<\frac{4}{5}}$
　　(2) 단위분수는 분모가 작을수록 더 큰 수입니다.
　　　　$\underset{\underbrace{}_{9>6}}{\frac{1}{9}<\frac{1}{6}}$

10 0.8 ⇦ 전체를 똑같이 10으로 나눈 것 중의 8 ⇦ 영 점 팔
　　0.3 ⇦ 전체를 똑같이 10으로 나눈 것 중의 3 ⇦ 영 점 삼
　　0.6 ⇦ 전체를 똑같이 10으로 나눈 것 중의 6 ⇦ 영 점 육

11

등 사각형을 똑같이 여섯으로 나누는 방법은 여러 가지가
있습니다.

12 주어진 도형은 전체를 똑같이 4로 나눈 것 중의 3이고
　　□ 조각이 3조각인 도형이므로 전체는 □ 조각이 4조
　　각인 도형입니다. 따라서 □ 조각이 4조각인 도형을 모
　　두 찾으면 전체에 알맞은 도형은 ①, ③, ④입니다.

13 분모가 같은 분수는 분자가 클수록 더 큰 수입니다.
　　6>4>2이므로 $\frac{6}{12}$>$\frac{4}{12}$>$\frac{2}{12}$입니다.

참고
• 분모가 같은 분수의 크기 비교
　● > ▲ ⇨ $\frac{●}{■}$ > $\frac{▲}{■}$

14 전체를 똑같이 10으로 나눈 것 중의 8과 2는 각각 $\frac{8}{10}$,
　　$\frac{2}{10}$입니다.
　　$\frac{8}{10}$과 $\frac{2}{10}$를 소수로 나타내면 각각 0.8, 0.2입니다.

15 분모가 같은 분수는 분자가 클수록 더 큰 수입니다.

⇨ 11>10>7>6>1이므로

$\dfrac{11}{14}>\dfrac{10}{14}>\dfrac{7}{14}>\dfrac{6}{14}>\dfrac{1}{14}$입니다.

16 먹은 피자는 $\dfrac{1}{8}$이고 남은 피자는 피자를 똑같이 8로 나눈

것 중의 7이므로 $\dfrac{7}{8}$입니다.

$\dfrac{7}{8}$은 $\dfrac{1}{8}$이 7개이므로 $\dfrac{7}{8}$은 $\dfrac{1}{8}$의 7배입니다.

17 2.2>1.9이므로 수민이네 집이 학교에서 더 가깝습니다.
     2>1

18 소수에서 소수점 왼쪽에 있는 수가 다를 경우에는 소수점 왼쪽에 있는 수의 크기가 클수록 더 큰 수입니다.

소수점 왼쪽에 있는 수를 비교하면 2>1이므로 가장 오랫동안 한 일은 수영입니다.

> **참고**
>
> 　　　　2>1
> 　　2.1>1.8>1.3
> 　　　　　8>3
>
> 2.1>1.8>1.3이므로 수영, 독서, 달리기 순으로 오래 했습니다.

19 ㉠ 0.1이 78개인 수는 7.8입니다.

㉡ 칠 점 오는 7.5입니다.

㉢ 7과 0.1만큼의 수는 7.1입니다.

⇨ ㉠ 7.8>㉡ 7.5>㉢ 7.1

20 분모가 13인 분수는 분자가 클수록 더 큰 수입니다.

11>9>8>5이므로 만들 수 있는 분수 중에서 가장 큰

분수는 $\dfrac{11}{13}$이고, 가장 작은 분수는 $\dfrac{5}{13}$입니다.

21 (1) 78 mm는 0.1 cm가 78개이므로 7.8 cm입니다.

(2) 8.1>7.8이므로 연희의 색연필이 더 깁니다.

틀린 이유	이렇게 지도해 주세요
길이를 소수로 나타 내지 못하는 경우	1 mm=0.1 cm임을 알고 78 mm가 몇 cm인지 소수로 나타 낼 수 있도록 지도합니다.
소수의 크기를 비교 하지 못하는 경우	소수의 크기를 비교할 때에는 소수점 왼쪽에 있는 수의 크기를 먼저 비교 한 다음 소수점 오른쪽에 있는 수의 크기를 비교할 수 있도록 지도합니다.

22 (1) 색칠한 부분이 가장 넓은 부분에 심은 채소는 옥수수 입니다.

(2) 옥수수를 심은 부분은 밭 전체를 똑같이 14로 나눈 것

중의 5이므로 밭 전체의 $\dfrac{5}{14}$입니다.

틀린 이유	이렇게 지도해 주세요
색칠한 부분의 넓이 를 비교하지 못하는 경우	색칠한 칸 수를 비교하여 넓이를 비교할 수 있도록 지도합니다.
옥수수를 심은 부분 을 분수로 나타내지 못하는 경우	전체 밭의 칸 수를 분모로, 옥수수를 심은 부분의 칸 수를 분자로 하여 분수로 나타낼 수 있도록 지도합니다.

23

채점 기준		
소수의 크기 비교를 바르게 한 경우	1점	
□ 안에 들어갈 수 있는 수를 구한 경우	1점	
□ 안에 들어갈 수 있는 수의 개수를 구한 경우	1점	5점
답을 바르게 쓴 경우	2점	

틀린 이유	이렇게 지도해 주세요
소수의 크기를 비교 하지 못하는 경우	소수의 크기를 비교할 때에는 소수점 왼쪽에 있는 수의 크기를 먼저 비교 한 다음 소수점 오른쪽에 있는 수의 크기를 비교할 수 있도록 지도합니다.
□ 안에 들어갈 수 있는 수의 개수를 모두 구하지 못하는 경우	5>□임을 알고 □ 안에 들어갈 수의 개수를 세어 보도록 지도합니다.

24

채점 기준		
단위분수의 크기 비교 방법을 아는 경우	1점	
조건에 알맞은 분수를 구한 경우	1점	
조건에 알맞은 분수의 개수를 구한 경우	1점	5점
답을 바르게 쓴 경우	2점	

틀린 이유	이렇게 지도해 주세요
단위분수의 크기를 비교하지 못하는 경우	단위분수는 분모가 클수록 더 작은 수임을 지도합니다.
$\dfrac{1}{9}$보다 큰 단위분수 의 개수를 모두 구하지 못하는 경우	$\dfrac{1}{9}$보다 큰 단위분수는 분모가 9보다 작은 단위분수임을 알고 그 수를 세어 보도록 지도합니다.

평가 자료집_정답과 풀이

1단원 | 덧셈과 뺄셈

기본 단원평가 ▸2~4쪽

01 868 **02** 296
03 1062 **04** 278
05 388, 859 **06** <
07 = **08** 예 970
09 •——• **10** 8
　•╳•

11 200, 30, 1, 587

12
$$\begin{array}{ccc} \boxed{5} & 6 & 9 \\ - \ 2 & 8 & 7 \\ \hline 2 & 8 & \boxed{2} \end{array}$$

13

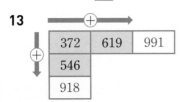

14 384
15 예 어떤 수를 □라 하면 □−148=525,
　　525+148=□, ▸1점
　　□=673이므로 어떤 수는 673입니다. ▸1점
　　; 673 ▸2점

16 ⓒ, ⓔ, ⓖ, ⓒ **17** 173장
18 ② **19** 1215
20 187회 **21** 1293 cm
22 185 **23** 177명
24 138원 **25** 1164, 204

01 일의 자리는 일의 자리끼리, 십의 자리는 십의 자리끼리, 백의 자리는 백의 자리끼리 더하여 계산합니다.
$$\begin{array}{ccc} 3 & 4 & 7 \\ + \ 5 & 2 & 1 \\ \hline 8 & 6 & 8 \end{array}$$

02 일의 자리, 십의 자리, 백의 자리끼리 계산을 하고 십의 자리 수끼리 뺄 수 없으므로 백의 자리에서 받아내림합니다.
$$\begin{array}{ccc} & 4 & 10 \\ \not{5} & 4 & 8 \\ - \ 2 & 5 & 2 \\ \hline 2 & 9 & 6 \end{array}$$

03 각 자리의 수끼리 더하여 계산합니다.
일의 자리와 십의 자리에서 받아올림이 있으므로 십의 자리와 백의 자리에 받아 올려 계산합니다.
$$\begin{array}{cccc} & 1 & 1 & \\ & 5 & 7 & 7 \\ + & 4 & 8 & 5 \\ \hline 1 & 0 & 6 & 2 \end{array}$$

04 236과 □ 안의 수의 합은 514이므로 514=236+□,
□=514−236, □=278입니다.

05
$$\begin{array}{ccc} 5 & 13 & 10 \\ \not{6} & \not{4} & 7 \\ - \ 2 & 5 & 9 \\ \hline 3 & 8 & 8 \end{array} \quad \rightarrow \quad \begin{array}{ccc} & 1 & \\ 3 & 8 & 8 \\ + \ 4 & 7 & 1 \\ \hline 8 & 5 & 9 \end{array}$$

06
$$\begin{array}{ccc} 3 & 5 & 8 \\ + \ 4 & 3 & 1 \\ \hline 7 & 8 & 9 \end{array}, \quad \begin{array}{ccc} 9 & 6 & 5 \\ - \ 1 & 4 & 3 \\ \hline 8 & 2 & 2 \end{array}$$
⇨ 789<822

07
$$\begin{array}{cccc} & 1 & 1 & \\ & 2 & 9 & 7 \\ + & 2 & 6 & 8 \\ \hline & 5 & 6 & 5 \end{array}, \quad \begin{array}{ccc} 8 & 15 & 10 \\ \not{9} & \not{6} & \not{3} \\ - \ 3 & 9 & 8 \\ \hline 5 & 6 & 5 \end{array}$$

08 426과 544를 각각 몇백 몇십으로 어림하면 430, 540입니다.
따라서 426+544를 어림하여 계산하면
430+540=970입니다.

09
$$\begin{array}{ccc} 4 & 5 & 6 \\ + \ 2 & 3 & 3 \\ \hline 6 & 8 & 9 \end{array}, \quad \begin{array}{ccc} 7 & 10 & \\ 7 & \not{8} & 2 \\ - \ 3 & 6 & 4 \\ \hline 4 & 1 & 8 \end{array}, \quad \begin{array}{ccc} 6 & 10 & \\ 6 & \not{7} & 5 \\ - \ 1 & 4 & 6 \\ \hline 5 & 2 & 9 \end{array}$$

10 일의 자리 수끼리 더하면 6+□=14이므로
□=14−6, □=8입니다.
$$\begin{array}{cccc} & 1 & 1 & \\ & 4 & 7 & 6 \\ + & 2 & 3 & 8 \\ \hline & 7 & 1 & 4 \end{array}$$

11 •백의 자리: 300+200=500
•십의 자리: 50+30=80
•일의 자리: 6+1=7
⇨ 500+80+7=587

12
$$\begin{array}{ccc} \boxed{ⓒ} & 6 & 9 \\ - \ 2 & 8 & 7 \\ \hline 2 & 8 & \boxed{ⓖ} \end{array}$$
•ⓖ=9−7이므로 ⓖ=2입니다.
•백의 자리에서 받아내림을 하였으므로
ⓒ−1−2=2, ⓒ=5입니다.

13

$$\begin{array}{r} \overset{1}{3}\,7\,2 \\ +\,6\,1\,9 \\ \hline 9\,9\,1 \end{array} \quad \begin{array}{r} \overset{1}{3}\,7\,2 \\ +\,5\,4\,6 \\ \hline 9\,1\,8 \end{array}$$

14 가장 큰 수: 568, 가장 작은 수: 184

$$\Rightarrow \begin{array}{r} \overset{4\ 10}{\cancel{5}\,6\,8} \\ -\,1\,8\,4 \\ \hline 3\,8\,4 \end{array}$$

15

$$\begin{array}{r} \overset{1}{5}\,2\,5 \\ +\,1\,4\,8 \\ \hline 6\,7\,3 \end{array}$$

채점 기준		
두 수의 합을 구하는 식을 세운 경우	1점	
두 수의 합을 계산하여 어떤 수를 바르게 구한 경우	1점	4점
답을 바르게 쓴 경우	2점	

16 ㉠

$$\begin{array}{r} \overset{8\ 13\ 10}{\cancel{9}\,\cancel{4}\,2} \\ -\,3\,5\,8 \\ \hline 5\,8\,4 \end{array}$$
㉡
$$\begin{array}{r} \overset{1\ 1}{4}\,2\,5 \\ +\,1\,9\,7 \\ \hline 6\,2\,2 \end{array}$$

㉢
$$\begin{array}{r} \overset{6\ 10}{\cancel{7}\,2\,3} \\ -\,1\,7\,2 \\ \hline 5\,5\,1 \end{array}$$
㉣
$$\begin{array}{r} \overset{1\ 1}{2}\,4\,9 \\ +\,3\,6\,3 \\ \hline 6\,1\,2 \end{array}$$

$$\Rightarrow \underset{㉡}{622} > \underset{㉣}{612} > \underset{㉠}{584} > \underset{㉢}{551}$$

17 준서가 모으려는 우표 수에서 지금까지 모은 우표 수를 뺍니다.

$$\Rightarrow \begin{array}{r} \overset{3\ 10}{\cancel{4}\,1\,8} \\ -\,2\,4\,5 \\ \hline 1\,7\,3 \end{array}$$

따라서 준서가 앞으로 모아야 할 우표는 173장입니다.

18 ①

$$\begin{array}{r} 3\,0\,8 \\ +\,3\,3\,1 \\ \hline 6\,3\,9 \end{array}$$
②
$$\begin{array}{r} \overset{1\ 1}{2}\,2\,9 \\ +\,3\,9\,9 \\ \hline 6\,2\,8 \end{array}$$

③
$$\begin{array}{r} \overset{1\ 1}{4}\,3\,8 \\ +\,1\,8\,3 \\ \hline 6\,2\,1 \end{array}$$
④
$$\begin{array}{r} \overset{7\ 10}{\cancel{8}\,1\,2} \\ -\,1\,9\,1 \\ \hline 6\,2\,1 \end{array}$$

⑤
$$\begin{array}{r} \overset{8\ 14\ 10}{\cancel{9}\,\cancel{5}\,8} \\ -\,3\,6\,9 \\ \hline 5\,8\,9 \end{array}$$

따라서 계산 결과가 630에 가장 가까운 것은 ② 628입니다.

19 사각형 안에 있는 수: 739, 476

$$\Rightarrow \begin{array}{r} \overset{1\ 1}{7}\,3\,9 \\ +\,4\,7\,6 \\ \hline 1\,2\,1\,5 \end{array}$$

20 줄넘기를 가장 많이 한 사람은 범수로 376회이고 가장 적게 한 사람은 잔디로 189회입니다.

$$\Rightarrow \begin{array}{r} \overset{2\ 16\ 10}{\cancel{3}\,\cancel{7}\,6} \\ -\,1\,8\,9 \\ \hline 1\,8\,7 \end{array}$$

따라서 줄넘기를 가장 많이 한 사람은 가장 적게 한 사람보다 187회 더 했습니다.

21 삼각형의 세 변의 길이를 차례로 더합니다.

$391+485=876$ (cm)

$\Rightarrow 876+417=1293$ (cm)

22 어떤 수를 $\square$라 하면 잘못 계산한 식은

$\square+168=521$이므로 $\square=521-168$, $\square=353$입니다.

$$\Rightarrow \begin{array}{r} \overset{2\ 14\ 10}{\cancel{3}\,\cancel{5}\,3} \\ -\,1\,6\,8 \\ \hline 1\,8\,5 \end{array}$$

23 (오전의 입장객 수)

=(오전의 여자 입장객 수)+(오전의 남자 입장객 수)

$=234+189=423$(명)

(오후에 입장할 수 있는 사람 수)

=(하루 입장객 수)-(오전의 입장객 수)

$=600-423=177$(명)

24 거꾸로 생각하여 계산합니다.

(9일에 남은 돈)=(18일에 남은 돈)+(18일에 나간 돈)

$=586+350=936$(원)

(9일에 들어온 돈)=(9일에 남은 돈)-(5일에 남은 돈)

$=936-798=138$(원)

25 십의 자리가 8인 세 자리 수를 $\square 8 \square$라 하면 가장 큰 수는 684이고 가장 작은 수는 480입니다.

$\Rightarrow$ 합: $684+480=1164$

차: $684-480=204$

> **참고**
> 십의 자리가 8인 수 중에서 찾아야 하므로 가장 큰 수를 864, 가장 작은 수를 406이라고 할 수 없습니다.

평가 자료집

2~4쪽

실력 단원평가 5~6쪽

01 539 **02** 619
03 ㉡ **04** =
05 < **06** 5
07
```
    7 2 5
  - 1 9 8
    5 2 7  ▶3점
```
; 예 백의 자리에서 받아내림한 수를 빼지 않았습니다. ▶2점

08 975＋579＝1554 ▶2점 ; 1554 ▶3점
09 579 m **10** 119회
11 ⑤ **12** 448
13 778
14
```
    6 5 8
  + 2 8 3
    9 4 1
```
15
```
    7 2 8
  - 4 8 9
    2 3 9
```
16 917 **17** 278 m

01
```
  8 11 10
    9 2 5
  - 3 8 6
    5 3 9
```

02
```
    1
    4 8 7
  + 1 3 2
    6 1 9
```

03 ㉠
```
    1 1
    4 7 2
  + 6 5 8
  1 1 3 0
```
㉡
```
    1 1
    8 7 9
  + 2 9 3
  1 1 7 2
```
⇨ ㉠ 1130＜㉡ 1172

04
```
    5 10
    5 6 4
  - 4 1 9
    1 4 5
```
```
    8 13 10
    9 4 3
  - 7 9 8
    1 4 5
```
⇨ 145＝145

05
```
    1 1
    3 8 6
  + 8 6 7
  1 2 5 3
```
```
    1
    7 5 4
  + 6 5 3
  1 4 0 7
```
⇨ 1253＜1407

06 십의 자리에서 받아내림하면 12－□＝7이므로
□＝12－7, □＝5입니다.

07
```
  6 11 10
    7 2 5
  - 1 9 8
    5 2 7
```

08 가장 큰 세 자리 수: 975
가장 작은 세 자리 수: 579
```
    1 1
    9 7 5
⇨ + 5 7 9
  1 5 5 4
```

09 828－249＝579 (m)

10 (오늘 한 줄넘기 수)－(어제 한 줄넘기 수)
＝415－296＝119(회)

11 ① 225＋413＝638
② 997－316＝681
③ 203＋443＝646
④ 812－173＝639
⑤ 559＋167＝726
⇨ 계산 결과가 가장 큰 것은 ⑤입니다.

12 559＞498＞387
⇨ 559＋387＝946, 946－498＝448

13 569＋347＝916, □＝916－138, □＝778

14
```
    6 5 ㉠
  + 2 ㉡ 3
    9 4 1
```
• ㉠＋3＝11, ㉠＝11－3, ㉠＝8
• 1＋5＋㉡＝14, 6＋㉡＝14, ㉡＝8

15
```
  6  11 10
    7 2 ㉠
  - 4 8 9
    2 ㉡ 9
```
• 10＋㉠－9＝9, 10＋㉠＝18, ㉠＝8
• 11－8＝㉡, ㉡＝3

16 어떤 수를 □라 하면 □＋586＝935,
□＝935－586, □＝349입니다.
따라서 바르게 계산하면 349＋568＝917입니다.

17 (집에서 광장을 지나 백화점까지 가는 거리)
＝295＋178＝473 (m)
(더 가야 하는 거리)＝473－195＝278 (m)

01 ⑩ 백의 자리 계산에서 십의 자리로 받아내림한 1을 빼지 않았습니다.▶5점 ;

$$\begin{array}{r} {}^{6}\!\!\!\not{7}\,{}^{11}\!\!\!\not{2}\,{}^{10}\!\!\!\not{2} \\ -\ 2\ 3\ 5 \\ \hline 4\ 8\ 7 \end{array}$$ ▶5점

02 $346+327=673$▶5점 ; 673명▶5점

03 $254+529=783$▶5점 ; 783명▶5점

04 $784-417=367$▶5점 ; 367명▶5점

05 ⑩ 직업이 서비스업인 사람은 301명이고, 농업인 사람은 156명입니다.▶3점
따라서 직업이 서비스업인 사람은 농업인 사람보다 $301-156=145$(명) 더 많습니다.▶4점 ; 145명▶8점

06 ⑩ (주희가 달린 거리)$=872-194=678$ (m)▶3점
⇨ (병호가 달린 거리)$=678-179=499$ (m)▶4점
; 499 m▶8점

07 (1) $\square-496=246$▶5점
(2) ⑩ $\square-496=246$, $\square=246+496$,▶3점
$\square=742$▶4점 ; 742▶8점
(3) $742+496=1238$▶5점 ; 1238▶5점

05

채점 기준		
표를 보고 직업이 서비스업인 사람, 농업인 사람의 수를 읽은 경우	3점	
직업이 서비스업인 사람은 농업인 사람보다 몇 명 더 많은지 구한 경우	4점	15점
답을 바르게 쓴 경우	8점	

06

채점 기준		
주희가 달린 거리를 구한 경우	3점	
병호가 달린 거리를 구한 경우	4점	15점
답을 바르게 쓴 경우	8점	

07 (2)

채점 기준		
$\square$의 값을 구하기 위한 덧셈식을 쓴 경우	3점	
덧셈식을 통해 $\square$의 값을 구한 경우	4점	15점
답을 바르게 쓴 경우	8점	

창의·융합 **문제**　**9쪽**

01 803 킬로칼로리　　**02** 104 킬로칼로리
03 112 킬로칼로리

01 $617+186=803$
02 $390-286=104$
03 $285-173=112$

2단원 **｜ 평면도형**

기본 **단원평가**　**10~12쪽**

01 나
02 (　)(　)(○)
03 반직선 ㄹㄷ
04 7, 7
05 (1) 직선 ㄱㄴ(또는 직선 ㄴㄱ)
　　(2) 선분 ㄷㄹ(또는 선분 ㄹㄷ)
06 변 ㄴㄷ에 ○표
07
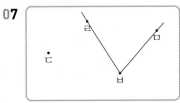
08 (　)(　)(○)
09 직각
10 (1) 5개　(2) 6개
11 ⑩ 선분은 두 점을 곧게 이은 선인데 주어진 도형은 곧은 선이 아닙니다.▶4점
12 ②　　**13**

14
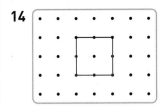
15 ㉡　　　　　**16** 가, 다
17 가, 다, 라, 바　　**18** 마
19
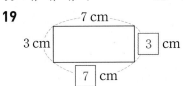
20 다, 라, 마　　**21** 1개
22 24 cm　　**23** 8개
24 ⑩ 네 각이 모두 직각입니다.
; ⑩ 네 변의 길이가 모두 같습니다.
25 ⑩ 사각형 1개짜리는 4개, 사각형 2개짜리는 4개, 사각형 4개짜리는 1개이므로▶1점
찾을 수 있는 직사각형은 모두 $4+4+1=9$(개)입니다.▶1점
; 9개▶2점

01 한 각이 직각인 삼각형을 직각삼각형이라고 합니다.

02 직선은 선분을 양쪽으로 끝없이 늘인 곧은 선입니다.

03 점 ㄹ에서 시작하였으므로 ㄷ보다 ㄹ을 먼저 써야 합니다.

04 정사각형은 네 변의 길이가 모두 같으므로 두 변의 길이는 각각 7 cm입니다.

05 (1) 점 ㄱ과 점 ㄴ을 지나는 직선이므로 직선 ㄱㄴ 또는 직선 ㄴㄱ입니다.
(2) 점 ㄷ과 점 ㄹ을 이은 선분이므로 선분 ㄷㄹ 또는 선분 ㄹㄷ입니다.

06 각의 변을 읽으면 변 ㄴㄱ과 변 ㄴㄷ입니다.

07 점 ㅂ이 꼭짓점이 되도록 반직선 ㅂㄹ과 반직선 ㅂㅁ을 긋습니다.

08 각은 한 점에서 그은 두 반직선으로 이루어진 도형입니다.

09 └ 과 같은 각을 직각이라고 합니다.

10 도형에 각을 표시하면서 세어 봅니다.
(1) 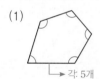 각: 5개
(2) 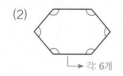 각: 6개

11 선분은 두 점을 곧게 이은 선입니다.

12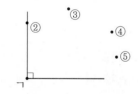
⇨ 점 ②를 지나가게 반직선을 그어야 직각이 만들어집니다.

13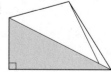
⇨ 직각이 있는 삼각형을 찾아 색칠합니다.

14 나머지 세 변의 길이가 주어진 선분과 같은 길이가 되고 네 각이 모두 직각이 되도록 그립니다.

15 직사각형은 네 변과 네 각이 있고, 네 각이 모두 직각입니다.

16 네 각이 모두 직각이고 네 변의 길이가 모두 같은 사각형은 가, 다입니다.

17 네 각이 모두 직각인 사각형은 가, 다, 라, 바입니다.

18 한 각이 직각인 삼각형은 마입니다.

19 직사각형은 마주 보는 두 변의 길이가 같으므로 7 cm와 마주 보는 변은 7 cm이고 3 cm와 마주 보는 변은 3 cm입니다.

20 직각 삼각자의 직각 부분과 맞대어서 꼭 맞게 겹쳐지는 각은 직각입니다.

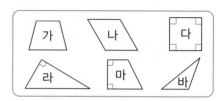

따라서 직각이 있는 도형은 다, 라, 마입니다.

21 ⇨

겹쳐진 도형은 직각삼각형이고 직각삼각형은 직각이 1개입니다.

22 정사각형은 네 변의 길이가 모두 같으므로
6+6+6+6=24 (cm)입니다.

23

①		②	③	④
⑤	⑥	⑦		⑧

⇨ 종이를 잘랐을 때 생기는 네 각이 모두 직각인 사각형은 ①, ②, ③, ④, ⑤, ⑥, ⑦, ⑧로 모두 8개입니다.

24 만든 사각형은 정사각형이므로 정사각형의 특징을 씁니다.
정사각형은 네 각이 모두 직각이고 네 변의 길이가 모두 같습니다.

25

채점 기준		
크고 작은 직사각형을 모두 찾은 경우	1점	
크고 작은 직사각형의 개수를 모두 구한 경우	1점	4점
답을 바르게 쓴 경우	2점	

01
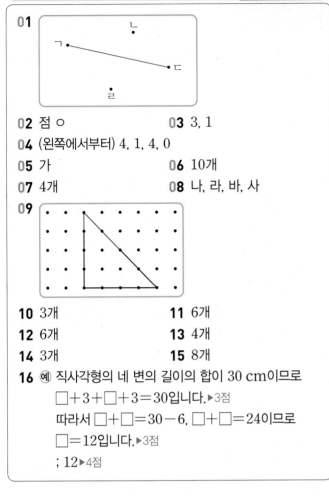

02 점 ㅇ

03 3, 1

04 (왼쪽에서부터) 4, 1, 4, 0

05 가

06 10개

07 4개

08 나, 라, 바, 사

09

10 3개

11 6개

12 6개

13 4개

14 3개

15 8개

16 예 직사각형의 네 변의 길이의 합이 30 cm이므로

□＋3＋□＋3＝30입니다. ▶3점

따라서 □＋□＝30−6, □＋□＝24이므로

□＝12입니다. ▶3점

; 12 ▶4점

01 점 ㄷ과 점 ㄱ의 두 점을 곧게 잇습니다.

02 각 ㅈㅇㅊ에서 꼭짓점은 점 ㅇ입니다.

03 직각삼각형에서 직각은 1개뿐입니다. 직각이 2개이면 삼각형이 되지 않습니다.

04 직사각형은 직각이 4개 있고, 직각삼각형은 직각이 1개 있습니다.

05 네 각이 모두 직각이고 네 변의 길이가 모두 같은 사각형은 가입니다.

06 도형에서 두 점을 곧게 이은 선은 10개입니다.

07
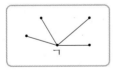

➡ 두 점을 곧게 이어야 선분이 되므로 모두 4개의 선분을 그릴 수 있습니다.

08 라, 사: 네 각이 모두 직각입니다.

나, 바: 네 각이 모두 직각이고 네 변의 길이가 모두 같습니다.

09 주어진 선을 이용하여 한 각이 직각인 삼각형을 완성합니다.

10 점 ㄴ을 꼭짓점으로 하는 각은 각 ㄱㄴㄹ 또는 각 ㄹㄴㄱ, 각 ㄹㄴㄷ 또는 각 ㄷㄴㄹ, 각 ㄱㄴㄷ 또는 각 ㄷㄴㄱ으로 모두 3개입니다.

11
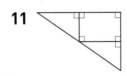

➡ 직각은 모두 6개입니다.

12

➡ 만들어지는 직각삼각형은 ①, ②, ③, ④, ⑤, ⑥으로 6개입니다.

13

➡ [보기]의 모양 조각을 이용하여 색칠된 부분을 겹치지 않게 덮으려면 모양 조각은 4개가 필요합니다.

14

작은 직사각형 2개로 이루어진 직사각형은 ①＋②, ②＋④, ②＋③으로 3개입니다.

15

작은 직사각형 1개로 이루어진 직사각형: ①, ②, ③, ④

작은 직사각형 2개로 이루어진 직사각형:

①＋②, ②＋④, ②＋③

작은 직사각형 3개로 이루어진 직사각형: ①＋②＋③

➡ (크고 작은 직사각형의 개수)＝4＋3＋1＝8(개)

16 직사각형은 네 각이 직각이므로 마주 보는 두 변의 길이가 같습니다.

채점 기준		
직사각형은 마주 보는 두 변의 길이가 같다는 것을 아는 경우	3점	10점
□ 안에 알맞은 수를 구한 경우	3점	
답을 바르게 쓴 경우	4점	

과정 중심 단원평가　15~16쪽

01 예 주어진 도형은 한 점에서 두 선을 그었지만 한 선이 반직선이 아니므로 각이 아닙니다. ▶10점

02 예 네 각이 모두 직각이 아닙니다. ▶10점

03 예

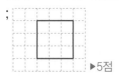

▶5점

; 예 네 각이 모두 직각입니다. ▶5점

04 예 직각인 각을 찾아 각각 세어 보면 가는 0개, 나는 2개, 다는 3개, 라는 4개이므로 ▶3점
직각의 개수가 가장 많은 도형은 라입니다. ▶3점
; 라 ▶4점

05 예 주어진 도형은 네 각이 모두 직각이 아니고 네 변의 길이가 모두 같지 않습니다. ▶5점
;

▶5점

06 예 정사각형은 네 변의 길이가 모두 같으므로 ▶3점
(선분 ㄱㄴ)=6+13=19 (cm)입니다. ▶4점
; 19 cm ▶8점

07 예 잘린 삼각형에는 모두 직각이 있으므로 ▶2점
5개 모두 직각삼각형입니다. ▶2점
따라서 직각삼각형은 5개 생깁니다. ▶3점
; 5개 ▶8점

08

②	③	④
①		

직사각형은 네 각이 모두 직각인 사각형이므로 ▶3점
①, ②, ③, ④, ①+②, ②+③, ③+④, ②+③+④로 ▶3점
모두 8개를 찾을 수 있습니다. ▶4점
; 8개 ▶10점

04

채점 기준		
각 도형의 직각 개수를 바르게 설명한 경우	3점	
직각의 개수가 가장 많은 도형을 쓴 경우	3점	10점
답을 바르게 쓴 경우	4점	

06

채점 기준		
정사각형의 네 변의 길이가 같음을 설명한 경우	3점	
선분 ㄱㄴ의 길이를 구한 경우	4점	15점
답을 바르게 쓴 경우	8점	

07

채점 기준		
직각삼각형의 정의를 아는 경우	2점	
직각삼각형을 모두 찾았을 경우	2점	15점
직각삼각형이 모두 몇 개 생기는지 쓴 경우	3점	
답을 바르게 쓴 경우	8점	

08

채점 기준		
직사각형의 정의를 아는 경우	3점	
주어진 도형에서 직사각형을 모두 찾은 경우	3점	
주어진 도형에서 찾을 수 있는 직사각형의 개수를 쓴 경우	4점	20점
답을 바르게 쓴 경우	10점	

창의·융합 문제　17쪽

01 16개　　　**02** 85개
03 3개

01 직각삼각형에 ∨ 표시를 하면 모두 16개입니다.

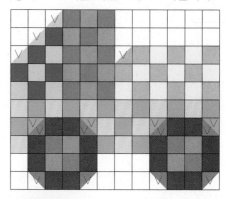

02

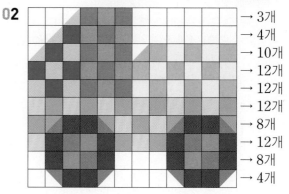

→ 3개
→ 4개
→ 10개
→ 12개
→ 12개
→ 12개
→ 8개
→ 12개
→ 8개
→ 4개

3+4+10+12+12+12+8+12+8+4=85(개)

03 점이 6개일 때 그릴 수 있는 직사각형의 개수를 구합니다.

⇨ 2개　　⇨ 1개

따라서 직사각형은 모두 2+1=3(개)를 그릴 수 있습니다.

기본 단원평가 18~20쪽

01 12, 4	**02** 몫
03 ①	**04** (1) 6, 6 (2) 7, 7
05 ④	
06 (1) $24 \div 8 = 3$ (2) $32 \div 8 = 4$	
07 7개	**08** 7명
09 ⓒ	**10** (1) 8 (2) 6
11 6	**12** (1) > (2) =
13 5 ; 5, 6	**14** ④
15 $45 \div 5 = 9$, $45 \div 9 = 5$ ← 순서를 바꿔 써도 정답입니다.	
16 8, 4	**17** ④
18	**19** 5권
20 4팀	**21** 6개
22 3개	
23 $14 \div 2 = 7$; 7	

24 예 들에서 풀을 뜯고 있는 소의 다리 수를 세어 보니 모두 36개였습니다. 소는 모두 몇 마리입니까?▶2점

; 9마리▶2점

25 16명

---

01 아이스크림 12개를 3개씩 묶으면 4묶음이 됩니다.

03 $64 \div 8$의 몫을 구할 때에는 나누는 수가 8이므로 8단 곱셈구구를 이용합니다.

04 (1) 4단 곱셈구구를 이용하여 곱이 24가 되는 수를 찾습니다.

(2) 7단 곱셈구구를 이용하여 곱이 49가 되는 수를 찾습니다.

05 나눗셈의 몫을 구할 때에는 나누는 수의 단 곱셈구구를 이용합니다.

$$4 \times 8 = 32 \Rightarrow 32 \div 4 = 8$$

06 (1) 24에서 8을 3번 빼면 0이 됩니다. ⇨ $24 \div 8 = 3$
(2) 32에서 8을 4번 빼면 0이 됩니다. ⇨ $32 \div 8 = 4$

> **참고**
> ■에서 ▲를 ●번 빼면 0이 됩니다. ⇨ ■÷▲=●

07 딸기 21개를 세 접시에 똑같이 나누려면 한 접시에 $21 \div 3 = 7$(개)씩 놓아야 합니다.

08 딸기 21개를 3개씩 나누어 주므로 3개씩 묶어 보면 $21 \div 3 = 7$(명)에게 나누어 줄 수 있습니다.

09 ⓒ $81 \div 9 = 9$

10 (1) $6 \times 8 = 48 \Rightarrow 48 \div 6 = 8$
(2) $9 \times 6 = 54 \Rightarrow 54 \div 9 = 6$

11 $7 \times 6 = 42$이므로 $42 \div 7 = 6$입니다.

12 (1) $35 \div 5 = 7$, $36 \div 6 = 6 \Rightarrow 7 > 6$
(2) $14 \div 2 = 7$, $49 \div 7 = 7$

13 곱셈식을 2개의 나눗셈식으로 나타낼 수 있습니다.

14 ① $14 \div 7 = 2$ ② $18 \div 9 = 2$
③ $28 \div 4 = 7$ ④ $40 \div 5 = 8$
⑤ $24 \div 8 = 3$
⇨ 나눗셈의 몫이 가장 큰 것은 ④ $40 \div 5$입니다.

15 $5 \times 9 = 45$를 2개의 나눗셈식으로 나타냅니다.

$5 \times 9 = 45$ $5 \times 9 = 45$
$45 \div 5 = 9$ $45 \div 9 = 5$

16 $72 \div 9 = 8$, $8 \div 2 = 4$

17 ① $12 \div 2 = 6$
② $42 \div \square = 7 \Rightarrow 7 \times \square = 42$, $\square = 6$
③ $54 \div \square = 9 \Rightarrow 9 \times \square = 54$, $\square = 6$
④ $16 \div 2 = 8$
⑤ $18 \div 3 = 6$

18 $12 \div 3 = 4$, $18 \div 2 = 9$, $40 \div 8 = 5$
$25 \div 5 = 5$, $27 \div 3 = 9$, $16 \div 4 = 4$

19 $7 \times 5 = 35 \longleftrightarrow 35 \div 7 = 5$(권)

20 $8 \times 4 = 32 \longleftrightarrow 32 \div 8 = 4$(팀)

21 연정이와 성희가 딴 사과는 모두 $36 + 18 = 54$(개)입니다.
사과 54개를 상자 9개에 똑같이 나누어 담으려면 한 상자에 사과를 $54 \div 9 = 6$(개)씩 담을 수 있습니다.

22 (전체 사탕 수)=$6 \times 4 = 24$(개)
(필요한 상자 수)=$24 \div 8 = 3$(개)

23 주어진 수 카드를 한 번씩만 사용하여 만들 수 있는 나눗셈식은 14÷7=2, 14÷2=7입니다.

⇨ 몫이 가장 큰 나눗셈식은 14÷2=7입니다.

24 36÷4=9(마리)

25 (규리네 모둠에서 땅콩을 나누어 가진 학생 수)

＝28÷4=7(명)

(솔이네 모둠에서 땅콩을 나누어 가진 학생 수)

＝72÷8=9(명)

따라서 땅콩을 나누어 가진 학생은 모두

7＋9=16(명)입니다.

실력 단원평가 [21~22쪽]

01 28÷7=4

02 ○○○ ○○○ ○○○ ○○○

03 12, 4, 3

04 6×4=24 ; 24÷6=4 (또는 24÷4=6)

05 6, 6

06 7 ; 4×7=28, 7×4=28 ← 순서를 바꿔 써도 정답입니다.

07 ㉡, ㉠, ㉣, ㉢   **08** ④

09 예 7과 곱해서 42가 되는 수는 6이므로 곱셈식으로 나타내면 7×6=42입니다. ▶2점

따라서 42÷7의 몫은 6입니다. ▶1점

; 6 ▶2점

10 6, 7, 8에 ○표

11 ②   **12** 12

13 3   **14** 8

15 6 m ↓ 순서를 바꿔 써도 정답입니다.   **16** 9마리

17 42, 7 ; 18, 3   **18** 48개

01 28－7－7－7－7=0 ⇨ 28÷7=4
         └─────┘
          4번

02 구슬 12개를 4묶음으로 똑같이 나누면 한 묶음에 3개씩 됩니다.

04 조각 케이크가 6조각씩 4묶음이므로 곱셈식으로 나타내면 6×4=24입니다.

6×4=24 ⟨ 24÷6=4
          24÷4=6

05 6 ×5＝30 ⟷ 30÷5＝ 6

06 28÷4=7   28÷4=7
      4×7=28   7×4=28

07 ㉠ 72÷9=8   ㉡ 27÷3=9

㉢ 36÷6=6   ㉣ 56÷8=7

⇨ ㉡ 9＞㉠ 8＞㉣ 7＞㉢ 6

08 나눗셈의 몫을 구할 때에는 나누는 수의 단 곱셈구구를 찾아야 합니다.

①, ②, ③, ⑤ ⇨ 9단 곱셈구구

④ ⇨ 8단 곱셈구구

09

채점 기준		
나눗셈식을 이용하여 곱셈식을 세운 경우	2점	
몫을 바르게 구한 경우	1점	5점
답을 바르게 쓴 경우	2점	

10 45÷9=5 ⇨ 5보다 큰 수는 6, 7, 8입니다.

11 ① 48÷8=6, □=6

② 27÷3=9, □=9

③ 49÷□=7 ⇨ 7×□=49, □=7

④ 63÷□=9 ⇨ 9×□=63, □=7

⑤ 56÷□=7 ⇨ 7×□=56, □=8

12 어떤 수를 □라 하면

□÷2=6

⇨ □=2×6, □=12입니다.

13 36÷4=9이므로

9=□×3, 3×□=9, □=3입니다.

14 30÷6=5이므로

40÷□=5, 5×□=40, □=8입니다.

15 정사각형은 네 변의 길이가 모두 같으므로

(한 변의 길이)=24÷4=6 (m)입니다.

16 소 한 마리의 다리는 4개이므로 소 6마리의 다리는 모두 4×6=24(개)입니다.

따라서 (닭의 다리 수)=42－24=18(개)이므로 (닭의 수)=18÷2=9(마리)입니다.

17 큰 수를 작은 수로 나누어 몫이 6이 되는 나눗셈식을 찾아보면 42÷7=6, 18÷3=6입니다.

18 (겨울에 먹을 양식의 줄 수)=72÷8=9(줄)

(남아 있는 양식의 줄 수)=9−3=6(줄)

⇨ (남아 있는 양식의 수)=8×6=48(개)

> **다른 풀이**
>
> 겨울에 먹을 양식의 수에서 베짱이에게 준 양식의 수를
> 뺍니다.
> (베짱이에게 준 양식의 수)=8×3=24(개)
> (남아 있는 양식의 수)=72−24=48(개)

과정 중심 단원평가 `23~24쪽`

01 예   ▶5점

; 5개 ▶5점

02 45÷9=5 ▶5점

; 5자루 ▶5점

03 3×4=12 ▶3점

; 12÷3=4 ▶3점

; 4대 ▶4점

04 5×7=35, 7×5=35 ▶5점

; 35÷5=7, 35÷7=5 ▶5점

05 예 학생 32명을 한 줄에 8명씩 세우면 몇 줄이 될까요? ▶7점

; 예 4줄 ▶8점

06 바늘 24개를 바늘꽂이 3개에 똑같이 나누어 꽂으려면 24÷3=8이므로 ▶4점

바늘꽂이 한 개에 바늘을 8개씩 꽂으면 됩니다. ▶3점

; 8개 ▶8점

07 예 호선이가 산 초콜릿은 9×4=36(개)입니다. ▶3점

따라서 한 명에게 36÷6=6(개)씩 나누어 줄 수 있습니다. ▶4점

; 6개 ▶8점

08 예 (두발자전거의 바퀴 수)=2×9=18(개) ▶2점

따라서 세발자전거의 바퀴는

39−18=21(개)이므로 ▶2점

세발자전거는 21÷3=7(대)입니다. ▶3점

; 7대 ▶8점

06

07

08

창의·융합 문제 `25쪽`

01 15개   **02** 3

03 5

01 뉴질랜드 국기 속의 별은 4개입니다.

베네수엘라 국기 속의 별은 8개입니다.

필리핀 국기 속의 별은 3개입니다.

⇨ (세 국기 속의 별의 수의 합)

=4+8+3=15(개)

02 중국 국기 속의 별은 5개입니다.

⇨ 15÷5=3

03 다음과 같은 규칙으로 계산합니다.

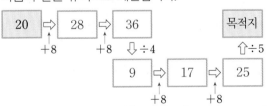

따라서 목적지에 도착했을 때의 수는 25÷5=5입니다.

20+8=28,

28+8=36,

36÷4=9,

9+8=17,

17+8=25,

25÷5=5

4단원 | 곱셈

기본 단원평가 **26~28쪽**

01 4, 80   **02** 31×3＝93

03 (1) 357 (2) 128 (3) 306 (4) 164

04 (왼쪽에서부터) 15, 60, 75

05

구슬은 모두 12개씩 4묶음이니까 12 × 4 로 나타낼 수 있어.

낱개 구슬은 8개이고 10개씩 묶인 구슬은 40 개이니까 구슬은 모두 48 개야.

06

07 72, 288

08

⊗		
25	4	100
2	19	38
50	76	

09 ＜   **10** ㉠

11 57 m   **12** 320원

13 92개

14
$$\begin{array}{r} \overset{1}{7}6 \\ \times\ \ 3 \\ \hline 228 \end{array}$$

15 60자루   **16** 289

17 36×3＝108 →3×36=108이라고 써도 됩니다.

18 ⑳ 25×5＝125(개)

; 25＋25＋25＋25＋25＝125(개)

19 126권

20 (1) 6 (2) 2

21 ⑳ 형민: 13×4＝52(장),

수영: 16×3＝48(장)▶1점

따라서 형민이가 색종이를 52−48＝4(장) 더 많이 가지고 있습니다.▶1점

; 형민, 4장▶2점

22 2개

23 1, 2, 3, 4

24 72×9＝648

25 ⑳ (아버지의 나이)＝8×5＝40(살)이고

(어머니의 나이)＝40−4＝36(살)입니다.▶1점

따라서 할머니의 나이는 36×2＝72(살)입니다.▶1점

; 72살▶2점

01 십 모형이 2×4＝8(개)이므로 20×4＝80입니다.

02
$$\begin{array}{r} 31 \\ \times\ \ 3 \\ \hline 93 \end{array}$$
3×3◀   ▶1×3

03 (3)
$$\begin{array}{r} 51 \\ \times\ \ 6 \\ \hline 306 \end{array}$$
(4)
$$\begin{array}{r} 41 \\ \times\ \ 4 \\ \hline 164 \end{array}$$

04 일의 자리를 계산한 15와 십의 자리를 계산한 60을 더하여 75를 구합니다.

05 $12×4\begin{cases} 2×4=8 \\ 10×4=40 \end{cases}48$

06
$$\begin{array}{r} 31 \\ \times\ \ 6 \\ \hline 186 \end{array} \quad \begin{array}{r} \overset{2}{1}4 \\ \times\ \ 7 \\ \hline 98 \end{array} \quad \begin{array}{r} \overset{3}{1}6 \\ \times\ \ 5 \\ \hline 80 \end{array}$$

$$\begin{array}{r} 20 \\ \times\ \ 4 \\ \hline 80 \end{array} \quad \begin{array}{r} \overset{1}{4}9 \\ \times\ \ 2 \\ \hline 98 \end{array} \quad \begin{array}{r} 62 \\ \times\ \ 3 \\ \hline 186 \end{array}$$

07
$$\begin{array}{r} \overset{1}{2}4 \\ \times\ \ 3 \\ \hline 72 \end{array} \rightarrow \begin{array}{r} 72 \\ \times\ \ 4 \\ \hline 288 \end{array}$$

08
$$\begin{array}{r} \overset{1}{1}9 \\ \times\ \ 2 \\ \hline 38 \end{array} \quad \begin{array}{r} \overset{1}{2}5 \\ \times\ \ 2 \\ \hline 50 \end{array} \quad \begin{array}{r} \overset{3}{1}9 \\ \times\ \ 4 \\ \hline 76 \end{array}$$

09
$$\begin{array}{r} 42 \\ \times\ \ 4 \\ \hline 168 \end{array} \quad \begin{array}{r} 61 \\ \times\ \ 3 \\ \hline 183 \end{array}$$
⇨ 168＜183

10 ㉠ 51×8＝408

㉡ 92×3＝276

㉢ 41×6＝246

⇨ ㉠＞㉡＞㉢

11 (가로)＝(세로)×3

＝19×3＝57 (m)

12
$$\begin{array}{r} 80 \\ \times\ \ 4 \\ \hline 320 \end{array}$$

13
$$\begin{array}{r} \overset{1}{2}3 \\ \times\ \ 4 \\ \hline 92 \end{array}$$

14 $6 \times 3 = 18$에서 10을 십의 자리에 올림하여 계산하지 않았습니다.

15 연필 한 타는 12자루이므로 연필 5타는 모두
$12 \times 5 = 60$(자루)입니다.

16 ㉠
$$\begin{array}{r} {\scriptstyle 2} \\ 2\,7 \\ \times\quad 3 \\ \hline 8\,1 \end{array}$$
㉡
$$\begin{array}{r} {\scriptstyle 4} \\ 2\,6 \\ \times\quad 8 \\ \hline 2\,0\,8 \end{array}$$

⇨ ㉠+㉡=81+208=289

17
$$\begin{array}{r} {\scriptstyle 1} \\ 3\,6 \\ \times\quad 3 \\ \hline 1\,0\,8 \end{array}$$

19 $21 \times 6 = 126$(권)

20 (1) $1 \times \square$에서 일의 자리 수가 6인 경우는
1×6일 때입니다.
⇨ $71 \times 6 = 426$
(2) $\square \times 4$에서 일의 자리 수가 8인 경우는
2×4, 7×4일 때입니다.
⇨ $82 \times 4 = 328(○)$, $87 \times 4 = 348(\times)$

21

채점 기준		
형민이와 수영이의 색종이 수를 구한 경우	1점	
누가 몇 장 더 많이 가졌는지 구한 경우	1점	4점
답을 바르게 쓴 경우	2점	

22 $66 \times 2 = 132$, $45 \times 3 = 135$이므로 $\square$ 안에 들어갈 수 있는 세 자리 수는 133, 134로 모두 2개입니다.

23 $24 \times 3 = 72$이므로 $16 \times \square$는 72보다 작아야 합니다.
$16 \times 1 = 16$, $16 \times 2 = 32$, $16 \times 3 = 48$, $16 \times 4 = 64$,
$16 \times 5 = 80$이므로 $\square$ 안에 들어갈 수 있는 수는 1, 2, 3, 4입니다.

24 $㉠㉡ \times ㉢$에서 ㉠, ㉢에 큰 수가 올수록 곱이 커집니다.
$72 \times 9 = 648$, $92 \times 7 = 644$ 중에서 $72 \times 9 = 648$의 곱이 더 큽니다.

참고

(몇십몇)×(몇)의 곱이 가장 크려면 $㉠㉡ \times ㉢$에서 ㉢은 ㉠, ㉡과 각각 곱하는 수이므로 ㉢에 가장 큰 수를 놓고 ㉠에 두 번째로 큰 수를 놓습니다.

25

채점 기준		
아버지와 어머니의 나이를 구한 경우	1점	
할머니의 나이를 구한 경우	1점	4점
답을 바르게 쓴 경우	2점	

01 3, 51

02
$$\boxed{2} \times 3 = 6$$
$$42 \times 3 = \boxed{12}\,6$$
$$4 \times 3 = 12$$

03 (1) 24, 84 (2) 60, 84

04 ①

05 82, 246

06 ㉡, ㉣, ㉢, ㉠

07 78살

08 예
$$\begin{array}{r} {\scriptstyle 1} \\ 2\,5 \\ \times\quad 3 \\ \hline 7\,5 \end{array}$$ ▶2점

; $5 \times 3 = 15$에서 10을 십의 자리로 올림하여 계산하지 않았습니다. ▶3점

09 189   **10** 4, 5

11 152   **12** 8

13 31   **14** 80 m

15 예 (선웅이네 반 여학생 수)
$= 32 - 18 = 14$(명)
(여학생에게 줄 색연필 수)
$= 14 \times 2 = 28$(자루) ▶2점
(남학생에게 줄 색연필 수)
$= 18 \times 3 = 54$(자루) ▶2점
⇨ (필요한 색연필 수)$= 28 + 54$
$= 82$(자루) ▶2점
; 82자루 ▶4점

01 17씩 3번 뛰어 세었으므로 $17 \times 3 = 51$입니다.

참고

• 일의 자리에서 올림이 있는 (두 자리 수)×(한 자리 수)
① 가로로 계산하기
$$10 \times 3 = 30$$
$$17 \times 3 = 30 + 21 = 51$$
$$7 \times 3 = 21$$

② 세로로 계산하기

$$\begin{array}{r} 1\,7 \\ \times\quad 3 \\ \hline 2\,1 \\ 3\,0 \\ \hline 5\,1 \end{array}$$
$$\begin{array}{r} 1\,7 \\ \times\quad 3 \\ \hline 3\,0 \\ 2\,1 \\ \hline 5\,1 \end{array}$$
$$\begin{array}{r} {\scriptstyle 2} \\ 1\,7 \\ \times\quad 3 \\ \hline 5\,1 \end{array}$$

일의 자리 부터 계산   십의 자리 부터 계산

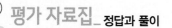

02 42×3은 2×3과 40×3의 합으로 계산할 수 있습니다.

> **참고**
>
> • 42×3의 계산
> ① 덧셈식으로 계산하기
> $42 + 42 + 42 = 126$
> ⇨ $42 \times 3 = 126$
> ② 가로로 계산하기
> $2 \times 3 = 6$
> $42 \times 3 = 126$
> $4 \times 3 = 12$
> ③ 세로로 계산하기
> $$\begin{array}{r} 4\,2 \\ \times\quad 3 \\ \hline 1\,2\,6 \end{array}$$

03 (1) 일의 자리부터 먼저 계산하는 방법입니다.
$$\begin{array}{r} 2\,8 \\ \times\quad 3 \\ \hline 2\,4 \rightarrow 8 \times 3 \\ 6\,0 \rightarrow 20 \times 3 \\ \hline 8\,4 \rightarrow 24 + 60 \end{array}$$

(2) 십의 자리부터 먼저 계산하는 방법입니다.
$$\begin{array}{r} 2\,8 \\ \times\quad 3 \\ \hline 6\,0 \rightarrow 20 \times 3 \\ 2\,4 \rightarrow 8 \times 3 \\ \hline 8\,4 \rightarrow 60 + 24 \end{array}$$

04 ① $\begin{array}{r} 2\,0 \\ \times\ 8 \\ \hline 1\,6\,0 \end{array}$ ② $\begin{array}{r} 4\,1 \\ \times\ 3 \\ \hline 1\,2\,3 \end{array}$

③ $\begin{array}{r} \overset{1}{5}\,8 \\ \times\ 2 \\ \hline 1\,1\,6 \end{array}$ ④ $\begin{array}{r} \overset{2}{2}\,6 \\ \times\ 4 \\ \hline 1\,0\,4 \end{array}$ ⑤ $\begin{array}{r} \overset{1}{3}\,8 \\ \times\ 2 \\ \hline 7\,6 \end{array}$

05 $41 \times 2 = 82$, $82 \times 3 = 246$

06 ㉠ $\begin{array}{r} \overset{2}{1}\,7 \\ \times\ 3 \\ \hline 5\,1 \end{array}$ ㉡ $\begin{array}{r} 4\,1 \\ \times\ 2 \\ \hline 8\,2 \end{array}$

㉢ $\begin{array}{r} 3\,4 \\ \times\ 2 \\ \hline 6\,8 \end{array}$ ㉣ $\begin{array}{r} \overset{1}{2}\,6 \\ \times\ 3 \\ \hline 7\,8 \end{array}$

⇨ ㉡>㉣>㉢>㉠

07 3배는 $\times 3$과 같은 의미입니다.
(이모의 나이)=(윤호의 나이)$\times 3$
$= 13 \times 3 = 39$(살)

(할아버지의 나이)=(이모의 나이)$\times 2$
$= 39 \times 2 = 78$(살)

09 어떤 수를 □라 하면 □$-3=60$, □$=60+3$,
□$=63$입니다. 따라서 바르게 계산하면
$63 \times 3 = 189$입니다.

10 $17 \times 6 = 102$이고 $40 \times 4 = 160$입니다.
$31 \times 3 = 93$, $31 \times 4 = 124$, $31 \times 5 = 155$,
$31 \times 6 = 186$이므로 □ 안에 들어갈 수 있는 수는 4, 5
입니다.

11 $19 \times 2 \times 2 \times 2 = 38 \times 2 \times 2 = 76 \times 2 = 152$

12 $61 \times 8 = 488$이고 $61 \times 9 = 549$입니다.
488과 500의 차는 12이고, 549와 500의 차는 49이므
로 61×8이 500에 더 가깝습니다.

13 어떤 두 자리 수: ■▲,
자리를 바꾼 두 자리 수: ▲■
$$\begin{array}{r} \blacktriangle\ \blacksquare \\ \times\quad 5 \\ \hline 6\ 5 \end{array}$$
▲$\times 5$의 값이 6보다 크면 안 되므로 ▲$=1$입니다.
$$\begin{array}{r} 1\ \blacksquare \\ \times\quad 5 \\ \hline 6\ 5 \end{array}$$
십의 자리의 계산에 1을 더하여 6이 되었으므로 일의 자
리에서 1을 올림하였습니다. ■$\times 5 = 15$, ■$=3$입니다.
따라서 ▲■$=13$이므로 ■▲$=31$입니다.

14

골목길의 한쪽에 놓인 화분은 $30 \div 2 = 15$(개)이고 화분
과 화분 사이의 간격 수는 14군데입니다. 처음과 끝에 간
격이 1개씩 더 있으므로 골목길의 한쪽의 길이는
(골목길의 한쪽의 간격 수)$\times$(간격)
$= 16 \times 5 = 80$ (m)입니다.

15

채점 기준		
여학생에게 줄 색연필 수를 구한 경우	2점	
남학생에게 줄 색연필 수를 구한 경우	2점	10점
필요한 색연필 수를 구한 경우	2점	
답을 바르게 쓴 경우	4점	

01 예 $12 \times 6 = 72$ ▶5점

; 72자루 ▶5점

02 예 일의 자리 계산에서 $7 \times 5 = 35$이므로 ▶3점

십의 자리 계산 $\square \times 5$에 3을 더하면 28이 됩니다.

$\square \times 5 = 25$, $\square = 5$ ▶3점

; 5 ▶4점

03 예 (윗몸 일으키기를 한 횟수) $= 20 \times 3 = 60$(회) ▶2점

(팔 굽혀 펴기를 한 횟수) $= 15 \times 4 = 60$(회) ▶2점

$\Rightarrow 60 + 60 = 120$(회) ▶2점

; 120회 ▶4점

04 예 $52 \times 2 = 104$입니다. ▶2점

$19 \times 5 = 95$, $19 \times 6 = 114$이므로 ▶2점

$\square$ 안에는 6보다 작은 수인 1, 2, 3, 4, 5가 들어갈 수 있습니다. ▶2점

; 1, 2, 3, 4, 5 ▶4점

05 예 영주네 학교 3학년 학생 수는 $24 \times 4 = 96$(명)입니다. ▶3점

$100 - 96 = 4$이므로 연필이 4자루 남습니다. ▶4점

; 4자루 ▶8점

06 예 (과일 가게에 있던 귤의 수) $= 25 \times 6 = 150$(개) ▶3점

$\Rightarrow$ (남은 귤의 수) $= 150 - 88 = 62$(개) ▶4점

; 62개 ▶8점

07 예 (혜진이가 읽은 쪽수) $= 33 \times 5 = 165$(쪽) ▶2점

(용태가 읽은 쪽수) $= 28 \times 6 = 168$(쪽) ▶2점

따라서 용태가 $168 - 165 = 3$(쪽) 더 많이 읽었습니다. ▶3점

; 용태, 3쪽 ▶8점

08 예 (아버지의 연세) $= 12 \times 3 = 36$(세) ▶3점

(할아버지의 연세) $= 36 \times 2 = 72$(세) ▶4점

; 72세 ▶8점

02

채점 기준		
일의 자리 계산을 이용하여 설명한 경우	3점	
$\square$ 안에 알맞은 수를 구한 경우	3점	10점
답을 바르게 쓴 경우	4점	

03

채점 기준		
윗몸 일으키기 한 횟수를 구한 경우	2점	
팔 굽혀 펴기 한 횟수를 구한 경우	2점	
윗몸 일으키기와 팔 굽혀 펴기 한 총 횟수를 구한 경우	2점	10점
답을 바르게 쓴 경우	4점	

04

채점 기준		
52×2를 바르게 계산한 경우	2점	
19×5와 19×6의 값을 이용하여 설명한 경우	2점	10점
$\square$ 안에 들어갈 수 있는 수를 구한 경우	2점	
답을 바르게 쓴 경우	4점	

05

채점 기준		
3학년 학생 수를 구한 경우	3점	
나눠 주고 남는 연필의 자루 수를 구한 경우	4점	15점
답을 바르게 쓴 경우	8점	

06

채점 기준		
과일 가게의 귤 개수를 구한 경우	3점	
남은 귤의 수를 구한 경우	4점	15점
답을 바르게 쓴 경우	8점	

07

채점 기준		
혜진이가 읽은 쪽수를 구한 경우	2점	
용태가 읽은 쪽수를 구한 경우	2점	15점
누가 몇 쪽 더 많이 읽었는지 구한 경우	3점	
답을 바르게 쓴 경우	8점	

08

채점 기준		
아버지의 연세를 구한 경우	3점	
할아버지의 연세를 구한 경우	4점	15점
답을 바르게 쓴 경우	8점	

창의·융합 문제　33쪽

01 4, 1, 2 ; 252

02 3, 6, 1, 8 ; 378

01 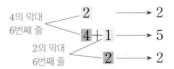이므로 42×6의 곱의 백의 자리는 2, 십의 자리는 $4 + 1 = 5$, 일의 자리는 2가 됩니다.

02 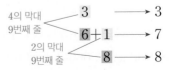이므로 42×9의 곱의 백의 자리는 3, 십의 자리는 $6 + 1 = 7$, 일의 자리는 8이 됩니다.

5 단원 | 길이와 시간

기본 단원평가 `34~36쪽`

01 12시 40분 15초

02

03 5 cm 7 mm

04 (1) m (2) km (3) mm (4) cm

05 (1) 426 (2) 2, 18   **06** (1) 85 (2) 6400

07 (1) < (2) >   **08** 11시 20분 35초

09 3시간 15분 7초   **10** ㉠

11 7시 15분 10초−3시간 2분 5초
　＝4시 13분 5초 ▶2점 ; 4시 13분 5초 ▶2점

12 도원, 범준, 나리, 희주

13 초, 분   **14** (　　) (○)

15 10, 6

16 약 1 km(또는 약 1000 m)

17 37 km 200 m   **18** 3시 55분 32초

19 2, 2000   **20** 3시간 19분 59초

21 ⑩ 2 cm 9 mm＝29 mm ▶1점
　(진이가 사용한 철사의 길이)
　＝98＋29＝127 (mm) ▶1점
　; 127 mm ▶2점

22 1 km 500 m   **23** 146 mm

24 4분 32초   **25** 5시 45분 3초

01 초바늘이 숫자 3을 가리키므로 15초입니다.

02 54초이므로 초바늘이 숫자 10에서 작은 눈금 4칸 더 간 곳을 가리키게 그립니다.

03 5 cm에서 작은 눈금 7칸(7 mm)을 더 갔으므로 5 cm 7 mm입니다.

04 실제 길이를 생각하면서 알맞은 단위를 고릅니다.

05 (1) 7분 6초＝420초＋6초＝426초
　(2) 138초＝120초＋18초＝2분 18초

06 (1) 8 cm 5 mm＝80 mm＋5 mm＝85 mm
　(2) 6 km 400 m＝6000 m＋400 m＝6400 m

• 1 cm＝10 mm이므로 8 cm＝80 mm입니다.
• 1 km＝1000 m이므로 6 km＝6000 m입니다.

07 (1) 1 cm＝10 mm이므로
　5 cm 2 mm＝52 mm입니다.
　⇨ 38 mm＜5 cm 2 mm
(2) 1 km＝1000 m이므로
　4 km 800 m＝4800 m입니다.
　⇨ 4 km 800 m＞4080 m

다른 풀이
(1) 38 mm＝3 cm 8 mm이므로
　38 mm＜5 cm 2 mm입니다.
(2) 4080 m＝4 km 80 m이므로
　4 km 800 m＞4080 m입니다.

08 시는 시끼리, 분은 분끼리, 초는 초끼리 더합니다.

• (시각)＋(시간)＝(시각)
• (시간)＋(시간)＝(시간)

09 시는 시끼리, 분은 분끼리, 초는 초끼리 뺍니다.

10 5층 건물의 높이와 내 방 긴 쪽의 길이는 1 km보다 짧습니다.

한라산의 높이는 약 2 km입니다.

11
```
    7 시    15 분   10 초
 −  3 시간    2 분    5 초
    4 시    13 분    5 초
```

12 나리: 2분 57초＝120초＋57초＝177초
　도원: 2분 45초＝120초＋45초＝165초
　⇨ 165초＜168초＜177초＜198초
　　 도원　 범준　 나리　 희주

13 100 m를 달린 시간은 초가 알맞습니다.
　머리를 감은 시간은 분이 알맞습니다.

14 35분 48초에 12초를 먼저 더하면 36분이고 23초를 더 더하면 36분 23초입니다.
　19분 54초에 6초를 먼저 더하면 20분이고 9초를 더 더하면 20분 9초입니다.

15

$$
\begin{array}{rrr}
 & 3\text{시} & 35\text{분} & 8\text{초} \\
- & 3\text{시} & 25\text{분} & 2\text{초} \\
\hline
 & & 10\text{분} & 6\text{초}
\end{array}
$$

16 학교에서 경찰서까지의 거리는
학교에서 도서관까지의 거리의 2배쯤입니다.

17 16 km 800 m＋20 km 400 m
＝36 km 1200 m＝37 km 200 m

18

$$
\begin{array}{rrr}
 & 3\text{시} & 52\text{분} & 5\text{초} \\
+ & & 3\text{분} & 27\text{초} \\
\hline
 & 3\text{시} & 55\text{분} & 32\text{초}
\end{array}
$$

19 (1) 1 m＝100 cm이므로
50＋50＝100에서 2걸음입니다.

(2) 1 km＝1000 m이므로
2걸음의 1000배인 2000걸음입니다.

20 시작한 시각: 2시 15분 5초,
끝낸 시각: 5시 35분 4초
5시 35분 4초－2시 15분 5초
＝5시 35분 4초－2시 15분 4초－1초
＝3시간 20분－1초
＝3시간 19분 59초

참고
· (시각)－(시각)＝(시간)   · (시간)－(시간)＝(시간)
· (시각)－(시간)＝(시각)

21

채점 기준		
2 cm 9 mm를 몇 mm로 나타낸 경우	1점	
진이가 사용한 철사의 길이를 구한 경우	1점	4점
답을 바르게 쓴 경우	2점	

22 집에서 공원까지의 거리에서 지하철을 타고 간 거리를 뺍니다.
25 km 800 m－24 km 300 m
＝1 km 500 m

23 6 cm 5 mm＝65 mm, 8 cm 7 mm＝87 mm
65＋87＝152 (mm) ⇨ 152－6＝146 (mm)

24 · 진수: 3분 57초－40초＝3분 17초
· 병호: 3분 17초＋1분 15초＝4분 32초

25 돌아온 시각에서 심부름을 하는 데 걸린 시간을 뺍니다.
6시 20분 10초－35분 7초
＝6시 20분 10초－20분 7초－15분
＝6시 3초－15분＝5시 45분 3초

실력 **단원평가**   **37~38쪽**

01 4 cm 3 mm
02 4263   03 3, 18
04 1분 54초, 10분 10초
05 14 mm   06 203 mm
07 2시간 5분 8초   08 920 m
09 7시 46분 15초
10 1 km 450 m   11 2 km 960 m
12 12 cm 7 mm
13 예 출발한 시각이 10시 35분 16초이므로 ▶3점
도착한 시각은 10시 35분 16초＋1시간 28분 5초
＝12시 3분 21초입니다. ▶3점
; 12시 3분 21초 ▶4점
14 2 km 645 m
15 7 km 50 m
16 나, 200 m

01 숫자 4에서 작은 눈금 3칸 더 갔으므로 4 cm 3 mm입니다.

02 1 km＝1000 m이므로
4 km 263 m＝4000 m＋263 m
＝4263 m

03 1분＝60초이므로
198초＝180초＋18초＝3분 18초

04 6분 30초에서 4분 30초를 먼저 빼면 2분이고 6초를 더 빼면 1분 54초입니다.
6분 30초에 30초를 먼저 더하면 7분이고 3분 10초를 더 더하면 10분 10초입니다.

다른 풀이
· 6분 30초＋3분 40초의 계산
6분 30초＋3분 40초＝9분 70초
1분＝60초이므로 9분 70초＝10분 10초입니다.

05 2 cm 7 mm＝27 mm, 4 cm 1 mm＝41 mm
⇨ 41－27＝14 (mm)

06 11 cm 9 mm＝119 mm,
8 cm 4 mm＝84 mm
⇨ 119＋84＝203 (mm)

07

$$
\begin{array}{rrr}
 & 10\text{시} & 50\text{분} & 26\text{초} \\
- & 8\text{시} & 45\text{분} & 18\text{초} \\
\hline
 & 2\text{시간} & 5\text{분} & 8\text{초}
\end{array}
$$

08 ㉠ 3706 m

㉡ 3 km 200 m=3200 m

㉢ 4 km 70 m=4070 m

㉣ 4120 m

4120 m>4070 m>3706 m>3200 m이므로 ㉣이 가장 길고 ㉡이 가장 짧습니다.

(가장 긴 것)−(가장 짧은 것)

=㉣−㉡=4120 m−3 km 200 m

=4120 m−3200 m=920 m

09 7시 45분 25초에서 35초 후는 7시 46분이고 15초 더 지나면 7시 46분 15초입니다.

10 2 km 800 m−1350 m

=2 km 800 m−1 km 350 m

=1 km 450 m

11 미선이네 집에서 철수네 집까지의 거리를 2번 더하면 됩니다.

1 km 480 m+1 km 480 m

=2 km 960 m

12 21+67+39=127 (mm)

⇨ 12 cm 7 mm

13

채점 기준		
준수가 출발한 시각을 쓴 경우	3점	
도서관에 도착한 시각을 구한 경우	3점	10점
답을 바르게 쓴 경우	4점	

14 1 km 60 m를 1060 m로 바꾸어 거리의 합을 구합니다.

1 km 60 m+690 m+895 m

=1060 m+690 m+895 m=2645 m

⇨ 2 km 645 m

15 (㉮에서 ㉱까지의 거리)

=(㉮에서 ㉰까지의 거리)+(㉯에서 ㉱까지의 거리)

−(㉯에서 ㉰까지의 거리)

=3 km 500 m+4 km 350 m−800 m

=7 km 850 m−800 m=7 km 50 m

16 가: 1 km 200 m+1800 m+1 km 600 m

=4 km 600 m

나: 1900 m+2500 m=4400 m=4 km 400 m

⇨ 4 km 600 m−4 km 400 m=200 m

과정 중심 단원평가 **39~40쪽**

01 1시 24분+2시간 30분=3시 54분 ▶5점

; 3시 54분 ▶5점

02 예 3분 48초=180초+48초=228초 ▶3점

228초<230초이므로 훌라후프를 더 오래 돌린 사람은 호영이입니다. ▶3점

; 호영 ▶4점

03 예 정근: 212 mm=21 cm 2 mm ▶2점

민지: 20 cm 5 mm ▶2점

21 cm 8 mm>21 cm 2 mm

>20 cm 5 mm이므로 소라의 발 길이가 가장 깁니다. ▶2점

; 소라 ▶4점

04 예 8시 30분의 2시간 20분 후의 시각을 구하는 것이므로 시간의 덧셈을 합니다. ▶3점

8시 30분+2시간 20분=10시 50분 ▶3점

; 10시 50분 ▶4점

05 예 지현이의 달리기 기록에서 현철이의 달리기 기록을 뺍니다. ▶3점

56분 44초−23분 17초

=33분 27초 ▶4점

; 33분 27초 ▶8점

06 예 영화가 시작한 시각: 6시 30분 20초 ▶2점

영화가 끝난 시각: 8시 50분 40초 ▶2점

따라서 영화 상영 시간은

8시 50분 40초−6시 30분 20초

=2시간 20분 20초입니다. ▶3점

; 2시간 20분 20초 ▶8점

07 예 박물관을 관람한 시간은 나온 시각에서 들어간 시각을 빼면 알 수 있습니다.

따라서 시간의 뺄셈을 합니다. ▶3점

11시 45분 50초−9시 16분 20초

=2시간 29분 30초 ▶4점

; 2시간 29분 30초 ▶8점

08 예 60초는 1분이므로 280초는 4분 40초입니다. ▶3점

3시의 4분 40초 후는 3시 4분 40초입니다. ▶4점

; 3시 4분 40초 ▶8점

02

채점 기준		
시간의 단위를 같도록 바꾼 경우	3점	
훌라후프를 돌린 시간을 비교한 경우	3점	10점
답을 바르게 쓴 경우	4점	

03

채점 기준		
정근이의 발길이를 cm 단위로 바꾼 경우	2점	
민지의 발길이를 cm 단위로 나타낸 경우	2점	10점
발길이를 비교한 경우	2점	
답을 바르게 쓴 경우	4점	

04

채점 기준		
시간의 덧셈을 해야 하는 것을 아는 경우	3점	
부산에 도착한 시각을 구한 경우	3점	10점
답을 바르게 쓴 경우	4점	

05

채점 기준		
시간의 뺄셈을 해야 하는 것을 아는 경우	3점	
두 선수의 기록의 차를 구한 경우	4점	15점
답을 바르게 쓴 경우	8점	

06

채점 기준		
영화가 시작한 시각을 쓴 경우	2점	
영화가 끝난 시각을 쓴 경우	2점	
영화 상영 시간을 구한 경우	3점	15점
답을 바르게 쓴 경우	8점	

07

채점 기준		
시간의 뺄셈을 해야 하는 것을 아는 경우	3점	
박물관 관람 시간을 구한 경우	4점	15점
답을 바르게 쓴 경우	8점	

08

채점 기준		
280초를 몇 분 몇 초 단위로 바꿨을 경우	3점	
280초 후의 시각을 구한 경우	4점	15점
답을 바르게 쓴 경우	8점	

창의·융합 문제　　41쪽

01 3 km 920 m
02 392 km

01 1리가 약 392 m이므로 10리는 약 3920 m입니다.
⇨ 3920 m＝3000 m＋920 m＝3 km＋920 m
　　　　　　＝3 km 920 m

02 1 km＝1000 m이므로 1 km는 1 m의 1000배입니다.
따라서 1000리는 약 392 m의 1000배이므로
약 392 km입니다.

6단원 | 분수와 소수

기본 단원평가　　42~44쪽

01 우크라이나　　**02** 독일
03 모리셔스
04 예

05

06 예 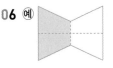　　**07** 예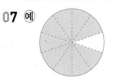

08 희정　　**09** $\dfrac{6}{8}$, $\dfrac{2}{8}$

10 예 $\dfrac{5}{9}$ $<$ $\dfrac{8}{9}$

11 $<$　　**12** $>$

13 $\dfrac{1}{99}$, $\dfrac{1}{19}$, $\dfrac{1}{14}$, $\dfrac{1}{9}$, $\dfrac{1}{3}$

14

분수	$\dfrac{6}{10}$
소수	0.6

15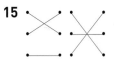

16 (1) 12　(2) 9.9　　**17** 0.4, 0.3
18 　　**19** ＝

20 예 분모가 14인 분수는 $\dfrac{■}{14}$입니다. $\dfrac{■}{14}$가 $\dfrac{7}{14}$보다 크고 $\dfrac{12}{14}$보다 작으려면 ■는 7보다 크고 12보다 작아야 합니다. ▶1점
■＝8, 9, 10, 11이므로 구하려는 분수는 $\dfrac{8}{14}$, $\dfrac{9}{14}$, $\dfrac{10}{14}$, $\dfrac{11}{14}$입니다. ▶1점
; $\dfrac{8}{14}$, $\dfrac{9}{14}$, $\dfrac{10}{14}$, $\dfrac{11}{14}$ ▶2점

21 희정
22 지영　　**23** 재석
24 $\dfrac{6}{7}$　　**25** $\dfrac{1}{7}$, $\dfrac{1}{8}$

01 우크라이나 국기는 파란색, 노란색 부분으로 똑같이 둘로 나누어져 있습니다.

02 독일 국기는 검은색, 빨간색, 노란색 부분으로 똑같이 셋으로 나누어져 있습니다.

03 모리셔스 국기는 빨간색, 파란색, 노란색, 초록색 부분으로 똑같이 넷으로 나누어져 있습니다.

05 (위) 전체를 똑같이 3으로 나눈 것 중의 1이므로 $\frac{1}{3}$입니다.

(아래) 전체를 똑같이 8로 나눈 것 중의 2이므로 $\frac{2}{8}$입니다.

06 똑같이 4로 나눈 것 중의 2를 색칠합니다.

08 민하는 도화지를 똑같이 4로 나누지 않았습니다.

10 분모가 같을 때에는 분자가 클수록 더 큰 수입니다.

$5 < 8 \Rightarrow \frac{5}{9} < \frac{8}{9}$

11 분모가 같을 때에는 분자가 클수록 더 큰 수입니다.

$7 < 8 \Rightarrow \frac{7}{11} < \frac{8}{11}$

12 단위분수는 분모가 작을수록 더 큰 수입니다.

$7 < 8 \Rightarrow \frac{1}{7} > \frac{1}{8}$

13 단위분수는 분모가 클수록 더 작은 수입니다.

$3 < 9 < 14 < 19 < 99$이므로

$\frac{1}{99} < \frac{1}{19} < \frac{1}{14} < \frac{1}{9} < \frac{1}{3}$입니다.

14 똑같이 10으로 나눈 것 중의 6은 $\frac{6}{10}$이고 소수로 0.6이라 씁니다.

> 참고
>
> $\frac{\blacktriangle}{10}$는 $\frac{1}{10}$이 ▲개이고 $\frac{\blacktriangle}{10}$는 0.▲입니다.
>
> 따라서 $\frac{1}{10}$이 ▲개이면 0.▲입니다.

17 10조각 중 4조각은 $\frac{4}{10}$이고 $\frac{4}{10}$를 소수로 나타내면 0.4입니다. 10조각 중 3조각은 $\frac{3}{10}$이고 $\frac{3}{10}$을 소수로 나타내면 0.3입니다.

18 $1\,mm = 0.1\,cm$이므로

$51\,mm = 5.1\,cm$,

$38\,mm = 3.8\,cm$,

$97\,mm = 9.7\,cm$입니다.

> 참고
>
> ■▲ mm = ■.▲ cm

19 0.1이 58개이면 5.8입니다.

20 분모가 같을 때에는 분자가 클수록 더 큰 수입니다.

채점 기준		
구하려는 분수의 분자의 크기를 알아본 경우	1점	4점
조건에 맞는 분수를 구한 경우	1점	
답을 바르게 쓴 경우	2점	

21 연필의 길이는 5 cm에서 작은 눈금 8칸을 더 갔으므로 5.8 cm입니다.

22~23 지영   재석

$3.2 < 3.9 < 4.9 < 5.2$

⇨ 지영이가 가장 가까운 길로 동굴 입구를 찾았고 재석이가 가장 먼 길로 동굴 입구를 찾았습니다.

24 남은 가래떡은 전체를 똑같이 7조각으로 나눈 것 중 6조각이므로 $\frac{6}{7}$입니다.

25 $\frac{1}{6}$보다 작은 단위분수: $\frac{1}{7}, \frac{1}{8}, \frac{1}{9}, \cdots$

분모가 9보다 작은 경우는 $\frac{1}{7}, \frac{1}{8}$입니다.

실력 단원평가   **45~46쪽**

01 >   **02** >

03

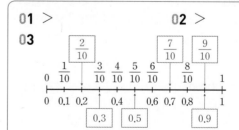

04 0.9 (또는 $\frac{9}{10}$)   **05** 5

06 2.7, 0.9, 1.3   **07** ㉢, ㉣, ㉡, ㉠

08 $\dfrac{1}{20}$, $\dfrac{3}{20}$, $\dfrac{9}{20}$, $\dfrac{15}{20}$, $\dfrac{17}{20}$

09 야구장

10 ⓓ 5 cm 6 mm는 5 cm보다 6 mm 더 긴 길이이고

6 mm $=\dfrac{6}{10}$ cm $=0.6$ cm이므로 ▶2점

5 cm 6 mm $=5$ cm $+6$ mm $=5.6$ cm입니다. ▶3점

11 3개   **12** 4, 5, 6, 7

13 쓰기

14 ⓓ

$\dfrac{1}{2}$ $\dfrac{2}{4}$ $\dfrac{3}{6}$

준수   재은   지연

; $=$, $=$

15 가 은행   **16** 어제

17 ⓓ 남은 피자는 $8-2-3=3$(조각)입니다. ▶3점

전체를 똑같이 8조각으로 나눈 것 중 3조각이 남았

으므로 남은 피자의 양은 $\dfrac{3}{8}$입니다. ▶3점

; $\dfrac{3}{8}$ ▶4점

---

01 분모가 같을 때에는 분자가 클수록 더 큰 수입니다.

⇨ $4>3$이므로 $\dfrac{4}{8}>\dfrac{3}{8}$입니다.

02 단위분수는 분모가 작을수록 더 큰 수입니다.

⇨ $3<6$이므로 $\dfrac{1}{3}>\dfrac{1}{6}$입니다.

03 $\dfrac{1}{10}=0.1$, $\dfrac{2}{10}=0.2$, $\dfrac{3}{10}=0.3$, …

04 1 mm $=0.1$ cm이므로 9 mm $=0.9$ cm입니다.

05 0.1 cm $=1$ mm이므로 0.5 cm $=5$ mm입니다.

06 $\dfrac{2}{10}$는 0.2이고 $\dfrac{7}{10}$은 0.7입니다.

$0.7<2.7$, $0.7>0.2$, $0.7<0.9$, $0.7<1.3$

07 ㉠ 2.3 ㉢ 0.6

⇨ $0.6<0.9<1<2.3$

08 분모가 같을 때에는 분자가 클수록 더 큰 수입니다.

$1<3<9<15<17$이므로

$\dfrac{1}{20}<\dfrac{3}{20}<\dfrac{9}{20}<\dfrac{15}{20}<\dfrac{17}{20}$입니다.

---

09 소수점 왼쪽에 있는 수를 비교하면 $4>3$에서 $4.7>3.8$

이므로 집에서 더 가까운 곳은 야구장입니다.

10 [다른 풀이]

5 cm는 50 mm이고 6 mm를 더하면 56 mm입니다. 56 mm $=5.6$ cm이므로 5 cm 6 mm $=5.6$ cm입니다.

11 $0.6<0.7$, $0.6<0.8$, $0.6<0.9$이므로 ☐ 안에 들어갈 수 있는 수는 7, 8, 9로 모두 3개입니다.

12 단위분수는 분모가 작을수록 더 큰 수입니다.

$8>☐>3$이므로 3보다 크고 8보다 작은 수는 4, 5, 6, 7입니다.

⇨ ☐ $=4$, 5, 6, 7

13 분모가 같을 때에는 분자가 클수록 더 큰 수입니다.

$\dfrac{2}{12}<\dfrac{3}{12}<\dfrac{7}{12}$이므로 가장 적게 공부한 것은 쓰기입니다.

14 (분자) $=$ (분모) $\div 2$인 분수는 서로 크기가 같습니다.

$\dfrac{1}{2}$ ⇨ $1=2\div2$, $\dfrac{2}{4}$ ⇨ $2=4\div2$,

$\dfrac{3}{6}$ ⇨ $3=6\div2$, $\dfrac{4}{8}$ ⇨ $4=8\div2$,

$\dfrac{1}{2}=\dfrac{2}{4}=\dfrac{3}{6}=\dfrac{4}{8}=\cdots$

15 단위분수는 분모가 작을수록 더 큰 수입니다.

$\dfrac{1}{12}>\dfrac{1}{14}$이므로 이자를 더 많이 주는 은행은 가 은행입니다.

16 $\dfrac{3}{10}$을 소수로 나타내면 0.3입니다.

⇨ $0.4>0.3$이므로 어제 먹은 떡이 더 많습니다.

17

평가 자료집

42 ~ 46 쪽

과정 중심 단원평가　　47~48쪽

01 ⑩ 전체를 똑같이 4로 나눈 것 중의 1에 색칠한 사람은 민호입니다. ▶5점 ; 민호 ▶5점

02 ⑩ 종훈이가 먹은 케이크의 양을 분수로 나타내면 $\frac{2}{10}$ 입니다. ▶3점

$\frac{2}{10}$를 소수로 나타내면 0.2입니다. ▶2점

; 0.2 ▶5점

03 ⑩

$\frac{1}{4}$ ▶2점

$\frac{1}{5}$ ▶2점

따라서 색칠한 부분이 더 넓은 $\frac{1}{4}$이 더 큽니다. ▶2점

; $\frac{1}{4}$ ▶4점

04 ⑩ $\frac{1}{6}$은 전체를 똑같이 6으로 나눈 것 중의 1이므로 남은 파전은 전체를 똑같이 6으로 나눈 것 중의 5,

즉 $\frac{5}{6}$입니다. ▶3점

$\frac{5}{6}$는 $\frac{1}{6}$의 5배이므로 남은 파전은 먹은 파전의 5배입니다. ▶3점 ; 5배 ▶4점

05 ⑩ 오늘 내린 눈의 양은 $14+21=35\,(\mathrm{mm})$입니다. ▶3점

$1\,\mathrm{mm}=0.1\,\mathrm{cm}$이므로 $35\,\mathrm{mm}=3.5\,\mathrm{cm}$입니다. ▶4점 ; 3.5 cm ▶8점

06 ⑩ 소수점 왼쪽에 있는 수가 클수록 더 큰 수이므로 $4.5>3.8$입니다. ▶3점

따라서 민주네 집에서 병원과 은행 중 더 가까운 곳은 은행입니다. ▶4점 ; 은행 ▶8점

07 ⑩ 분모가 같은 분수는 분자가 클수록 더 큰 수이므로 $\frac{5}{11}>\frac{4}{11}>\frac{2}{11}$입니다. ▶3점

따라서 가장 많이 심어진 꽃은 장미입니다. ▶4점

; 장미 ▶8점

08 ⑩ $\frac{3}{10}=0.3$이므로 $0.3<0.\square$에서 $\square$ 안에는 3보다 큰 수가 들어갈 수 있습니다. ▶2점

0.1이 8개인 수는 0.8이므로 $0.\square<0.8$에서 $\square$ 안에는 8보다 작은 수가 들어갈 수 있습니다. ▶2점

따라서 $\square$ 안에 들어갈 수 있는 수는 4, 5, 6, 7로 모두 4개입니다. ▶3점 ; 4개 ▶8점

02

채점 기준		
종훈이가 먹은 케이크의 양을 분수로 나타낸 경우	3점	10점
분수를 소수로 나타낸 경우	2점	
답을 바르게 쓴 경우	5점	

03

채점 기준		
$\frac{1}{4}$을 그림으로 나타낸 경우	2점	10점
$\frac{1}{5}$을 그림으로 나타낸 경우	2점	
$\frac{1}{4}$과 $\frac{1}{5}$의 크기를 그림으로 비교한 경우	2점	
답을 바르게 쓴 경우	4점	

04

채점 기준		
남은 파전의 양을 분수로 나타낸 경우	3점	10점
남은 파전은 먹은 파전의 몇 배인지 구한 경우	3점	
답을 바르게 쓴 경우	4점	

05

채점 기준		
오늘 내린 눈의 양을 구한 경우	3점	15점
mm 단위를 cm 단위로 바꾼 경우	4점	
답을 바르게 쓴 경우	8점	

06

채점 기준		
소수의 크기 비교를 한 경우	3점	15점
어느 곳이 더 가까운지 쓴 경우	4점	
답을 바르게 쓴 경우	8점	

07

채점 기준		
분모가 같은 분수의 크기 비교를 한 경우	3점	15점
가장 많이 심어진 꽃을 쓴 경우	4점	
답을 바르게 쓴 경우	8점	

08

채점 기준		
$\frac{3}{10}$과 비교하여 $\square$ 안에 들어갈 수 있는 수를 구한 경우	2점	15점
0.8과 비교하여 $\square$ 안에 들어갈 수 있는 수를 구한 경우	2점	
$\square$ 안에 들어갈 수 있는 수의 개수를 구한 경우	3점	
답을 바르게 쓴 경우	8점	

최강 TOT

최고 수준

최고 수준 S

수학도
독해가 힘이다

초등 문해력
독해가 힘이다
[문장제 수학편]

모든 응용을
다 푸는
해결의 법칙

응용 해결의 법칙

일등전략

수학 전략

유형 해결의 법칙

우등생 해법수학

개념클릭

개념 해결의 법칙

똑똑한 하루 시리즈 [수학/계산/도형/사고력]

계산박사

빅터연산

최상

난이도

심화

유형

개념

기초
연산

최하

초등 수학 라인업

평가 대비
특화 교재

수학 단원평가

해법수학
경시대회 기출문제

해법 예비 중학
신입생 수학

정답은
이안에
있어!

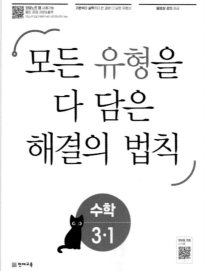